中国电子教育学会高教分会推荐

普通高等教育电子信息类"十三五"课改规划教材

软件测试技术

冯灵霞　邵开丽
　　　　　　　　　编　著
张亚娟　刘寒冰

史建国　　　主　审

U0364214

西安电子科技大学出版社

内 容 简 介

　　本书介绍了软件测试领域的新知识、新技术和关键技能，并介绍了软件测试领域最常用的工具。全书共 7 章，分别是：软件测试基础、测试用例设计、软件缺陷管理、软件测试管理、软件功能测试、软件性能测试和测试实践，内容涉及软件测试的基础知识、基本技能和通用软件测试工具的使用。针对每个测试环节，书中都介绍了相关测试工具的使用并提供了实验指导。在测试实践一章，通过一个软件项目测试案例展示了整个软件测试的具体过程，意在提高读者软件测试技术的实际应用能力，增强理论与实践的结合。

　　本书适合作为软件工程、计算机科学与技术等本科专业软件测试课程的教材。

图书在版编目(CIP)数据

软件测试技术/冯灵霞等编著. —西安：西安电子科技大学出版社，2017.1
普通高等教育电子信息类“十三五”课改规划教材
ISBN 978-7-5606-4363-2

Ⅰ. ① 软…　Ⅱ. ① 冯…　Ⅲ. ① 软件—测试　Ⅳ. ① TP311.55

中国版本图书馆 CIP 数据核字(2016)第 303771 号

策　　划	刘小莉
责任编辑	张　倩　阎　彬
出版发行	西安电子科技大学出版社(西安市太白南路 2 号)
电　　话	(029) 88242885　88201467　　　邮　　编　710071
网　　址	www.xduph.com　　　　　　　电子邮箱　1079141073@qq.com
经　　销	新华书店
印刷单位	陕西利达印务有限责任公司
版　　次	2017 年 1 月第 1 版　　2017 年 1 月第 1 次印刷
开　　本	787 毫米×1092 毫米　1/16　　　印　张　20
字　　数	475 千字
印　　数	1～3000 册
定　　价	35.00 元

ISBN 978-7-5606-4363-2/TP
XDUP 4655001-1
如有印装问题可调换

前　言

随着软件产业的蓬勃发展，软件产品的质量控制与质量管理正逐渐成为软件企业生存与发展的核心。几乎每个大中型 IT 企业的软件产品在发布前都需要进行大量的质量控制、测试和文档处理工作，而且这些工作必须依靠拥有娴熟技术的专业软件人才才能完成，因此软件测试工程师是一个企业的重要角色。高等学校的软件测试专业是培养软件测试工程师的一个重要途径，为了更好地实现培养目标，作者结合自身的教学经验和实际工作经验编写了本书。

本书教学目标明确，注重理论与实践的结合，在书中既有软件测试的相关理论知识的阐述，也有实践过程的详细介绍。本书主要内容如下：

第 1 章是软件测试基础，首先介绍了软件的概念及特性、软件危机的产生原因和消除软件危机的方法，然后介绍了软件测试的发展历史、意义、目的、原则、质量度量和分类，最后介绍了软件测试的流程。

第 2 章是测试用例设计，首先介绍了测试用例设计的原则，然后详细介绍了测试用例设计方法，接着介绍了测试用例设计步骤、测试用例分级、测试用例编写要素与模板和测试用例设计误区，最后介绍了单元测试以及单元测试案例分析与实践。

第 3 章是软件缺陷管理，首先介绍了软件缺陷的基本概念，然后介绍了软件缺陷管理的流程和软件缺陷的度量、分析与统计，重点介绍了软件缺陷报告的内容和撰写标准，最后简要介绍了几种常用的软件缺陷管理工具。

第 4 章是软件测试管理，首先介绍了软件测试管理的意义、内涵、规范和要素，然后具体介绍了软件测试管理的内容，最后介绍了几种常用的软件测试管理工具。

第 5 章是软件功能测试，首先介绍了软件功能测试的相关基本概念，包括软件功能测试需求、软件功能测试过程、手工测试和自动化测试等，然后介绍了比较流行的软件功能测试自动化工具 UFT 的具体使用，最后以 UFT 自带的样例程序 Flight Reservations 的登录功能为例介绍了自动化测试的具体实现流程。

第 6 章是软件性能测试，首先介绍了软件性能测试的概念、目标和方法，然后通过组建性能测试团队、制定性能测试计划、设计性能测试方案、搭建性能测试环境、执行性能测试、分析性能测试结果等内容详细介绍了软件性能测试过程，最后介绍了常用的性能测试工具及其使用，并通过实际案例对性能测试过程进行了验证。

第 7 章是测试实践，针对实际案例展开功能测试和性能测试，并详细介绍了测试实施的全过程。

本书可以作为软件测试专业的教材，也可以作为软件开发和软件工程类学科的教材，还可以作为软件测试理论与实践工作者进行研究、培训与应用实践的参考资料。

本书作者为黄河科技学院计算机专业教师，四位作者均工作在教学一线，而且其中两位教师曾赴惠普-洛阳国际软件人才基地进行为期一年的软件测试项目培训，有丰富的教学工作经验和软件测试项目的实际工作经验。黄河科技学院计算机科学系主任史建国负责本书的审稿工作。在本书的编写过程中，史老师提出了很多宝贵的建议，在此表示衷心感谢。

由于作者水平有限，加之书中很多内容来自于实际实验，在总结过程中难免存在疏漏和不妥之处，希望广大同行和读者能够批评指正。如果读者有任何意见或建议，请发送至邮箱 flx@hhstu.edu.cn。

编著者

2016 年 8 月于郑州

目　录

第 1 章　软件测试基础

本章首先介绍软件的概念及特性、软件危机的产生原因和消除软件危机的方法，然后介绍软件测试的发展历史、意义、目的、原则、质量度量和分类，最后介绍软件测试的流程。

1.1　软件与软件危机

如今软件已经渗透到了我们的日常生活中，从办公设备到家用电器，从通信工具到航空航天事业，软件无处不在，然而软件的使用却又很难完美无缺。虽然在软件发展的道路上，也曾经出现过"危机"，但是总的来看，成就辉煌。

1.1.1　软件的概念和特性

1. 程序的概念

计算机不懂得人类的语言，要想让计算机为人做事，就必须有程序。程序是为解决特定问题而用计算机语言编写的指令序列。程序处理的对象是数据，它可以将数据处理成人们所需要的各种信息。

【例 1】　编写程序，要求计算每个同学各门课程成绩的平均分。

用 C 语言编写的程序如下：

```c
#include<stdio.h>
void main()
{
    int scores[40];
    int total,average;
    int i;
    total=0;
    for(i=0;i<40;i++)
    {   scanf("%d",&scores[i]);
        total=total+scores[i];
    }
    average=total/40;
    printf("%d",average);
    getch();
}
```

该程序完成了任务要求的功能，但是还存在以下缺陷：

- 缺陷一：输入、输出没有提示；
- 缺陷二：课程数不能改变；
- 缺陷三：不能连续计算多个同学的平均分；
- 缺陷四：输入成绩为负数、非数字或超限时，都不能得到合理的结果。

我们可以对程序进行修改，以弥补这些缺陷。我们认为修改以后这个程序应该是比较完善的了。可是等这一切都完成了，将程序交付用户的时候，用户可能会对你说："对不起，你的程序需要一个个输入课程成绩，但是我们所保存的成绩都是在数据库里，应当是程序自动从数据库中提取才对。"

当你精神濒临崩溃的时候，用户会继续说："并且课程成绩是放在教务处的服务器中，只能通过网络访问，因此这个程序需要做成 Web 方式，以便在浏览器中运行。"

可能这时你唯一能做的事情就是冲着用户大嚷："这么多要求，你怎么不早说？！"

用户此时只要用一句话就可以回答你："你在编程之前真正了解过我们的要求吗？"

要了解为什么会出现这样的情况，就需要弄清楚究竟什么是软件。

2. 软件的概念

软件不仅仅是程序，而且是程序、数据以及与其相关文档的完整集合。其中，程序是能够完成事先设计的功能和性能的可执行的指令序列；数据是使程序能正常操纵信息的数据结构；文档是与程序开发、维护和使用有关的图文材料。即：

$$软件 = 程序 + 数据结构 + 文档$$

因此，现在软件的正确含义应该是：

(1) 当软件运行时，软件是能够提供所要求功能和性能的指令或计算机程序的集合。

(2) 该程序具有能够满意地处理信息的数据结构。

(3) 该系统具有描述程序功能需求以及程序如何操作和使用所要求的文档。

3. 软件的特性

(1) 软件是一种逻辑实体，具有抽象性。人们可以把它记录在纸张上、内存中或磁盘、光盘上，但却无法看到软件本身的形态。

(2) 软件的开发和制造是一个统一的过程。软件开发本身是一个过程，不是突然得到的结果；一旦软件开发完成，剩下的就只是复制分发的过程，对软件本身不再有生产制造活动。

(3) 软件开发是一项经济活动。在一定的成本和时间限制下，满足用户的需求是软件开发的目标。那种仅仅为了个人兴趣进行的编程，不是工程意义上的软件开发。

(4) 软件不会磨损、老化，但会退化。软件在生存周期后期不会因为磨损而老化，但会为了适应硬件、环境以及需求的变化而进行修改，而这些修改又不可避免地引入错误，导致软件失效率升高，从而使得软件退化。

(5) 软件的复杂度随着规模的增大迅速增加。软件系统的各个模块之间有各种逻辑联系，一起运行于同一个系统空间，模块越多，相互的影响和关联就越复杂，导致整个软件的复杂度随规模增大指数性地增长。

1.1.2　软件危机的产生原因

1. 软件危机的产生

自 20 世纪 60 年代以来，软件的应用越来越广泛，需求越来越迫切，规模也越来越大，但是软件的生产率一直得不到提高，甚至出现了种种难以解决的问题，严重影响了软件产业的健康发展，这一系列现象被称为"软件危机"。

软件危机的主要表现有：

(1) 软件开发的进度和成本难以预估和控制。1995 年，美国共取消了 810 亿美元的商业软件项目，其中 31%的项目未做完就被取消，53%的软件项目进度通常要延长 50%的时间，只有 9%的软件项目能够及时交付并且费用也控制在预算之内。

微软公司于 2001 年 10 月发布了 Windows XP 系统，同时宣布启动 Vista 的开发，最初预计 2003 年完成。在经历了 2005 年初、2006 年中的多次推迟，直到 2007 年 1 月 31 日 Vista 才正式发布，历时五年，投入了 60 亿美元。

2008 年上半年的统计数据显示，中国软件开发商不能按时完成软件开发任务的比率超过 50%，只有 6.7%的企业对项目有严格的基于预算的财务管理和核算体系。

(2) 软件的质量和可靠性差。将大的浮点数转换成整数是一种常见的程序错误来源。1996 年 6 月 4 日，欧洲航天局研制的阿里亚娜五型火箭(Ariane 5)的初次航行产生了灾难性的后果。发射后仅仅 37 秒，火箭偏离它的飞行路径，爆炸并解体。火箭上载有价值 5 亿美元的通信卫星，连同火箭本身 6 亿美元付之一炬。后来的调查显示，是控制惯性导航系统的计算机向控制引擎喷嘴的计算机发送了一个无效数据，在将一个 64 位浮点数转换成 16 位有符号整数时，产生了溢出。在设计 Ariane 4 火箭的软件时，软件开发人员小心地分析了数字值，并且确定该数据绝不会超出 16 位。不幸的是，他们在 Ariane 5 火箭的系统中简单地重新使用了这一部分，而没有检查它所基于的假设。

(3) 软件开发的结果常常不能满足用户需求。美国政府统计署(GAO)2000 年的数据显示：全球最大的软件消费商——美国军方——每年要花费数十亿美元购买软件，其中可直接使用的只占 5%，还有 5% 需要做一些修改才能使用，其余 90% 都成了垃圾(Rubbish)。

(4) 软件维护费用逐渐升高。1992 年惠普公司的数据显示，80% 的人员和 60% 的费用用于软件维护。软件维护成本逐年上升。维护需求来源于软件错误、硬件系统的迅速更新和用户需求的快速变化。

(5) 软件产业发展落后于硬件的发展。软件开发的生产率提高速度远远慢于硬件，平均只有硬件的 6%，导致信息系统中软件的成本逐年上升。20 世纪 50 年代，软件成本在整个计算机系统成本中所占的比例为 10%～20%。目前已经达到 85%以上。

(6) 对软件的需求越来越强，软件规模越来越大。1992 年，微软发布的第一个成功的 Windows 系统 Windows 3.1，其代码规模是 250 万行，Windows 95 上升到 1500 万行，Windows 98 有 1800 万行，Windows XP 则为 3500 万行，Windows Vista 的代码行数达到了惊人的 5000 万行。Windows 7 的开发从 2006 年开始启动，到 2009 年 10 月 22 日正式发布，历时 3 年。

2. 软件危机产生的原因

软件危机产生的原因是多方面的，包括内在的或本质上的原因。

(1) 软件开发人员继承下来的不良传统。

· 开发软件就是编程。不注重软件开发过程，忽视了分析、设计、测试、维护的工作。

· 软件很灵活，很容易修改。软件确实容易修改，但难以正确地修改且不引入新的错误。越到软件开发后期，软件修改的代价越大。

· 增加人员可以加快进度。对于进度已落后的软件开发计划，增加人员只会让其更加落后(Brooks 法则)。

· 软件开发最重要的是编程技巧。软件开发缺少规范性，不注意信息交流，导致开发人员难以合作，软件难以维护。

(2) 大型软件开发问题。随着软件开发应用范围的增广，软件开发规模越来越大。大型软件开发项目需要组织很多的人力共同完成，而多数管理人员缺乏开发大型软件系统的经验，多数软件开发人员又缺乏管理方面的经验。各类人员的信息交流不及时、不准确，有时还会产生误解。软件项目开发人员不能有效地、独立自主地处理大型软件开发的全部关系和各个分支，因此容易产生疏漏和错误，这也是导致软件危机产生的一个原因。

(3) 用户需求难以明确。用户需求不明确问题主要体现在四个方面：

· 在软件开发出来之前，用户自己也不清楚软件开发的具体需求。

· 用户对软件开发需求的描述不精确，可能有遗漏、有二义性，甚至有错误。

· 在软件开发过程中，用户又提出修改软件开发功能、界面、支撑环境等方面的要求。

· 软件开发人员对用户需求的理解与用户本来愿望有差异。

(4) 缺乏正确的理论指导，缺乏有力的方法学和工具方面的支持。由于软件开发不同于大多数其他工业产品的开发，其开发过程是复杂的逻辑思维过程，其产品极大程度地依赖于开发人员高度的智力投入。由于过分地依靠程序设计人员在软件开发过程中的技巧和创造性，缺乏正确的理论指导，缺乏有力的方法学和工具方面的支持，从而加剧了软件开发的个性化，这也是产生软件危机的一个重要原因。

1.1.3 消除软件危机的方法

(1) 应该对计算机软件有一个正确的认识。应该彻底清除在计算机系统早期发展阶段形成的"软件就是程序"的错误观念，软件必须由完整的配置组成。事实上，软件是程序、数据及相关文档的完整集合。

(2) 必须充分认识到软件开发应该是一种组织良好、管理严密、各类人员协同配合、共同完成的工程项目。必须充分吸取和借鉴人类长期以来从事各种工程项目所积累的行之有效的原理、概念、技术和方法，特别要吸取几十年来人类从事计算机硬件研究和开发的经验教训。极力推广使用在实践中总结出来的成功开发软件的技术和方法，并且研究探索更好、更有效的技术和方法，使用更好的开发工具。这样，在软件开发中就会最大限度地避免软件危机的出现。

1.2　软件测试基本概念

1.2.1　软件测试的发展历史

　　软件测试是伴随着软件的产生而产生的。早期的软件开发过程中，软件规模很小、复杂程度低，软件开发的过程混乱无序、相当随意，测试的含义比较狭窄，开发人员将测试等同于"调试"，目的是纠正软件中已经知道的故障。常常由开发人员自己完成这部分的工作。对测试的投入极少，测试介入也晚，常常是等到形成代码，产品已经基本完成时才进行测试。

　　到了 20 世纪 80 年代初期，软件和 IT 行业进入了大发展时期，软件趋向大型化、复杂化，软件的质量越来越重要。这个时候，一些软件测试的基础理论和实用技术开始形成，并且人们开始为软件开发设计了各种流程和管理方法，软件开发的方式也逐渐由混乱无序的开发过程过渡到结构化的开发过程，以结构化分析与设计、结构化评审、结构化程序设计以及结构化测试为特征。人们还将"质量"的概念融入其中，软件测试定义发生了改变，测试不单纯是一个发现错误的过程，而且将测试作为软件质量保证(SQA)的主要职能，包含软件质量评价的内容。Bill Hetzel 在《软件测试完全指南》(Complete Guide of Software Testing)一书中指出："测试是以评价一个程序或者系统属性为目标的任何一种活动。测试是对软件质量的度量。"这个定义至今仍被引用。软件开发人员和测试人员开始坐在一起探讨软件工程和测试问题。软件测试已有了行业标准(IEEE/ANSI)，1983 年 IEEE 提出的软件工程术语中给软件测试下的定义是："使用人工或自动的手段来运行或测定某个软件系统的过程，其目的在于检验它是否满足规定的需求或弄清预期结果与实际结果之间的差别。"这个定义明确指出：软件测试的目的是为了检验软件系统是否满足需求。它再也不是一个一次性的，而且只是开发后期的活动，而是与整个开发流程融合成一体。软件测试已成为一个专业，需要运用专门的方法和手段，需要专门人才和专家来承担。

　　进入 20 世纪 90 年代，软件行业开始迅猛发展，软件的规模变得非常大。在一些大型软件开发过程中，测试活动需要花费大量的时间和成本，而当时测试的手段几乎完全都是手工测试，测试的效率非常低。随着软件复杂度的提高，出现了很多通过手工方式无法完成测试的情况。尽管在一些大型软件的开发过程中，人们尝试编写了一些小程序来辅助测试，但是这还是不能满足大多数软件项目的统一需要。于是，很多测试实践者开始尝试开发商业的测试工具来支持测试，辅助测试人员完成某一类型或某一领域内的测试工作，因此测试工具逐渐盛行起来。人们普遍意识到，工具不仅仅是有用的，而且要对今天的软件系统进行充分的测试，工具是必不可少的。测试工具可以进行部分的测试设计、实现、执行和比较的工作。通过运用测试工具，可以达到提高测试效率的目的。测试工具的发展，大大提高了软件测试的自动化程度，让测试人员从繁琐和重复的测试活动中解脱出来，专心从事有意义的测试设计等活动。采用自动比较技术，还可以自动完成测试用例执行结果的判断，从而避免人工比对存在的疏漏问题。设计良好的自动化测试，在某些情况下可以实现"夜间测试"和"无人测试"。在大多数情况下，软件测试自动化可以减少开支，增加有限时间内可执行的测试，在执行相同数量测试时节约测试时间。而测试工具的选择和推广也越来越受到重视。

在软件测试工具平台方面，商业化的软件测试工具已经很多，如捕获/回放工具、Web测试工具、性能测试工具、测试管理工具、代码测试工具等等。这些工具都有严格的版权限制且价格较为昂贵，因此无法自由使用。当然，也有一些软件测试工具开发商对于某些测试工具提供了 Beta 测试版本以供用户有限次数使用。幸运的是，在开放源码社区中也出现了许多软件测试工具，并且这些工具已得到广泛应用且相当成熟和完善。

1.2.2　软件测试的意义

软件测试的意义在于保证发布的产品达到了一定的质量标准。软件测试工程师的工作就是利用测试工具按照测试方案和流程对产品进行功能和性能测试，有时甚至需要编写不同的测试工具，设计和维护测试系统，对测试方案可能出现的问题进行分析和评估。执行测试用例后，需要跟踪故障，以确保开发的产品适合需求。软件测试中，要使用人工或者自动手段来运行或测试待测系统，其目的在于检验它是否满足规定的需求或弄清预期结果与实际结果之间的差别。软件测试是帮助识别开发完成(中间或最终的版本)的计算机软件(整体或部分)的正确度(correctness)、完全度(completeness)和质量(quality)的软件过程；是SQA(software quality assurance)的重要子域。

1.2.3　软件测试的目的

测试的最终目的是确保最终交给用户的产品的功能符合用户的需求，在产品交给用户之前尽可能多的发现并改正问题。具体地讲，测试一般要达到下列目标：

(1) 确保产品完成了它所承诺或公布的功能，并且所有用户可以访问到的功能都有明确的书面说明，这在某种意义上与 ISO9001 标准是同一种思想。

产品缺少明确的书面文档是厂商一种短期行为的表现，也是一种不负责任的表现。缺少明确的书面文档既不利于产品最后的顺利交付，也容易与用户发生矛盾，并影响厂商的声誉以及将来与用户的合作关系；同时也不利于产品的后期维护，还使厂商支出超额的用户培训和技术支持费用。

当然，书面文档的编写和维护工作对于使用快速原型法(RAD)开发的项目是最为重要、最为困难的，也是最容易被忽略的。

最后，书面文档的不健全甚至不正确，也是测试工作中遇到的最大和最头痛的问题，它的直接后果是测试效率低下、测试目标不明确、测试范围不充分，从而导致最终测试的作用不能充分发挥，测试效果不理想。

(2) 确保产品满足性能和效率的要求。系统运行效率低(性能低)、用户界面不友好、用户操作不方便(效率低)的产品不能说是一个有竞争力的产品。用户最关心的不是你的技术有多先进、功能有多强大，而是他能从这些技术、这些功能中得到多少好处。也就是说，用户关心的是他能从中取出多少，而不是你已经放进去多少。

(3) 确保产品是健壮的和适应用户环境的。健壮性即稳定性，是产品质量的基本要求，尤其对于一个用于事务关键或时间关键的工作环境中。另外不能假设用户的环境(某些项目可能除外)，如：报业用户许多配置是比较低的，而且是和某些第三方产品同时使用的。

1.2.4　软件测试的原则

对于相对复杂的产品或系统来说，"zero-bug"(零缺陷)是一种理想，"good-enough"(够用)是原则。

"good-enough"原则是一种权衡投入/产出比的原则：不充分的测试是不负责任的；过分的测试是一种资源的浪费，同样也是一种不负责任的表现。应用该原则的困难在于：如何界定什么样的测试是不充分的，什么样的测试是过分的。目前，唯一可用的答案是：制定最低测试通过标准和测试内容，然后具体问题具体分析。

(1) 所有的测试都应追溯到用户需求。因为软件的目的是帮助用户完成预定的任务，满足其需求，而软件测试揭示软件的缺陷和错误，一旦修正这些错误就能更好地满足用户需求。

(2) 应尽早地和不断地进行软件测试。由于软件的复杂性和抽象性，在软件生命周期各阶段都可能产生错误，所以不应把软件测试仅仅看作是软件开发的一个独立阶段，而应当将它贯穿到软件开发的各个阶段。在需求分析和设计阶段就应开始进行测试工作，编写相应的测试计划及测试设计文档，同时坚持在各开发阶段进行技术评审和验证，这样才能尽早发现和预防错误，杜绝某些缺陷和错误，提高软件质量，测试工作进行得越早，越有利于提高软件的质量，这是预防性测试的基本原则。

(3) 在有限的时间和资源下进行完全测试，找出软件所有的错误和缺陷是不可能的，软件测试不能无限进行下去，应适时终止。因为测试输入量大、输出结果多、路径组合太多，用有限的资源试用达到完全测试是不现实的。

(4) 测试只能证明软件存在错误而不能证明软件没有错误，测试无法显示潜在的错误和缺陷，进一步测试可能还会找到其他错误或缺陷。

(5) 充分关注测试中的集群现象。在测试的程序段中，若发现的错误数目多，则残存在其中的错误也越多。因此，应当花较多的时间和代价测试那些错误数目更多的程序模块。

(6) 程序员应避免检查自己的程序。一方面，考虑到人们的心理因素，自己揭露自己程序中的错误是件不愉快的事，自己不愿意否认自己的工作；另一方面，由于思维定势，自己难以发现自己的错误。因此，测试一般由独立的测试部门或第三方机构执行。

(7) 尽量避免测试的随意性。软件测试是有组织、有计划、有步骤的活动，要严格按照测试计划进行，要避免测试的随意性。

为了发现更多的错误让系统更完善，设计测试用例时不但要选择合理的输入数据作为测试用例，而且要选择不合理的输入数据作为测试用例，使得系统能应对各种情况。

测试过程不但要求软件开发人员参与，而且一般还要求由专门的测试人员进行测试，并且还要求用户参与，特别是验收测试阶段，用户是主要的参与者。

1.2.5　软件测试的质量度量

软件测试是软件质量控制的重要方式和重要手段，但软件测试本身的质量又该如何度量？尽管有关这个问题目前还没有权威的结论，但也有一些共识，如：软件测试度量的难度在于不能直接从软件产品的质量反映软件测试的效果。对于软件测试的度量，应该从对软件产品的度量转移到对软件测试产出物的度量，以及测试过程的度量。

软件测试质量度量的目的是提高软件测试的质量和效率，改进测试过程的有效性。开展软件测试质量度量，最关键的一项工作就是对软件测试人员的工作质量进行度量。这是因为测试人员是测试过程的核心人物，测试人员的工作质量会极大地影响测试的质量以及产品的质量。对测试人员的工作的评价一般由测试经理或项目经理、质量保证人员以及开发人员这三类人员进行综合考核或评判。

1.3 软件测试的分类

1.3.1 "白盒"测试与"黑盒"测试

根据是针对软件系统的内部结构，还是针对软件系统的外部表现行为所采取的不同的测试方法，分别称为"白盒"测试方法和"黑盒"测试方法。

"白盒"测试也称结构测试或逻辑驱动测试，也就是已知产品的内部工作过程，清楚最终生成软件产品的计算机程序结构及其语句，按照程序内部的结构测试程序，测试程序内部的变量状态、逻辑结构、运行路径等，检验程序中的每条通路是否都能按预定要求正确工作，检查程序内部动作或运行是否符合设计规格要求，所有内部成分是否按规定正常运行。

"黑盒"测试也称功能测试或者数据驱动测试，在测试时，把程序看作一个不能打开的黑盒子，在完全不考虑程序内部结构和内部特性的情况下。测试人员针对软件直接进行测试，检查系统功能是否能够按照需求规格说明书的规定正常使用、是否能适当地接收输入数据同时输出正确的结果，检查相应的文档是否采用了正确的模板、是否满足规范要求等。

"黑盒"测试方法不关注软件内部结构，而是着眼于程序外部用户界面、关注软件的输入和输出，关注用户的需求，从用户的角度验证软件功能，实现端到端的测试。黑盒测试方法根据用户的体验评估软件的质量，验证产品每个功能是否都能正常使用、是否满足用户的要求。

1.3.2 静态测试与动态测试

根据程序是否运行，测试可以分为静态测试和动态测试。早期，测试仅仅局限于对程序进行动态测试，可以看作是狭义测试概念。而现在将需求和设计的评审也纳入测试的范畴，可以看作是广义测试概念或现代测试概念。

静态测试，就是静态分析，对模块的源代码进行研读，查找错误或收集一些度量数据，并不需要对代码进行编译和仿真。静态测试包括对软件产品的需求和设计规格说明书的评审、对程序代码的复审等。静态分析的查错和分析功能是其他方法所不能替代的，可以采用人工检测和计算机辅助静态分析手段进行检测，但越来越多的测试人员采用工具进行自动化分析。

动态测试是通过运行程序以发现错误。通过观察代码运行过程，获取系统行为、变量实时结果、内存、堆栈、线程以及测试覆盖度等各方面的信息，以判断系统是否存在问题；或者通过有效的测试用例及对应的输入输出关系来分析被测试程序的运行情况，从而发现缺陷。

1.3.3　手工测试与自动化测试

手工测试是传统的测试方法，由测试人员手工编写测试用例进行测试。其缺点在于测试工作量大、重复多，且回归测试难以实现。自动化测试则利用软件测试工具自动实现全部或者部分测试工作：管理、设计、执行和报告。自动化测试可节省大量的测试开销，且能够完成一些手工测试无法实现的测试。

无论是手工测试还是自动化测试都是保障软件质量的一个途径。如何更好地使两者相互结合也是我们现在所要讨论的话题。我们何时应该应用手工测试又何时应该应用自动化测试呢？

对于一些基本的、逻辑性不强的操作，可以使用自动化测试工具。应该说，现在在性能测试、压力测试等方面，自动化测试有其不可替代的优势。它可以用简单的脚本，实现大量的重复的操作，进而通过对测试结果的分析得出结论。这样不仅节省了大量的人力和物力，而且使测试结果更加准确。对于一些逻辑性很强的操作，如果自动化测试不是很完善的话，不建议使用。因为这需要比较复杂的脚本语言，不可避免地增加了由于测试脚本的缺陷所造成的测试结果错误的误差。这时就需要采用手动测试了。

手工测试也存在一些缺陷，手工测试者最常做的就是重复的手工回归测试，不但代价昂贵，而且容易出错。自动化测试可以减少但不能消除这种工作的工作量。测试者可以有更多的时间去从事更有趣的测试，例如在应用程序复杂的场景下的不同处理等。尽管测试就是要花费更长的时间找到错误，但并不意味着因此需要付出更高的代价，所以选择正确的测试方法尤为重要。

1.3.4　基于生命周期的软件测试

按照传统的软件生命周期的观点，测试是在编程活动之后进行的，是软件开发的最后一个阶段。随着人们对软件工程化的重视以及软件规模的日益扩大，软件分析、设计的作用越来越突出。而且有资料表明，60%以上的软件错误并不是程序错误，而是需求分析和系统设计错误。因此，在需求和设计阶段就能发现软件的缺陷，那么修正所需的花费比在编程完成后再进行测试所需的花费少很多。因此，做好软件需求和设计阶段的测试工作就显得非常重要，这就使得传统的测试概念扩大化，从而提出了软件生命周期测试的概念。

生命周期测试伴随着整个软件开发周期，此时测试的对象不仅仅是程序，需求、功能和设计同样要测试。如在项目需求分析阶段就要开始参与，审查需求分析文档、产品规格说明书；在设计阶段，要审查系统设计文档、程序设计流程图、数据流图等；在代码编写阶段，需要审查代码，看是否遵守代码的变量定义规则、是否有足够的注释行等。测试与开发同步进行，有利于尽早地发现问题，同时缩短项目的开发周期。

1.4 软件测试流程

1.4.1 软件测试的一般流程

一般情况下，软件测试流程分为以下 5 个阶段。

(1) 需求评审阶段。从源头把握软件质量，并确保开发结果与实际需求相一致。

(2) 测试计划阶段。明确测试内容、测试任务安排、测试进度、测试策略、测试资源、风险控制；保持测试过程的顺畅，有效控制和跟踪测试进度，应对测试过程中的各种变更。

(3) 测试方案阶段。测试方案要求根据《SRS》上每个需求点设计出包括需求点简介、测试思路和详细测试方法三部分的方案。

(4) 测试设计阶段。通过多种测试方法编写测试用例，以使最少的测试用例实现最大的测试覆盖，保证软件功能的正确性，从而提升软件质量。

(5) 测试执行阶段。执行测试用例，及时提交有质量的 Bug 和测试日报、测试报告等相关文档。

1.4.2 软件开发模式以及对软件测试的影响

1. 大棒开发模式

大棒开发模式的最大优点就是思路简单，经常是程序员的"突发奇想"。大棒开发模式的软件测试通常在开发任务完成后进行，测试工作有时比较容易，有时则非常艰难，这是因为软件形成产品后，已经无法再修复存在的问题。

2. 边写边改模式

边写边改的开发模式是对大棒开发模式的一种改进。处于边写边改开发模式的项目小组的软件测试人员要明确的是，自己将和程序员一起陷入可能长期循环往复的一个开发过程。通常，新的软件版本在不断地产生，而旧的软件版本工作可能还没有完成，且新版本还可能包含了新的或修改了的软件功能。

3. 瀑布开发模式

遗漏的需求或者客户不断变更的需求会使得瀑布开发模型无法适用，该模型适用于那些比较稳定、容易理解的项目。瀑布开发模式的优点：

(1) 易于理解；

(2) 调研开发的阶段性；

(3) 强调早期计划及需求调查；

(4) 确定何时能够交付产品及何时进行评审与测试。

瀑布开发模式的缺点：

(1) 需求调查分析只进行一次，不能适应需求的变化；

(2) 顺序的开发流程，使得开发的经验教训不能反馈到该项目的开发中去；

(3) 不能反映出软件开发过程的反复性与迭代性；

(4) 没有包含任何类型的风险评估；

(5) 开发中出现的问题直到开发后期才能显露，因此失去了及早纠正的机会。

4. 快速原型法

应用快速原型法开发模式的目的是确定用户的真正需求，使得用户在原型面前能够更加明确自己的需求是什么。在得到用户的明确需求后，原型将被抛弃。

5. 螺旋开发模式

螺旋开发模式是瀑布开发模式和快速原型开发模式相结合的一种开发模式。其主要思想是在开始时不必详细定义所有细节，而是从小的规模开始，定义重要功能，并尽量实现；然后探测风险，制定风险控制计划，接受客户反馈，进入下一个阶段并重复上述过程；再后进行下一个螺旋的反复，确定下一步是否还要继续，直到最终完成软件产品的开发。

螺旋开发模式由于引入非常级别的风险识别、风险分析和风险控制，因此对风险管理的技能水平提出了很高的要求，并需要较多的人员、资金和时间上的投入。

6. RUP 模型

统一软件开发过程(Rational Unified Process，RUP)汇集了现代软件开发中多方面的管理经验，并为适应各种项目及组织的需要提供了灵活的形式。作为一个商业模型，RUP 具有非常详细的过程指导和模板。

由于该模型比较复杂，在模型上的掌握需要花费比较大的成本，尤其对项目管理者提出了比较高的要求。

7. IPD 流程开发模式

集成产品开发(Integrated Product Development，IPD) 流程是一个阶段性模型，具有瀑布模型的影子。该模型是通过流程成本来提高产品的整体质量并获得市场的占有率。由于流程没有定义如何进行流程回退的机制，因此对于需求经常变动的项目，该流程就显得不适合，而且对于一些小的项目，也不是非常适合使用该流程。

8. 敏捷开发模式

敏捷开发模型将开发与测试过程融为一体。在敏捷开发模型中，测试以很多不同的方法扮演着同样的角色，而不同的测试种类扮演着不同的角色。根据敏捷原则，要确保能用自动化测试的时候绝不要用手工测试，同时要做到适用于手工测试的内容绝不花高昂的成本做自动化测试。不因为某方面不能实现自动化测试而不去做测试。

如何运用手工测试和自动化测试？如何设计测试用例？这些是敏捷测试面临的挑战。

总之，不同的过程模型，适合于不同类型的软件项目，且所选择的不同的过程模型对软件测试都有着直接的影响。

本 章 小 结

(1) 软件不仅是程序，也是程序、数据以及与其相关文档的完整集合。

(2) 软件是一种逻辑实体，它的开发是一个统一的过程，并且是一项经济活动。软件不会磨损、老化，但会退化。软件的复杂度随着规模的增大迅速增加。

(3) 软件危机主要表现在：软件开发的进度和成本难以预估和控制，软件的质量和可靠性差，软件开发的结果常常不能满足用户需求，软件维护费用逐渐升高，软件产业的发展速度落后于硬件的发展速度，对软件的需求越来越强，软件规模越来越大。

(4) 软件测试是伴随着软件的产生而产生的。软件测试的意义在于保证发布出去的产品达到了一定的质量标准。软件测试的最终目的是确保最终交给用户的产品的功能符合用户的需求，在产品交给用户之前尽可能多的发现问题并改正。软件测试的原则是good-enough。软件测试质量度量的目的是提高软件测试的质量和效率，改进测试过程的有效性。

(5) 根据是针对软件系统的内部结构，还是针对软件系统的外部表现，将测试分为"白盒"测试和"黑盒"测试；根据程序是否运行，测试可以分为静态测试和动态测试。

(6) 软件测试流程一般分为需求评审阶段、测试计划阶段、测试方案阶段、测试设计阶段和测试执行阶段。

(7) 软件开发模式有大棒开发模式、边写边改模式、瀑布开发模式、快速原型模式、螺旋开发模式等。选择的不同的过程模型对软件测试有直接影响。

思考与练习

1. 选择题

(1) 软件缺陷产生的最大原因是(   )。

A) 软件需求说明书　　　　B) 设计方案　　　C) 编码　　　　D) 维护

(2) 为了提高测试的效率，应该(   )。

A) 随机地选取测试数据

B) 取一切可能的输入数据作为测试数据

C) 在完成编码以后制定软件的测试计划

D) 选择发现错误的可能性大的数据作为测试数据

(3) 以下关于自动化测试的局限性的描述，错误的有(   )。

A) 自动化测试不能取代手工测试　　　　B) 自动化测试比手工测试发现的缺陷少

C) 自动化测试不能提高测试覆盖率　　　D) 自动化测试对测试设计依赖性极大

(4) 测试工程师的工作包括走查代码、评审开发文档，这属于(   )。

A) 动态测试　　　　B) 静态测试　　　　C) 黑盒测试　　　　D) 白盒测试

(5) 软件测试按照是否被执行可以分为(   )。

A) 黑盒测试、白盒测试　　　　　　　B) 功能性测试和结构性测试

C) 单元测试、集成测试和系统测试　　D) 动态测试和静态测试

2. 判断题

(1) 软件测试是有风险的行为，并非所有的软件缺陷都能够被修复。　　　　(   )

(2) 软件质量保证和软件测试是同一层次的概念。　　　　　　　　　　　　(   )

(3) 传统测试是在开发的后期才介入，现在测试活动已经扩展到软件整个生命周期。( )

(4) 软件测试的生命周期包括测试计划、测试设计、测试执行、缺陷跟踪、测试评估。( )

(5) 没有发现错误的测试是没有价值的。　　　　　　　　　　　　　　　　　( )

(6) 发现软件的错误是软件测试的目的。　　　　　　　　　　　　　　　　　( )

(7) 软件缺陷一定是由编码引起的错误。　　　　　　　　　　　　　　　　　( )

(8) 开发人员测试自己的程序后，可作为该程序已经通过测试的依据。　　　　( )

3. 问答题

(1) 什么是软件测试？

(2) 软件测试的目标是什么？

(3) 软件测试的生命周期是什么？

(4) 软件测试的流程是什么？

第 2 章　测试用例设计

本章首先介绍测试用例设计的原则，然后详细介绍测试用例设计方法，接着介绍测试用例设计步骤、测试用例分级、测试用例编写要素与模板和测试用例设计误区，最后介绍单元测试以及单元测试案例分析与实践。

2.1　测试用例设计原则

测试用例是一个文档，是执行的最小实体。测试用例包括输入、动作、时间和一个期望的结果，其目的是确定应用程序的某个特性是否可正常工作，并且达到程序所设计的结果，以便测试某个程序路径或核实是否满足某个特定需求。

一般在进行测试用例设计前要全面了解被测试产品的功能、明确测试范围(特别是要明确哪些是不需要测试的)、具备基本的测试技术与方法等。测试用例设计一般遵循以下原则：

(1) 正确性。输入用户实际数据以验证系统是否满足需求规格说明书的要求；测试用例中的测试点应首先保证要至少覆盖需求规格说明书中的各项功能，并且正常。

(2) 全面性。覆盖所有的需求功能项；设计的用例除对测试点本身的测试外，还需考虑用户实际使用的情况、与其他部分关联使用的情况、非正常情况(不合理、非法、越界以及极限输入数据)操作和环境设置等。

(3) 连贯性。用例组织有条理、主次分明，尤其体现在业务测试用例上；用例执行粒度尽量保持每个用例都有测点，不能同时覆盖很多功能点，否则执行起来牵连太大，所以每个用例间保持连贯性很重要。

(4) 可判定性。测试执行结果的正确性是可判定的，每一个测试用例都有相应的期望结果。

(5) 可操作性。测试用例中要写清楚测试的操作步骤，以及与不同的操作步骤相对应的测试结果。

2.2　测试用例设计方法

2.2.1　等价类划分法

1. 等价类划分的定义

等价类划分法是把所有可能的输入数据，即程序的输入域，划分成若干部分(子集)，然后从每一个子集中选取少数具有代表性的数据作为测试用例。该方法是一种重要的、常用的黑盒测试用例设计方法。利用这一方法设计测试用例可以不用考虑程序的内部结构，即以需求规格说明书为依据，仔细分析和推敲说明书的各项需求，特别是功能需求，把说明书中对输入的要求和对输出的要求区别开来并加以分解。

2. 划分等价类

等价类是指某个输入域的子集合。在该子集合中，各个输入数据对于揭露程序中的错误都是等效的，故而可合理地假定：测试某等价类的代表值就等效于对这一类其他值的测试。因此，可以把全部输入数据合理划分为若干等价类，在每一个等价类中取一个数据作为测试的输入数据就可以用少量具有代表性的测试数据取得较好的测试结果。等价类划分可有两种不同的情况：有效等价类和无效等价类。

(1) 有效等价类。对于程序的规格说明来说，有效等价类是合理的、有意义的输入数据构成的集合。在具体项目中，有效等价类可以是一个，也可以是多个。利用有效等价类可检验程序是否实现了规格说明中所规定的功能和性能。

(2) 无效等价类。与有效等价类的定义恰巧相反，无效等价类是指对程序的规格说明是不合理的或无意义的输入数据所构成的集合。对于具体的问题，无效等价类至少应有一个，也可能有多个。

设计测试用例时，要同时考虑这两种等价类。因为软件不仅要能接收合理的数据，也要能经受意外的考验，这样的测试才能确保软件具有更高的可靠性。

3. 划分等价类的标准

(1) 测试完备合理、避免冗余；

(2) 划分等价类重要的是：集合的划分，划分为互不相交的一组子集，而子集的并是整个集合；

(3) 整个集合完备；

(4) 子集互不相交，保证一种形式的无冗余性；

(5) 同一类中标识(选择)一个测试用例，同一等价类中，往往处理相同，相同处理映射到"相同的执行路径"中。

4. 划分等价类的方法

(1) 在输入条件规定了取值范围或值的个数的情况下，可以确立一个有效等价类和两个无效等价类。如：输入值是学生成绩，范围是 0～100，则有效等价类是 0≤成绩≤100，两个无效的等价类分别是成绩小于 0 和成绩大于 100。

(2) 在输入条件规定了输入值的集合或者规定了"必须如何"的条件的情况下，可确立一个有效等价类和一个无效等价类。

(3) 在输入条件是一个布尔量的情况下，可确定一个有效等价类和一个无效等价类。

(4) 在规定了输入数据的一组值(假定 n 个)，并且程序要对每一个输入值分别处理的情况下，可确立 n 个有效等价类和一个无效等价类。例如：输入条件说明学历可为：专科、本科、硕士、博士四种之一，则可分别取这四个值作为四个有效等价类，另外把除这四种学历之外的任何学历作为无效等价类。

(5) 在规定了输入数据必须遵守的规则的情况下，可确立一个有效等价类(符合规则)和若干个无效等价类(从不同角度违反规则)。

（6）在确知已划分的等价类中各元素在程序中的处理方式不同的情况下，应再将该等价类进一步划分为更小的等价类。

5. 设计测试用例

在确立了等价类后，可建立等价类表，列出所有划分出的等价类输入条件：有效等价类、无效等价类，然后从划分出的等价类中按以下三个原则设计测试用例：

（1）为每一个等价类规定一个唯一的编号。

（2）设计一个新的测试用例，使其尽可能多地覆盖尚未被覆盖的有效等价类；重复这一步，直到所有的有效等价类都被覆盖为止。

（3）设计一个新的测试用例，使其仅覆盖一个尚未被覆盖的无效等价类；重复这一步，直到所有的无效等价类都被覆盖为止。

6. 实战演练

【例 2-1】 设有一个档案管理系统，要求用户输入以年月表示的日期。假设日期限定在 1990 年 1 月至 2049 年 12 月，并规定日期由 6 位数字字符组成，前 4 位表示年，后 2 位表示月。现用等价类划分法设计测试用例以测试程序的"日期检查功能"。

（1）划分等价类并编号，等价类划分的结果如表 2-1 所示。

表 2-1　"日期检查功能"的测试用例等价类

输入等价类	有效等价类	无效等价类
日期的类型及长度	① 6 位数字字符	② 有非数字字符 ③ 少于 6 位数字字符 ④ 多于 6 位数字字符
年份范围	⑤ 在 1990～2049 之间	⑥ 小于 1990 ⑦ 大于 2049
月份范围	⑧ 在 01～12 之间	⑨ 等于 00 ⑩ 大于 12

（2）设计测试用例，以便覆盖所有的有效等价类。在表 2-1 中列出了 3 个有效等价类，编号分别为①、⑤、⑧，设计的测试用例如下：

　　测试数据　　期望结果　　覆盖的有效等价类
　　200211　　　输入有效　　　①、⑤、⑧

（3）为每一个无效等价类设计一个测试用例，设计结果如下：

　　测试数据　　期望结果　　覆盖的无效等价类
　　95June　　　无效输入　　　②
　　20036　　　　无效输入　　　③
　　2001006　　 无效输入　　　④
　　198912　　　 无效输入　　　⑥
　　205001　　　 无效输入　　　⑦
　　200100　　　 无效输入　　　⑨
　　200113　　　 无效输入　　　⑩

综上，测试用例设计结果如表 2-2 所示。

表 2-2　测试用例设计结果

测试数据	期望结果	覆盖的有效/无效等价类
200211	输入有效	①、⑤、⑧
199701	输入有效	①、⑤、⑧
203912	输入有效	①、⑤、⑧
95June	无效输入	②
20036	无效输入	③
2001006	无效输入	④
198912	无效输入	⑥
205001	无效输入	⑦
200100	无效输入	⑨
200113	无效输入	⑩

2.2.2　边界值分析法

1. 边界值分析方法简述

边界值分析法就是对输入或输出的边界值进行测试的一种黑盒测试方法。大量的测试实践经验表明，边界值是最容易出现问题的地方，也是测试的重点。例如，在作三角形面积计算时，要输入三角形的三条边长 A、B 和 C。这三个数值应当满足 A > 0、B > 0、C > 0、A+B > C、A+C > B、B+C > A，才能构成三角形。但如果把 6 个不等式中的任何一个大于号"＞"错写成大于等于号"≥"，那就不能构成三角形。问题恰恰出现在容易被疏忽的边界附近。

2. 边界条件

边界条件是特殊情况，因为编程从根本上说不怀疑边界有问题，且程序在处理大量中间值时结果都是对的，但是有时可能就是在边界处出问题。

有过编程经验的程序员会发现，冒泡排序的方法中，最容易出错的地方就是内外层循环次数的确定。最小循环次数和最大循环次数就是两个边界值。

诸如此类的问题很常见，在复杂的大型软件中，可能导致极其严重的软件缺陷。

3. 内部边界条件

在多数情况下，边界条件是基于应用程序的功能设计而需要考虑的因素，可以从软件的规格说明或常识中得到，这也是最终用户可以很容易发现的问题。然而，在测试用例设计过程中，某些边界值条件是不需要呈现给用户的，或者说用户是很难注意到的，但同时确实属于检验范畴内的边界条件，称为内部边界条件。

内部边界条件值主要有下面几种：

(1) 数值的边界值检验。计算机是基于二进制进行工作的，因此软件的任何数值运算都有一定的范围限制。常见单位的范围或大小如表 2-3 所示。

表 2-3　数　值　范　围

项　目	范　围　或　值
位(bit)	0 或 1
字节(byte)	0～255
字(word)	0～65 535(单字)或 0～4 294 967 295(双字)
千(K)	1024
兆(M)	1 048 576
吉(G)	1 073 741 824

(2) 字符的边界值检验。在计算机软件中，字符也是很重要的表示元素，其中 ASCII 和 Unicode 是常见的编码方式。如果测试进行文本输入或文本转换的软件，在定义数据区间包含哪些值时，参考一下 ASCII 表是相当明智的。表 2-4 中列出了一些常用字符对应的 ASCII 码值。

表 2-4　常用字符对应的 ASCII 码值

字　符	ASCII 码值	字　符	ASCII 码值
空 (null)	0	A	65
空格 (space)	32	a	97
斜杠 (/)	47	Z	90
0	48	z	122
冒号 (:)	58	单引号 (')	96
@	64		

4. 其他一些边界条件

另一种看起来很明显的软件缺陷来源是当软件文本框要求输入时，不是没有输入正确的信息，而是根本没有输入任何内容，只按了 Enter 键。这种情况在产品说明书中常常被忽视，程序员也经常遗忘，但是在实际使用中却时有发生。程序员总会习惯性地认为用户要么输入信息，要么放弃输入。如果没有对空值进行很好的处理，恐怕程序员自己也不知道程序会引向何方。

设计良好的软件通常会将输入内容默认为合法边界内的最小值，或者合法区间内的某个合理值，否则返回错误提示信息。因为通常在软件中会对这些值做特殊处理，所以不要把它们与合法情况和非法情况混在一起，而要单独建立等价区间。

5. 边界值的选择方法

边界值分析是一种补充等价划分的测试用例设计技术，它不是选择等价类的任意元素，而是选择等价类边界的测试用例。实践证明，为检验边界附近的处理而专门设计测试用例，常常会取得良好的测试效果。边界值分析法不仅重视输入边界条件，而且也适用于输出域测试用例。对边界值设计测试用例，应遵循以下几条原则：

(1) 如果输入条件规定了值的范围，则应取刚达到这个范围的边界的值，以及刚刚超越这个范围边界的值作为测试输入数据。例如，如果程序的规格说明中规定："重量在 10 公斤至 50 公斤范围内的邮件，其邮费计算公式为……"。设计测试用例时，我们除应取 10 及 50 外，还应取 10.01,49.99,9.99 及 50.01 等。

(2) 如果输入条件规定了值的个数，则用最大个数、最小个数、比最小个数少 1、比最大个数多 1 的数作为测试数据。比如，一个输入文件应包括 1～255 个记录，则测试用例除可取 1 和 255，还应取 0 及 256 等。

(3) 根据规格说明的每个输出条件，使用原则(1)。例如，某程序的规格说明要求计算出 "每月保险金扣除额为 0 至 1165.25 元"，其测试用例除可取 0.00 及 1165.24 外，还可取 0.01 及 1165.26 等。

(4) 根据规格说明的每个输出条件，使用规则(2)。例如，一程序属于情报检索系统，要求每次 "最少显示 1 条、最多显示 4 条情报摘要"，这时我们应考虑的测试用例包括 1 和 4，还应包括 0 和 5 等。

(5) 如果程序的规格说明给出的输入域或输出域是有序集合，则应选取集合的第一个元素和最后一个元素作为测试用例。

(6) 如果程序中使用了一个内部数据结构，则应当选择这个内部数据结构边界上的值作为测试用例。

(7) 分析规格说明，找出其他可能的边界条件。

6. 常见的边界值

(1) 对 16 bit 整数而言 32 767 和 –32 768 是边界。

(2) 屏幕上光标在最左上、最右下位置。

(3) 报表的第一行和最后一行。

(4) 数组元素的第一个和最后一个。

(5) 循环的第 0 次、第 1 次和倒数第 2 次、最后一次。

7. 边界值分析测试用例

使用边界值分析方法设计测试用例，首先应确定边界情况。通常，输入等价类和输出等价类的边界就是应着重测试的边界情况。应当选取正好等于、略大于或略小于边界的值作为测试数据，而不是选取等价类中的典型值或任意值作为测试数据。

边界值分析法使用与等价类划分法相同的划分，只是边界值分析法假定错误更多地存在于划分的边界上，因此在等价类的边界上以及边界两侧取值用于设计测试用例。

【例 2-2】　测试计算平方根的函数。该函数的说明如下

--输入：实数。

--输出：实数。

--规格说明：当输入一个 0 或比 0 大的数时，返回其正平方根；当输入一个小于 0 的数时，显示错误信息 "平方根非法-输入值小于 0"，并返回 0；库函数 Print-Line 可以用来输出错误信息。

(1) 等价类划分：可以考虑作出如下划分：

① 输入(i)<0 和(ii)>=0。

② 输出(a)>=0 和(b) Error。

(2) 等价划分测试用例有两个：

① 输入 4、输出 2，对应于(ii)和(a)。

② 输入 –10、输出 0 和错误提示，对应于(i)和(b)。

(3) 边界值分析：划分(ii)的边界为 0 和最大正实数，划分(i)的边界为最小负实数和 0。由此得到以下测试用例：

① 输入 {最小负实数}。

② 输入 {绝对值很小的负数}。

③ 输入 0。

④ 输入 {绝对值很小的正数}。

⑤ 输入 {最大正实数}。

8. 实战演练

【例 2-3】 三角形问题的边界值分析测试用例。

在三角形问题描述中，除了要求边长是整数外，没有给出其他的限制条件。在此，我们将三角形每边边长的取值范围设为[1，100]。表 2-5 所示为三角形的边界值分析测试用例。

表 2-5 三角形的边界值分析测试用例

测试用例	A	B	C	预期输出
Test1	60	60	1	等腰三角形
Test2	60	60	2	等腰三角形
Test3	60	60	60	等边三角形
Test4	50	50	99	等腰三角形
Test5	50	50	100	非三角形
Test6	60	1	60	等腰三角形
Test7	60	2	60	等腰三角形
Test8	50	99	50	等腰三角形
Test9	50	100	50	非三角形
Test10	1	60	60	等腰三角形
Test11	2	60	60	等腰三角形
Test12	99	50	50	等腰三角形
Test13	100	50	50	非三角形

【例 2-4】 NextDate 函数的边界值分析测试用例。

在 NextDate 函数中，隐含规定了变量 month 和变量 day 的取值范围分别为 $1 \leq month \leq 12$ 和 $1 \leq day \leq 31$，并设定变量 year 的取值范围为 $1912 \leq year \leq 2050$。NextDate 函数的边界值分析测试用例如表 2-6 所示。

表 2-6　NextDate 函数的边界值分析测试用例

测试用例	month	day	year	预期输出
Test1	6	15	1911	1911.6.16
Test2	6	15	1912	1912.6.16
Test3	6	15	1913	1913.6.16
Test4	6	15	1975	1975.6.16
Test5	6	15	2049	2049.6.16
Test6	6	15	2050	2050.6.16
Test7	6	15	2051	2051.6.16
Test8	6	-1	2001	day 超出[1…31]
Test9	6	1	2001	2001.6.2
Test10	6	2	2001	2001.6.3
Test11	6	30	2001	2001.7.1
Test12	6	31	2001	输入日期超界
Test13	6	32	2001	day 超出[1…31]
Test14	-1	15	2001	month 超出[1…12]
Test15	1	15	2001	2001.1.16
Test16	2	15	2001	2001.2.16
Test17	11	15	2001	2001.11.16
Test18	12	15	2001	2001.12.16
Test19	13	15	2001	month 超出[1…12]

2.2.3　因果图法

1. 为什么需要因果图

等价类划分或边界值分析法只考虑了不同的输入和不同的输出之间的关系。但是如果各个输入条件之间有很复杂的组合，这两种设计方法都很难用一个系统的方法进行描述，设计测试用例只能依靠测试人员主观的猜测或者分析，具有很大的盲目性。

让我们先来看一个简单的例子。

假设某个软件需求文档中有这样的说明：第一列字符必须是 A 或 B，第二列字符必须是一个数字，在此条件下进行文件的修改。但如果第一列字符不正确，则输出信息 L；如果第二列字符不是数字，则输出信息 M。

首先采用等价类划分进行分析，第一列会有三个输入：A、B、非(A B)的字符。第二列字符有两种输入：数字、非数字(为了简便起见，有关数字再细化的问题不作讨论)。这是一个根据理论进行分析的过程。但是做完了这一步，并不能得出输出。也就是说如何分析第一列和第二列的关系，没有明确的理论指导。实际操作过程中，不同测试人员可能会设计出不同的测试用例。

这个例子还仅仅是两个输入条件之间有关系，更复杂的应用中，可能会有更多输入条件。如果没有一种方法指导我们的思想，设计的测试用例就会很不全面。而因果图正好弥补了上述缺点。

2. 因果图概念介绍

因果图是一种形式化的语言(以图的形式表现)，它不仅描述了原因和结果之间的关系，也描述了各个原因之间、各个结果之间复杂关系的组合。在这里，因就是程序的输入条件，而果则是程序的输出。正确的使用因果图可以对很复杂的功能逻辑进行分析，从而设计出高效且简洁的测试用例。

学习因果图需要的基本知识有：布尔逻辑运算符。三种常用的布尔逻辑运算符是 NOT、AND、OR，还有两种比较少用的是 NAND、NOR，再加上恒等运算符，这六种符号用于描述原因和结果之间的逻辑关系。

下面以图的形式详细说明 6 种因果逻辑。其中，c 表示原因，e 表示结果。

- 恒等：如果原因为真，那么结果必定为真，如图 2-1 所示。
- 与：只有 2 个原因都为真，结果才为真，如图 2-2 所示。
- 或：2 个原因中有一个为真时，结果就为真，如图 2-3 所示。
- 非：只有原因为假，结果才为真，如图 2-4 所示。
- 与非：先与后非，如图 2-5 所示。
- 或非：先或后非，如图 2-6 所示。

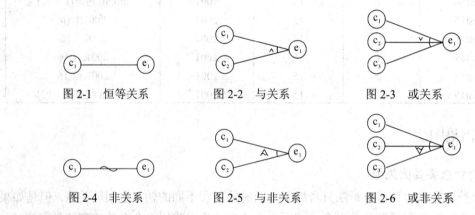

图 2-1　恒等关系　　　图 2-2　与关系　　　图 2-3　或关系

图 2-4　非关系　　　图 2-5　与非关系　　　图 2-6　或非关系

3. 因果图的约束关系表示法

因果图中描述原因之间约束关系的符号有 4 种，描述结果之间约束关系的符号有 1 种，下面分别对这些约束关系进行介绍。

- 排他性约束：各个原因之间不能同时为真，但可以同时为假，如图 2-7 所示。举个例子，小明同学不可能同时属于 A 班和 B 班，但可能既不是 A 班的，也不是 B 班的，而是 C 班的。

图 2-7　排他性约束

- 包含性约束：各个原因中总有一个为真，可以同时为真，但不可同时为假，如图 2-8 所示。举个例子，支付宝买家付款时，有个输入条件(即原因)是余额支付、网银支付，买家可以单独选择余额支付或者网银支付，也可以同时选择余额支付和网银支付 2 种方式。但是不可以选择不支付。

图 2-8　包含性约束

- 必要性约束：当原因 a 为真时，原因 b 必须同时为真；但是原因 b 为真时，原因 a 既可以为真，也可以为假，如图 2-9 所示。

图 2-9　必要性约束

举数字证书的例子：在现有的业务规则下，如果用户申请了数字证书(原因 a)，那么该用户必然通过了支付宝认证(原因 b)。反之，如果用户通过了支付宝认证(原因 b)，那么不一定申请了数字证书(原因 a)。

• 唯一性约束：有且只有原因 a 和原因 b 中的一个为真，非此即彼，不存在第三种情况，如图 2-10 所示。举例来说，人的性别不是男就是女，不会存在既不是男也不是女的人。

图 2-10 　唯一性约束

• 掩码标记(结果约束)：如果结果 b 为真，那么结果 a 一定为假；如果结果 b 为假，则结果 a 的状态不定，如图 2-11 所示。还拿支付宝来举例子，先给出两个结果：安全控件运行正常(a)，无法输入登录密码(b)。如果无法输入登录密码，那么可以判断是安全控件没有正常运行；反过来，如果可以输入登录密码，则不能确定安全控件一定工作正常，有可能是用了 FireFox 浏览器访问 Alipay 的。

图 2-11 　掩码标记

4. 使用因果图设计测试用例的步骤

上面我们解决了"What is it"的问题，下面我们来讨论"How to do"的问题。使用因果图设计测试用例一般包括下面几个步骤：

(1) 分析需求。阅读需求文档，如果 User Case 很复杂，尽量将它分解成若干个简单的部分。这样做的好处是，不必在一次处理过程中考虑所有的原因。没有固定的流程说明究竟分解到何种程度才算简单，需要测试人员根据自己的经验和业务复杂度具体分析。

(2) 确定原因和结果。在每个已经分解好的块中，找出哪些是原因，哪些是结果。并且把原因和结果分别画出来。原因放在一列，结果放在一列，如图 2-12 所示。

(3) 确定逻辑关系。继续分析需求文档，找出原因和结果之间的关系，并用逻辑运算符标出。

(4) 确定约束关系。继续分析需求文档，找出原因和原因、结果与结果之间的约束限制，并用上面说的约束关系标出。

图 2-12 　原因列和结果列图

(5) 把因果图转换为决策表。对每个原因分别取真和假二种状态，并分别用 0 和 1 表示。画一个有限项决策表，列出所有状态的组合，得到包含 3 个原因、2 个结果的有限项决策表，如表 2-7 所示。

表 2-7 　有限项决策表

		1	2	3	4	5	6	7	8
原因	1	0	0	0	0	1	1	1	1
	2	0	0	1	1	0	0	1	1
	3	0	1	0	1	0	1	0	1
结果	1								
	2								

表中灰色区域表示各种原因状态组合的个数，深灰色区域表示原因之间的状态组合，斜线区域则表示不同原因组合所对应的结果。

(6) 根据原因给出结果。上面的决策表中，不一定每个原因的状态组合都是有效的。因此，要根据因果图中的约束条件，去掉不可能出现的组合，并在决策表中标记出来。然后，给出每个可能的原因组合所对应的结果。

(7) 设计测试用例。上述步骤完成之后，决策表的每一个有效列都对应一个测试用例。

5. 实战演练

下面通过一个例子来说明因果图的用法。

【例2-5】 某软件需求说明书：某段文本中，第一列字符必须是 A 或 B，第二列字符必须是一个数字，在此情况下进行文件的修改。如果第一列字符不正确，则输出信息 L；如果第二列字符不是数字，则输出信息 M。

由于此需求已经非常清晰，所以省略标准步骤中的第一步，从第二步开始分析。

(1) 确定原因和结果：从大的方面看，第一列和第二列不同的字符会引起不同的结果，所以初步分析得到原因结果如表 2-8 所示。

表 2-8 初步分析的原因和结果

原因	c1	第一列字符正确
	c2	第二列字符是数字
结果	e1	修改文件
	e2	给出信息 L
	e3	给出信息 M

(2) 确定因果逻辑关系：如果第一列和第二列都正确，则修改文件；如果第一列不正确，则输出信息 L；如果第二列不正确，则输出信息 M。因此，可以得出如图 2-13 所示的因果图。

而根据需求描述，原因 c1 还可以细分为两个原因：第一列字符是 A(c11)，或第一列字符是 B(c12)。因此，原因 c1 也可以看作结果，用因果图表示如图 2-14 所示。

根据上面的分析，总共有三个原因和三个结果。

(3) 确定约束关系：从需求描述中可知，原因 c11 和 c12 不可能同时为真，但可以同时为假，因此满足排他性约束。此外，这三个结果之间没有掩码标记的约束。因此，完整的因果图如图 2-15 所示。

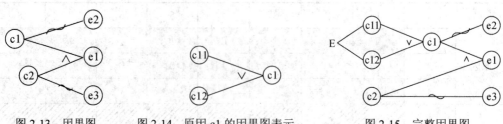

图 2-13 因果图　　图 2-14 原因 c1 的因果图表示　　图 2-15 完整因果图

(4) 根据因果图画决策表：列出 3 个原因所有的状态组合，如表 2-9 所示。

表 2-9　决策表 I

		1	2	3	4	5	6	7	8
原因	c11	0	0	0	0	1	1	1	1
	c12	0	0	1	1	0	0	1	1
	c2	0	1	0	1	0	1	0	1
结果	e1								
	e2								
	e3								

(5) 根据原因分析结果：分析每一种状态对应的结果，并根据约束关系，去掉不可能出现的状态，得到如表 2-10 所示的决策表。本例的 c11 和 c12 满足排他性约束，所以同时都为 1 的状态不会出现。

表 2-10　决策表 II

		1	2	3	4	5	6	7	8
原因	c11	0	0	0	0	1	1	1	1
	c12	0	0	1	1	0	0	1	1
	c2	0	1	0	1	0	1	0	1
结果	e1	0	0	0	1	0	1	无此可能	无此可能
	e2	1	1	0	0	0	0		
	e3	0	0	1	0	1	0		

(6) 设计测试用例：根据决策表，列出有效的状态组合和结果，给出对应的测试用例，可以单独画一个表，也可以直接追加到决策表中。将测试用例添加到决策表后得如表 2-11 所示的决策表。

表 2-11　决策表 III

		1	2	3	4	5	6	7	8
原因	c11	0	0	0	0	1	1	1	1
	c12	0	0	1	1	0	0	1	1
	c2	0	1	0	1	0	1	0	1
结果	e1	0	0	0	1	0	1	无此可能	无此可能
	e2	1	1	0	0	0	0		
	e3	0	0	1	0	1	0		
测试用例(字符串)		aa cc	a3 c3	Be	B3	Aq	A4		

至此，使用因果图设计测试用例的一个简单的例子就介绍完毕了。

2.2.4　场景法

现在的软件几乎都是用事件触发来控制流程的，事件触发时的情景便形成了场景，而同一事件的不同触发顺序和处理结果就形成事件流。这种在软件设计方面的思想也可以引入到软件测试中，可以比较生动地描绘出事件触发时的情景，有利于测试设计者设计测试用例，同时使测试用例更容易理解和执行。

1. 基本流和备选流

如图 2-16 所示，经过用例的每条路径都用基本流和备选流来表示。其中，直黑线表示基本流，是经过用例的最简单的路径，而备选流用不同的色彩表示。一个备选流可能从基本流开始，在某个特定条件下执行，然后重新加入基本流中(如备选流 1 和 3)；也可能起源于另一个备选流(如备选流 2)，或者终止用例而不再重新加入到某个流(如备选流 2 和 4)。

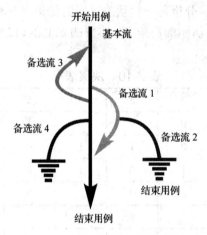

图 2-16　场景法的基本流和备选流

2. 场景法的设计步骤

(1) 根据说明描述出程序的基本流及各项备选流。

(2) 根据基本流和各项备选流生成不同的场景。

(3) 对每一个场景生成相应的测试用例。

(4) 对生成的所有测试用例重新复审，去掉多余的测试用例。测试用例确定后，对每一个测试用例确定测试数据值。

3. 实战演练

【例 2-6】针对 ATM 的使用设计测试用例。

(1) 图 2-17 所示是 ATM 例子的流程示意图。

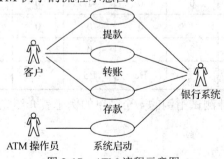

图 2-17　ATM 流程示意图

(2) 场景设计：生成的场景如表 2-12 所示。

表 2-12　场 景 设 计

场　景	经过用例路径 1	经过用例路径 2
场景 1——成功提款	基本流	
场景 2——ATM 内没有现金	基本流	备选流 2
场景 3——ATM 内现金不足	基本流	备选流 3
场景 4——PIN 有误(还有输入机会)	基本流	备选流 4
场景 5——PIN 有误(不再有输入机会)	基本流	备选流 4
场景 6——账户不存在/账户类型有误	基本流	备选流 5
场景 7——账户余额不足	基本流	备选流 6

注：为方便起见，备选流 3 和 6(场景 3 和 7)内的循环以及循环组合未纳入表中。

(3) 用例设计。对于表 2-17 中的每一个场景都需要确定测试用例。可以采用矩阵或决策表来确定和管理测试用例。表 2-13 显示了一种通用格式，其中各行代表各个测试用例，而各列则代表测试用例的信息。本示例中，对于每个测试用例，存在一个测试用例 ID、条件(或说明)、测试用例中涉及的所有数据元素(作为输入或已经存在于数据库中)以及预期结果。

表 2-13　测试用例表

TC(测试用例) ID 号	场景/条件	PIN	账号	输入(或选择)的金额	账面金额	ATM 内的金额	预期结果
CW1	场景 1：成功提款	V	V	V	V	V	成功提款
CW2	场景 2：ATM 内没有现金	V	V	V	V	I	提款选项不可用，用例结束
CW3	场景 3：ATM 内现金不足	V	V	V	V	I	警告消息，返回基本流步骤 6，输入金额
CW4	场景 4：PIN 有误(还有不止一次输入机会)	I	V	n/a	V	V	警告消息，返回基本流步骤 4，输入 PIN
CW5	场景 4：PIN 有误(还有一次输入机会)	I	V	n/a	V	V	警告消息，返回基本流步骤 4，输入 PIN
CW6	场景 4：PIN 有误(不再有输入机会)	I	V	n/a	V	V	警告消息，卡予以保留，用例结束

(4) 数据设计。一旦确定了所有的测试用例，则应对这些测试用例进行复审和验证以确保其准确且适度，并取消多余或等效的测试用例。测试用例一经认可，就可以确定实际数据值(在测试用例实施矩阵中)并且设定测试数据，如表 2-14 所示。

表 2-14　测试用例表

TC(测试用例)ID号	场景/条件	PIN	账号	输入(或选择)的金额/元	账面金额/元	ATM内的金额/元	预期结果
CW1	场景1：成功提款	4987	809-498	50.00	500.00	2000	成功提款。账户余额被更新为450.00
CW2	场景2：ATM内没有现金	4987	809-498	100.00	500.00	0.00	提款选项不可用，用例结束
CW3	场景3：ATM内现金不足	4987	809-498	100.00	500.00	70.00	警告消息，返回基本流步骤6，输入金额
CW4	场景4：PIN有误(还有不止一次输入机会)	4978	809-498	n/a	500.00	2000	警告消息，返回基本流步骤4，输入PIN
CW5	场景4：PIN有误(还有一次输入机会)	4978	809-498	n/a	500.00	2000	警告消息，返回基本流步骤4，输入PIN
CW6	场景4：PIN有误(不再有输入机会)	4978	809-498	n/a	500.00	2000	警告消息，卡予以保留，用例结束

2.3　测试用例设计步骤

测试用例设计步骤如下：

(1) 测试需求分析。从产品需求文档中找出待测模块的需求，然后通过自己的分析、理解，整理成测试需求，要清楚被测对象具体包含哪些功能点。

(2) 测试用例设计。测试用例设计的类型主要包括功能测试、边界测试、异常测试等，在设计用例时要尽量考虑边界、异常等情况。

(3) 测试用例评审。由测试用例设计者发起，参加的人员需包括测试负责人、项目经理、开发人员及其他相关的测试人员。

(4) 测试用例完善。测试用例编写完成之后需不断完善，在软件产品新增功能或更新需求后，测试用例必须定期修改更新；在测试过程中若发现设计测试用例时考虑不周，需要对测试用例进行修改完善；产品上线后客户反馈的软件缺陷如果是因测试用例存在漏洞造成的，则也需要对测试用例进行完善。

2.4　测试用例分级

将用例划分为不同的执行级别，可以为在每轮的版本测试执行中抽取用例提供共同的参考依据，但具体不同的产品，在测试过程中可以根据当前版本的具体情况安排是否进行测试。

1. Level1 基本

(1) 该类用例设计系统基本功能，1级用例的数量应受到控制。

(2) 划分依据：可以认为是发生概率较高的而经常这样使用的一些功能用例。该用例执行失败会导致多个重要功能无法运行的，如：表单维护中的增加功能、最平常的业务使用等。

(3) 该级别的测试用例在每一轮版本测试中都必须执行。

2. Level2 重要

(1) 2 级测试用例测试实际系统的重要功能。2 级用例数量较多。

(2) 划分依据：主要包括一些功能交互相关、各种应用场景、使用频率较高的正常功能测试用例。

(3) 在非回归的系统测试版本中基本上都需要进行验证，以保证系统所有的重要功能都能够正常实现。在测试过程中可以根据当前版本的具体情况安排是否进行测试。

3. Level3 一般

(1) 3 级测试用例测试系统的一般功能，3 级用例数量也较多。

(2) 划分依据：使用频率低于 2 级的用例。例如：数值或数组的便捷情况、特殊字符、字符串超长、与外部交互消息失败、消息超时、事物完整性测试、可靠性测试等等。

(3) 在非回归的系统测试版本中不一定都进行验证，而且在系统测试的中后期并不一定需要对每个版本都进行测试。

4. Level4 生僻

(1) 该级别用例一般非常少。

(2) 划分依据：该用例对应较生僻的预置条件和数据设置。虽然某些测试用例发现过较严重的错误，但是那些用例的处罚条件非常特殊，仍然应该被植入 4 级用例中。如界面规范化的测试也可归入 4 级用例。在实际使用中使用频率非常低、对用户可有可无的功能。

(3) 在版本测试中有某些正常原因(包括环境、人力、时间等)经过测试经理同意可以不进行测试。

2.5　测试用例编写要素与模板

一般来说，编写测试用例所涉及的内容或者要素以及样式均大同小异，都包含主题、前置条件、执行步骤、期望结果等。测试用例可以用数据库、Word、Excel、xml 等格式进行存储和管理。

1. 编写测试用例要素

一般测试用例应包括以下要素：名称和标识，测试追踪，用例说明，测试的初始化要求，测试的输入，期望的测试结果，评价测试结果的标准，操作过程，前提和约束，测试终止条件。

2. 编写测试用例模板

1) 测试用例模板

• 标识符：每个测试用例应该有一个唯一的标识符，为所有与测试用例相关的文档/表格引用和参考的基本元素；

- 测试项；
- 测试环境要求：一般来说，在测试模块里应该包含整个测试环境的特殊要求，而单个测试用例的测试环境需求表征该测试用例单独需要的特殊环境需求；
- 输入标准：用来执行测试用例的输入需求；
- 输出标准：标识按照指定的环境和输入标准得到的预期输出结果；
- 测试用例之间的关联：用来标识该测试用例与其他测试(或其他测试用例)之间的依赖关系。

2) 编写测试用例实例

以常见的 Web 登录页面测试为例，测试用例的编写如表 2-15 所示。

表 2-15　测试用例实例

字段名称	描　　述
标识符	1100
测试项	站点用户登录功能测试
测试环境要求	用户 pass/pass 为有效登录用户，用户 pass1/pass 为无效登录用户，浏览器的 Cookie 未被禁用。
输入标准	输入正确的用户名和密码，单击"登录"按钮 输入错误的用户名和密码，单击"登录"按钮 不输入用户名和密码，单击"登录"按钮 输入正确的用户名并不输入密码，单击"登录"按钮 输入带特殊字符的用户名和密码，单击"登录"按钮 三次输入无效的用户名和密码，尝试登录 第一次登录成功后，重新打开浏览器登录，输入上次成功登录的用户名的第一个字符
输出标准	数据库中存在的用户能正确登录 错误的或者无效用户登录失败，并且页面的顶部出现红色字体："用户名或密码出现错误" 用户名为空时，页面顶部出现红色字体提示："请输入密码" 含特殊字符的用户名，如数据库中有该用户记录，将能正确登录；如无该用户记录，将不能登录。校验过程和普通的字符相同，不能出现空白页面或者脚本错误 三次无效登录后，第四次尝试登录会出现提示信息"登录超三次，请重新打开浏览器进行登录"，此后的登录过程将被禁止 自动完成功能将被禁止，查看浏览器的 Cookie 信息，将不会出现上次登录的用户名和密码信息，第一次使用一个新账号登录时，浏览器将不会出现"是否记住密码以便下次使用"对话框 所有的密码均以*方式显示
测试用例间的关联	1101(有效密码测试)

3. 编写测试用例注意事项

(1) 功能检查。功能检查主要检查下列内容：

- 功能是否齐全；
- 功能是否多余；
- 功能是否可以合并；
- 功能是否可以再细分；
- 软件流程与实际业务流程是否一致；
- 软件流程能否顺利完成；
- 各个操作之间的逻辑关系是否清晰；
- 各个流程之间数据传递是否正确；
- 模块功能是否与需求分析及概要设计相符；
- 批量增加、修改，增加、修改等录入比较频繁的界面或录入数据较多的界面，是否支持全键盘或全鼠标操作，以及使用通用的键实现数据字段的有序切换。

(2) 面向用户的考虑。

(3) 数据处理。

(4) 软件流程测试。

2.6 测试用例设计误区

(1) 能发现到目前为止没有发现的缺陷的用例是好的用例。这让很多人都曲解了这句话的原意，一心要设计出能够发现"难于发现的缺陷"而陷入盲目的片面中，忘记了测试的目的。测试需要保证两点：一是程序做了它应该做的事情；二是程序没有做它不应该做的事情。

(2) 测试用例应该详细记录所有的操作信息，使一个没有接触过系统的测试人员也能进行测试。需要注意的一点是"测试用例是动态的"，一旦测试环境、需求、设计等发生了变化，就需要对测试用例进行维护。测试用例写太详细在维护过程中将消耗惊人的时间，所以测试用例设计的详细程度需要根据实际需求确定。如果测试用例的执行者、设计者及其相关活动人员对系统很了解，那就没有必要设计太详细了。

(3) 测试用例设计是一劳永逸的事情。测试用例设计好了以后，一定要根据实际情况的变化进行维护变更，测试用例文档是"活动"的文档。

(4) 测试用例不应该包含实际的数据。测试用例是一组输入、执行条件、预期结果，毫无疑问地应该包括清晰的输入数据和预期输出。没有测试数据的用例最多只具有指导性的意义，而不具有可执行性。当然，测试用例中包含的输入数据会带来维护、与测试环境同步之类的问题。

(5) 测试用例中不需要明显的验证手段。很多测试用例中描述的"预期输出"为程序的可见行为，其实"预期结果"的含义并不只是程序的可见行为，还需要查看相应的数据记录是否更新。因此对测试结果的验证手段应为：在数据库中执行查询语句进行查询，看查询结果是否与预期的一致。

2.7　单　元　测　试

2.7.1　单元测试的概念

1. 单元测试的定义

单元测试是开发者编写的一小段代码，用于检验被测代码的一个很小的、很明确的功能是否正确。通常而言，一个单元测试是用于判断某个特定条件(或者场景)下某个特定函数的行为。例如，可能把一个很大的值放入一个有序 list 中，然后确认该值出现在 list 的尾部。或者，可能会从字符串中删除匹配某种模式的字符，然后确认字符串确实不再包含这些字符了。

执行单元测试，是为了证明某段代码的行为确实和开发者所期望的一致。这部分的测试工作是由程序开发人员进行的。测试人员、质量保证人员对单元测试工作的要求是：对所有局部和全局的数据结构、外部接口、程序代码的关键部分进行桌前检查和严格的代码审查。

2. 为何要进行单元测试

当编写项目的时刻，如果我们假设底层的代码是正确无误的，那么先是高层代码中使用了底层代码；然后这些高层代码又被更高层的代码所使用，如此往复。当基本的底层代码不再可靠时，则必需的改动就无法只局限在底层。虽然可以修正底层的问题，但是这些对底层代码的修改必然会影响到高层代码。于是，一个对底层代码的修正，可能会导致对几乎所有代码的一连串改动，从而使修改越来越多，也越来越复杂，甚至使整个项目以失败告终。

单元测试针对程序模块进行正确性检验的测试，其目的在于发现各模块内部可能存在的各种差错。单元测试需要从程序的内部结构出发设计测试用例。多个模块可以平行地独立进行单元测试。

2.7.2　单元测试目标和任务

1. 单元测试的目标

确保各单元模块被正确地编码是单元测试的主要目标，但是单元测试的目标不仅仅是测试代码的功能性，还需确保代码在结构上可靠且健全，并且能够在所有条件下正确响应。如果这些系统中的代码未被适当测试，那么其弱点可被用于侵入代码，进而导致安全性风险(例如内存泄漏或被窃指针)以及性能问题。执行完全的单元测试，可以减少应用级别所需的工作量，并且彻底减少发生误差的可能性。手动执行单元测试可能需要大量的工作，因此执行高效率单元测试的关键是自动化。如果将目标再细化，单元测试可细化为以下具体目标：

(1) 信息能否正确地流入和流出单元。

(2) 在单元工作过程中，其内部数据能否保持其完整性，包括内部数据的形式、内容及相互关系不发生错误，也包括全局变量在单元中的处理和影响。

(3) 在为限制数据加工而设置的边界处，能否正确工作。

(4) 单元的运行能否做到满足特定的逻辑覆盖。

(5) 单元中发生了错误，相应的出错处理措施是否有效。

单元测试的测试对象是程序代码，为了保证目标的实现，必须制定合理的计划，采用适当的测试方法和技术，并进行正确评估。

2. 单元测试的任务

为了实现上述目标，单元测试的主要任务包括逻辑、功能、数据和安全性等各方面的测试。具体地说，包括模块接口、局部数据结构、路径、边界条件、错误处理、代码书写规范等测试。

1) 模块接口测试

模块接口测试应考虑下列因素：

- 调用其他模块时所给的输入参数与模块的形式参数在个数、属性、顺序上是否匹配；
- 调用其他模块时所给实际参数的个数是否与被调模块的形参个数相同；
- 调用其他模块时所给实际参数的属性是否与被调模块的形参属性匹配；
- 调用预定义函数时所用参数的个数、属性和次序是否正确；
- 输入的实际参数与形式参数的个数是否相同；
- 输入的实际参数与形式参数的属性是否匹配；
- 输入的实际参数与形式参数的量纲是否一致；
- 是否修改了只做输入用的形式参数；
- 是否存在与当前入口点无关的参数引用；
- 是否修改了只读型参数；
- 对全程变量的定义各模块是否一致；
- 是否把某些约束作为参数传递。
- 输出给标准函数的参数在个数、属性、顺序上是否正确；
- 限制是否通过形式参数来传送；
- 文件属性是否正确；
- OPEN/CLOSE 语句是否正确；
- 格式说明与输入输出语句是否匹配；
- 缓冲区大小与记录长度是否匹配；
- 文件使用前是否已经打开；
- 是否处理了输入/输出错误；
- 输出信息中是否有文字性错误；
- 在结束文件处理时是否关闭了文件。

2) 局部数据结构测试

局部数据结构测试是为了保证临时存储在模块内的数据在程序执行过程中完整、正确的基础。模块的局部数据结构往往是错误的根源，力求发现最常见的几类错误有：

- 不合适或不相容的类型说明；
- 变量无初值；
- 变量初始化或缺省值有错；
- 不正确的变量名(拼错或不正确地截断)；
- 出现上溢、下溢和地址异常。

3) 路径测试

应对模块中重要的执行路径进行测试。因为错误的计算、不正确的比较或不正常的控制流会导致执行路径的错误。路径错误应考虑下列因素：

- 运算的优先次序不正确或误解了运算的优先次序；
- 运算的方式错误，即运算的对象彼此在类型上不相容；
- 算法错误；
- 初始化不正确；
- 浮点数运算精度问题而造成的两值比较不等；
- 关系表达式中不正确的变量和比较符号表示不正确；
- 不正确地多循环一次或少循环一次；
- 错误的或不可能的循环终止条件；
- 当遇到发散的迭代时不能终止的循环；
- 不适当地修改了循环变量等。

4) 边界条件测试

边界条件测试是单元测试中最重要的一项任务。软件经常在边界上失效，边界条件测试是一项基础测试，也是后面系统测试中功能测试的重点。如果边界测试执行的较好，可以大大提高程序健壮性。边界条件测试应考虑下列因素：

- 程序内有一个 n 次循环，n 次循环应是 1～n，而不是 0～n；
- 小于、小于等于、等于、大于、大于等于、不等于确定的比较值出错；
- 出现上溢、下溢和地址异常。

5) 错误处理测试

比较完善的模块设计要求能预见出错的条件，并设置适当的出错处理措施，以便在程序出错时能对出错程序重作安排，保证其逻辑上的正确性。这种出错处理也应当是模块功能的一部分。错误处理测试应考虑下列因素：

- 出错的描述难以理解；
- 出错的描述不足以对错误定位，且不足以确定出错的原因；
- 显示的错误与实际的错误不符；
- 对错误条件的处理不正确；
- 异常处理不当。

6) 代码书写规范

代码书写规范应考虑下列因素：

- 模块设计程序框架流程图；
- 代码对齐方式；

- 代码的注释；
- 参数类型，数据长度，指针，数组长度；
- 输入输出参数和结果。

2.7.3　单元静态测试

1. 静态测试概述

静态测试是指不运行被测程序本身而寻找程序代码中可能存在的错误或评估程序代码的过程，仅通过分析或检查源程序的方法、结构、过程、接口等来检查程序的正确性。其目的在于找出缺陷和可疑之处，纠正软件系统的描述、表示和规格上的错误，也是进一步执行其他测试的前提。

静态测试包括代码检查、静态分析两种途径，可以由人工进行，充分发挥人的逻辑思维优势，也可以借助软件工具自动进行。代码检查主要检查代码的设计是否一致、代码是否遵循标准性和可读性、代码的逻辑表达是否正确，以及代码结构是否合理等。静态分析则是一种计算机辅助的静态分析方法，主要对程序进行控制流分析、数据流分析、接口分析和表达式分析等。静态分析的对象是软件程序，因此程序设计语言不同，相应的静态分析工具也就不同。

在实际使用中，代码检查比动态测试效率更高，能快速找到缺陷，并且能够发现 30%～70%的逻辑设计和编码缺陷。代码检查直指问题本身而非征兆。但是代码检查非常耗费时间，而且代码检查需要知识和经验的积累。另外，代码检查应在编译和动态测试之前进行。在代码检查前，应准备好需求描述文档、程序设计文档、程序的源代码清单、代码编码标准和代码缺陷检查表等。静态测试具有发现缺陷早、降低返工成本、覆盖重点和发现缺陷的概率高的优点以及耗时长、不能测试对其他程序依赖程度高和技术能力要求高的程序的缺点。

2. 代码检查流程

代码检查包括桌面检查(Desk Checking)、代码审查(Code Review)、代码走查(Code Walkthrough)和技术评审(Technical Review)四种情况。当然，在实际工作中，我们完全不应被概念所束缚，而应根据项目的实际情况来决定采取哪种静态测试形式，不用严格去区分到底是代码走查，还是代码审查和技术评审。

1) 桌面检查(Desk Checking)

桌面检查是由程序员自己检查自己编写的程序。程序员在程序通过编译之后，进行单元测试设计之前，对源程序代码进行分析、检验，并补充相关的文档，其目的是发现程序中的错误。检查项目有：变量的交叉引用表检查、标号的交叉引用表检查、子程序检查、宏检查、函数检查、等值性检查、常量检查、标准检查、风格检查和补充文档检查等。由于程序员熟悉自己的程序，所以这种桌面检查可以节省很多检查时间，但应避免主观片面性。

2) 代码审查(Code Review)

代码审查是由若干程序员和测试人员共同组成一个会审小组，通过阅读、讲解、讨论和模拟运行的方式，对程序进行静态分析的过程。代码审查主要是依靠有经验的程序设计人员和测试人员根据软件设计文档,通过阅读程序发现软件缺陷,其特点是一般有正式的计划、流程和结果报告。现在,代码审查也可借助软件工具自动进行,例如 LOGICSCOPE、C++ TEST、LDRA TESTBED、PRQA C/C++、MACABE IQ 以及 Rational 的 Purify、Quantify 和 PureCoverage 等。

代码审查一般分为两个步骤:第一步是小组负责人把设计规格说明书、控制流程图、程序文本及有关要求和规范等分发给小组成员,作为评审的依据;第二步是召开程序代码审查会,在会上由程序员逐句讲解程序的逻辑,在此过程中其他程序员可以提出问题、展开讨论,以审查错误是否存在。实践经验表明,程序员在讲解过程中能发现许多原来自己没有发现的缺陷和错误,而讨论和争议则更会促进缺陷问题的暴露。

3) 代码走查(Code Walkthrough)

代码走查与代码审查基本相同,其过程也分为两步。第一步也是把材料先发给走查小组每个成员,让他们认真研究程序代码后再开会。但第二步开会的程序与代码审查不同,不是简单地读程序和对照错误检查表进行检查,而是让与会者充当计算机。即首先由测试组成员为被测程序准备一批有代表性的测试用例,并提交给走查小组。走查小组开会时就集体扮演计算机角色,让测试用例沿程序的逻辑运行一遍,随时记录程序的踪迹供分析和讨论用。人们借助于测试用例的媒介作用,对程序的逻辑和功能提出各种疑问,并结合问题开展热烈的讨论,以求发现更多的问题。

4) 技术评审(Technical Review)

技术评审是指由开发组、测试组和相关人员(QA、产品经理等)联合进行,也是采用讲解、提问并使用编码模板进行的查找错误的活动。一般也有正式的计划、流程和结果报告。

3. 静态分析工具

静态分析程序不需要执行所测试的程序,它扫描所测试程序的正文,然后对程序的数据流和控制流进行分析,最后送出测试报告。通常,它具有以下几类功能:

(1) 对模块中的所有变量,检查是否都已定义、是否引用了未定义的变量、是否有已赋过值但从未使用的变量。实现上述检查的方法是建立变量的交叉引用表。

(2) 检查模块接口的一致性。主要检查子程序调用时形式参数与实际参数的个数、类型是否一致,输入输出参数的定义和使用是否匹配,数组参数的维数、下标变量的范围是否正确,各子程序中使用的公用区(或外部变量、全局变量)定义是否一致等等。

(3) 检查在逻辑上可能有错误的结构以及多余的不可达的程序段,如交叉转入转出的循环语句,为循环控制变量赋值,存取其他模块的局部数据等。

(4) 建立"变量/语句交叉引用表"、"子程序调用顺序表"、"公用区/子程序交叉引用表"等。利用它们找出变量错误可能影响到哪些语句,影响到哪些其他变量等。

(5) 检查所测程序违反编程标准的错误。例如,模块大小、模块结构、注释的约定、某些语句形式的使用以及文档编制的约定等。

(6) 对一些静态特性的统计功能:各种类型源语句的出现次数,标识符使用的交叉索引,标识符在每个语句中使用的情况,函数与过程引用情况,任何输入数据都执行不到的孤立代码段,未经定义的或未曾使用过的变量,违背编码标准之处,公共变量与局部变量的各种统计。

静态分析工具的结构一般由四部分组成：语言程序的预处理器、数据库、错误分析器和报告生成器。预处理器把词法分析与语法分析结合在一起，以识别各种类型的语句。源程序被划分为若干程序模块单元(如主程序与一些子程序)，同时生成包含变量使用、变量类型、标号与控制流等信息的许多表格。有些表格是全局表，它们反映整个程序的全局信息，如模块名、函数及过程调用关系、全局量等。有些表格是局部表，它们对应到各个模块，记录模块中的各种结构信息，如标号引用表、分支索引表、变量属性表、语句变量引用、数组或记录特性表等所有表格都存入数据库。不少测试工具有专门设计用于存放各种信息的数据库，通常以命令语言的形式作为查询语言。也有使用商用数据管理系统的。错误分析器利用命令语言或查询语言与系统通信进行查错，并把检查结果造表输出。

4. 开始静态测试的时机和准备

理论上讲，静态测试应从项目立项开始进行，然后贯穿整个项目始终。但在实际操作中，基本上是上一个版本系统测试结束的时候才进入下一个版本的静态测试阶段。这个时候，基本系统规格书和软件需求说明书都已经完成初稿，因此静态测试开始的原则是越早越好。

测试前的准备工作主要包括下列内容：

1) **熟悉业务流程和背景**

静态测试能否成功有一个很重要的前提条件，就是测试人员要对测试系统的业务流程有一定的认识和基础，这样测试才能更加全面和深入地进行。例如，如果要对新增的业务流程进行测试，建议先在类似的业务系统中熟悉业务基础流程。如果要对变更类项目进行测试，建议将原有的系统先熟悉起来，以便对变更和修改的内容有更明确清晰的认识。其次，对于静态测试内容的业务背景和总体设计的了解也是非常重要的。例如：通过对业务背景和总体方案的研读，了解系统要实现哪些内容，清晰了解所测试的内容的轮廓，透彻地审视系统规格书和软件需求说明书。只有经过充分的前期准备，才会在静态测试过程中取得比较满意的效果。如果涉及比较复杂的情况，测试人员较难搞清楚的，最好提前与对应的开发商沟通，搞清楚项目的测试要点，或是求证测试思路是否正确。这样有助于缩短准备时间，更好地进行静态测试。

2) **准备好产品说明书**

静态测试前需要先对产品说明书进行高级审查，测试产品说明书的目的不是钻进去找软件缺陷，而是在一个高度上审视。审查产品说明书是为了找出根本性的大问题、疏忽和遗漏之处。也许这更像是研究而不是测试，但是对产品说明书的研究主要是为了更好地了解软件要做什么。如果能够很好地理解产品说明书背后的原因和操作方式，就可以更好地仔细进行静态测试检查了。因此，测试人员在第一次接到需要审查的产品说明书时，应该要把自己代入客户的角色进行思考。代入客户的角色思考和看问题是很重要的，这涉及静态测试的准备工作是否做到位的问题。再加上有一定的业务背景了解，在审视产品说明书的时候才有可能发现功能上设计不合理的地方。

3) **审查和测试同类软件**

审查和测试同类软件中存在的缺陷，可以给测试人员一个好的提示和借鉴，让测试人员的静态测试更加有的放矢。比如说，一个软件系统中要设计一个新的功能，而这个功能在同类软件中已经有成形的产品，借鉴现有的经验，就很容易比对出目前的设计是否存在某些缺陷或欠缺。

5. 高效进行静态测试的策略和方法

人员和过程是决定软件静态测试质量的关键因素，因此高质量的人员和良好的过程是必须要重视和控制的。

(1) 挑选合适的审查成员。

静态测试对参与人员的经验要求非常高，因此静态测试的要点是要挑选合适的审查成员。因为审查人员是否具有丰富的经验和知识，将在缺陷讨论、判断和争议的环节中起到决定性的作用。

(2) 审查活动前的准备必须要充分。

静态测试一般是在编译和动态测试之前进行，这个时候系统是否能正常运行也是一个未知之数。因此在静态检查前，必须充分准备好需求描述文档、程序设计文档、程序源代码清单、代码编码标准和代码缺陷检查表等。

(3) 组织和控制好审查会议过程。

静态测试的代码检查阶段需要召开会议形式的审查活动，而活动是否能有效地进行和控制就意味着是否可以高质量地进行静态测试。因此，必须要组织和控制好审查会议的过程。审查会议的目的是提出问题、引发讨论和争议，而不是现场解决这些缺陷。否则，缺乏控制的审查会议很容易本末倒置而变成现场解决缺陷的会议。

2.7.4 单元动态测试

单元动态测试就是通过选择适当的测试用例并实际运行所测程序，然后比较实际运行结果和预期结果进而找出错误的方法。动态测试分为结构测试和功能测试。在结构测试中，常采用语句测试、分支测试或路径测试。作为动态测试工具，它应能使所测试程序有控制地运行，并且自动地监视、记录、统计程序的运行情况。典型的方法是在所测试程序中插入检测各语句的执行次数、各分支点、各路径的探针(probe)，以便统计各种覆盖情况。有些程序设计语言的源程序清单中没有编号，因此在进行静态分析或动态测试时，还要对语句进行编号，以便能标记各分支点和路径。在有些程序的测试中，往往要统计执行各个语句时的 CPU 时间，以便对时间花费最多的语句或程序段进行优化。

1. 测试覆盖监视程序

测试覆盖监视程序主要用在结构测试中，可以监视测试的实际覆盖程度。它的主要工作有：分析并输出每一可执行语句的执行特性；分析并输出各分支或各条路径的执行特性；计算并输出程序中谓词的执行特性。为此，测试覆盖监视程序的工作过程分为以下三个阶段：

(1) 对所测试程序作预处理。如在程序的分支点和汇合点插入"执行计数探针"；在非简单赋值语句(相对于赋常数值或下标计算等简单赋值语句而言) 后插入"记忆变量值探针"，记录变量的首次赋值、末次赋值、最小值、最大值；在循环语句中插入"记忆控制变量值探针"，记录循环控制变量的首次赋值、末次赋值、最小值、最大值。

(2) 编译预处理后的源程序，并运行目标程序。在目标程序运行过程中，利用探针监视、检查程序的动态行为，以收集、统计有关信息。

(3) 一组测试后，可以根据要求，输出某一语句的执行次数、某一转移发生的次数、某赋值语句的数值范围、某循环控制变量的数据范围、某子程序运行的时间和调用次数等。从而发现在程序中从未执行的语句、不应该执行而实际执行了的语句、应该执行但实际没有执行的语句，以及发现不按预定要求终止的循环、下标值越界、除数为零等异常情况。

2. 断言处理程序

断言是指变量应满足的条件，例如，I < 10，A(6) > 0 等。在所测试源程序的指定位置，按一定格式用注释语句写出的断言叫做断言语句。在程序执行时，对照断言语句检查事先指定的断言是否成立，有助于复杂系统的检验、调试和维护。

断言分局部性断言和全局性断言两类。局部性断言是指在程序的某一位置上(重要的循环或过程的入口和出口处)，或者在一些可能引起异常的关键算法之前设置的断言语句。全局性断言是指在程序运行过程中自始至终都适用的断言。例如，变量 I、J、K 只能取 0 到 100 之间的值；变量 M、N 只能取 2、4、6、8 四个值等。全局性断言应写在程序的说明部分。程序员在每个变量、数组的说明之后，都可写上反映其全局特性的断言。

动态断言处理程序的工作过程如下：

(1) 动态断言处理程序对语言源程序做预处理，为注释语句中的每一个断言插入一段相应的检验程序。

(2) 运行经过预处理的程序，检验程序将检查程序的实际运行结果与断言所规定的逻辑状态是否一致。对于局部性断言，每当程序执行到这个位置时，相应的检验程序就要工作；对于全局性断言，在每次变量被赋值后，相应的检验程序就进行工作。

动态断言处理程序还要统计检验的结果(即断言成立或不成立的次数)。在发现断言不成立的时候，还要记录当时的现场信息，如有关变量的状态等。处理程序还可按测试人员的要求，在某个断言不成立的次数已达指定值时中止程序的运行，并输出统计报告。

(3) 一组测试结束后，程序输出统计结果、现场信息供测试人员分析。

3. 符号执行程序

符号执行法是一种介于程序测试用例执行与程序正确性证明之间的方法。它使用了一个专用的程序对输入的源程序进行解释。在解释执行时，所有的输入都以符号形式输入到程序中，这些输入包括基本符号、数字及表达式等。符号执行的结果可以有两个用途：其一是可以检查公式的执行结果是否达到程序预期的目的；其二是通过程序的符号执行产生程序的路径，为进一步自动生成测试数据提供条件。

解释程序在对象源程序的判定点计算谓词。一个条件语句 if…then…else 的两个分支在一般情况下需要进行并行计算。语法路径的分支形成一棵"执行树"，树中每一个结点都是一个表示执行到该结点时累加判定的谓词。一旦解释程序对对象源程序的每一条语法路径都进行了符号计算，就会对每一条路径给出一组输出。输出是用输入和遍历这条路径所必须满足的条件的谓词组的符号形式表示的。实际上，这种输出包含了程序功能的定义。在理想情形下，这种输出可以自动地与可用机器执行的程序所要具备的功能进行比较，否则可用手工进行比较。由于语法路径的数目可能很大，再加上其中有许多不可达路径，这时可对执行树进行修剪。但是，修剪时必须特别小心，不要无意中把"重要"路径修剪掉。

另外，如果对象源程序中包含有一个循环，而循环的终止取决于输入的值，那么执行树就会是无穷的。这时，必须加以人工干预，即进行某种形式的动态修剪，以恢复解释执行。符号执行更有用的一个结果是用于产生测试数据。符号执行的各种语法路径输出的累加谓词组(只要它是可解的)定义了一组等价类，每一等价类又定义了遍历相应路径的输出，可依据这种信息来选择测试数据。寻找好的测试数据就等于寻找语义(即可达)路径，它属于语法路径的子集，因此可依据这种信息来选择测试数据。

符号执行方法还可以度量测试覆盖程度。如果路径谓词的析取值为真(true)，那么该测试用例的集合就"覆盖"了源程序。如果不是这样，该析取值的取值为假(false)时，就表示源程序存在没有测试到的区域。

4. 动态特性分析

除了覆盖分析这个最重要的特性外，下列动态特性也经常作为测试的结果予以分析。

(1) 调节分析：确定所测程序哪些部分执行次数最多，哪些部分执行次数最少甚至未执行过。

(2) 成本估算：确定所测程序哪些部分执行开销最大。

(3) 时间分析：报告某一程序或其部分程序的 CPU 执行时间。

(4) 资源利用：分析与硬件和系统软件相关的资源利用情况。

2.7.5 单元动态测试工具的使用

动态测试工具一般采用"插桩"的方式向代码生成的可执行文件中插入一些监测代码，该代码用于统计程序运行时的数据。其与静态测试工具最大的不同就是动态测试工具要求被测系统实际运行。动态测试工具的代表有：Compuware 公司的 DevPartner 软件、Rational 公司的 Purify 系列软件等。

2.8 单元测试案例分析与实践

目前，最流行的单元测试工具是 xUnit 系列框架，常用的测试工具根据语言不同分为 JUnit(java)、CppUnit(C++)、DUnit (Delphi)、NUnit(.net)、PhpUnit(Php)等。xUnit 测试框架的第一个和最杰出的应用就是由 Erich Gamma (《设计模式》的作者)和 Kent Beck(XP(Extreme Programming)的创始人)提供的开放源代码的 JUnit。

1. Junit 入门简介

1) JUnit 的优点和 JUnit 单元测试编写原则

优点：

① 可以使测试代码与产品代码分开。

② 针对某一个类的测试代码通过较少的改动便可以应用于另一个类的测试。

③ 易于集成到测试人员的构建过程中，JUnit 和 Ant 的结合可以实施增量开发。

④ JUnit 是公开源代码的，可以进行二次开发。

⑤ 可以方便地对 JUnit 进行扩展。

单元测试编写原则：

① 简化测试的编写，这种简化包括测试框架的学习和实际测试单元的编写。

② 使测试单元保持持久性。

③ 可以利用既有的测试来编写相关的测试。

2) JUnit 的特征

① 使用断言方法判断期望值和实际值差异，并返回 Boolean 值。

② 测试驱动设备使用共同的初始化变量或者实例。

③ 测试包结构便于组织和集成运行。

④ 支持图形交互模式和文本交互模式。

3) JUnit 框架组成

① 对测试目标进行测试的方法与过程集合，可称为测试用例(TestCase)。

② 测试用例的集合，可容纳多个测试用例，将其称作测试包(TestSuite)。

③ 测试结果的描述与记录(TestResult)。

④ 测试过程中的事件监听者(TestListener)。

⑤ 每一个测试方法所发生的与预期不一致状况的描述，称为测试失败元素(TestFailure)。

4) JUnit 的安装和配置

JUnit 的安装步骤分解如下：

① 在 http://download.sourceforge.net/junit/中下载 JUnit 包并将 Junit 压缩包解压到一个物理目录中(例如 D:\Junit4)。

② 记录 Junit.jar 文件所在目录名(例如 D:\Junit4\Junit.jar)。

③ 进入操作系统(以 Windows 2000 操作系统为准)，按照次序点击"开始->设置->控制面板"。

④ 在控制面板选项中选择"系统"，点击"环境变量"，在"系统变量"的"变量"列表框中选择"CLASSPATH"关键字(不区分大小写)，如果该关键字不存在则添加。

⑤ 双击"CLASSPATH"关键字添加字符串"D:\Junit4\Junit.jar"(注意，如果已有别的字符串请在该字符串的字符结尾加上分号"；")，这样确定修改后 Junit 就可以在集成环境中应用了。

5) JUnit 中常用的接口和类

① Test 接口——运行测试和收集测试结果。Test 接口使用了 Composite 设计模式，是单独测试用例，聚合测试模式(TestSuite)及测试扩展(TestDecorator)的共同接口。

Test 接口中的 public int countTestCases()方法用来统计这次测试有多少个 TestCase，另外一个方法就是 public void　run(TestResult)，TestResult 用于接受实例测试结果，　run()方法用于执行本次测试。

② TestCase 抽象类——定义测试中的固定方法。TestCase 抽象类是 Test 接口的抽象实现(不能被实例化，只能被继承)，其构造函数 TestCase(string name)根据输入的测试名称 name 创建一个测试实例。由于每一个 TestCase 在创建时都要有一个名称，若某测试失败了，便可识别出是哪个测试失败。

TestCase 类中包含 setUp()、tearDown()方法，其中 setUp()方法集中初始化测试所需的所有变量和实例，并且在依次调用测试类中的每个测试方法之前再次执行 setUp()方法；tearDown()方法则是在每个测试方法之后执行，用于释放测试程序方法中引用的变量和实例。

开发人员编写测试用例时，只需继承 TestCase 类，并实现 run()方法即可。然后，JUnit 获得测试用例后，执行它的 run()方法，并将测试结果记录在 TestResult 中。

③ Assert 静态类——一系列断言方法的集合。Assert 包含了一组静态的测试方法，用于比对期望值和实际值是否正确。如果测试失败，Assert 类就会抛出一个 AssertionFailedError 异常，JUnit 测试框架将这种错误归入 Failes 并加以记录，同时标记为未通过测试。如果在该类方法中指定一个 String 类型的参数，那么该参数将被作为 AssertionFailedError 异常的标识信息，告诉测试人员该异常的详细信息。

JUnit 提供了 6 大类 31 组断言方法，包括基础断言、数字断言、字符断言、布尔断言和对象断言。其中，assertEquals(Object expcted，Object actual)内部逻辑判断使用 equals() 方法，这表明断言两个实例的内部哈希值是否相等，最好使用该方法对相应类实例的值进行比较。而 assertSame(Object expected，Object actual)内部逻辑判断使用了 Java 运算符"=="，这表明该断言判断两个实例是否来自于同一个引用(Reference)，最好使用该方法对不同类的实例的值进行比较。asserEquals(String message，String expected，String actual)方法对两个字符串进行逻辑比较，如果不匹配则显示两个字符串有差异的地方。ComparisonFailure 类提供两个字符串的比较，不匹配则给出详细的差异字符。

④ TestSuite 测试包类——多个测试的组合。TestSuite 类负责组装多个 Test Cases。待测类中可能包括了对被测类的多个测试，而 TestSuit 负责收集这些测试，使我们可以在一个测试中，完成全部的对被测类的多个测试。

TestSuite 类实现了 Test 接口，且可以包含其他的 TestSuite。它可以处理加入 Test 时抛出的所有异常。

TestSuite 处理测试用例有 6 个规约(否则会被拒绝执行测试)：
- 测试用例必须是公有类(Public)；
- 测试用例必须继承于 TestCase 类；
- 测试用例的测试方法必须是公有的(Public)；
- 测试用例的测试方法必须被声明为 Void；
- 测试用例中测试方法的前置名词必须是 test；
- 测试用例中测试方法无任何传递参数。

⑤ TestResult 结果类和其他类与接口。TestResult 结果类集合了任意测试累加结果，通过 TestResult 实例传递给每个测试的 run()方法。TestResult 在执行 TestCase 时如果失败会抛出异常。

TestListener 接口是一个事件监听规约，可供 TestRunner 类使用。它通知 listener 的对象相关事件，方法包括测试开始 startTest(Test test)、测试结束 endTest(Test test)、增加异常 addError(Test test，Throwable t)和增加失败 addFailure(Test test，AssertionFailedError t)

TestFailure 失败类是一个"失败"状况的收集类，解释每次测试执行过程中出现的异常情况。该类的 toString()方法返回"失败"状况的简要描述。

2. 编写被单元测试的类

新建一个 Java 工程，并命名为 JunitTest，然后在工程中创建一个被单元测试的 Student

数据类。代码如下：

```java
package com.phicomme.hu;
public class Student{
    private String name;
    private String sex;
    private int age;
    private String school;
    public Student(String name, String sex, int age, String school){
        this.name=name;
        this.sex=sex;
        this.age=age;
        this.school=school;
    }
    public String getName(){
        return name;
    }
    public void setName(String name){
        this.name=name;
    }
    public String getSex (){
        return sex;
    }
    public void setSex (String sex){
        this.sex = sex;
    }
    public int getAge(){
        return name;
    }
    public void setAge(int age){
        this.age=age;
    }
    public String getSchool (){
        return school;
    }
    public void setSchool (String name school){
        this.school =school;
    }
}
```

3. 在 Eclipse 下对被测类进行单元测试

首先导入 Junit 包：选中 java 工程，点击鼠标右键→选择 properties→在窗口中选 Java Build Path→在右侧点击"Add Library"→在弹出的窗口列表中选中 Junit→单击"下一步"→选择 Junit 4→选择 finish。这样 Junit 4 包就导入成功了，接下来就是创建测试类。将测试类和被测试类放在不同的包中(也可以放在同一个包中，此处只是为了区别)。

1) StudentTest

创建一个被测试类 StudentTest。代码如下：

```
package com.phicomme.test;
import junit.framework.TestCase;
import com.phicomme.hu.Student;
public class StudentTest extends TestCase{
    private Student testStudent;
    protected void setUp() throws Exception{
        super.setUp();
        testStudent = new Student("steven", "boy", 23, "上海大学");
    }
    protected void tearDown() throws Exception{
        super.tearDown();
    }
    public void testSetage(){
        assertTrue(testStudent.setAge(21));
    }
    public void testGetName(){
        assertEquals("hdy", testStudent.getName());
    }
    public void testGetSchool(){
        assertEquals("南昌大学", testStudent.getSchool());
    }
}
```

2) StudentTest01

创建一个测试类 StudentTest01。代码如下：

```
package com.phicomme.test;
import junit.framework.TestCase;
import com.phicomme.hu.Student;
public class StudentTest01 extends TestCase{
    Student testStudent;
    protected void setUp() throws Exception{
```

```
        super.setUp();
        testStudent = new Student("djm", "boy", 24, "华东政法");
        System.out.println("setUp()");
    }
    protected void tearDown() throws Exception{
        super.tearDown();
        System.out.println("tearDown()");
    }
    public void testGetSex(){
        assertEquals("boy", testStudent.getSex());
        System.out.println("testGetSex()");
    }
    public void testGetAge(){
        assertEquals(24, testStudent.getAge());
        System.out.println("testGetAge()");
    }
}
```

3) AllTest

如果需要同时测试以上这两个测试类,可以通过 TestSuite 类实现,它相当于一个套件,可以把所有测试类添加进来一起运行测试。

```
package com.phicomme.test;
import junit.framework.Test;
import junit.framework.TestSuite;
import com.phicomme.hu.StudentTest;
import com.phicomme.hu.Student01;
public class AllTest{
    public static Test suite(){
        TestSuite suite = new TestSuite("Test for com.phicomme.test");
        suite.addTestSuite(StudentTest.class);
        suite.addTestSuite(StudentTest01.class);
        return suite;
    }
}
```

4) 分别测试以上三个类

选中需要测试的类→单击鼠标右键→单击"Run as"→单击"Junit Test"。

StudentTest 类的测试结果如图 2-18 所示。

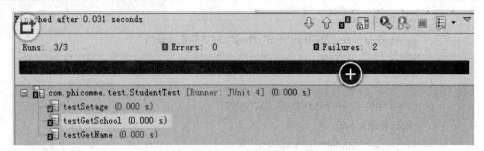

图 2-18　StudentTest 类的测试结果

StudentTest01 类的测试结果如图 2-19 所示。

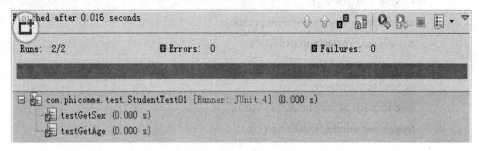

图 2-19　StudentTest01 类的测试结果

AllTest 类的测试结果如图 2-20 所示。

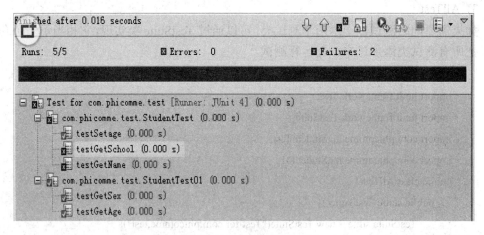

图 2-20　AllTest 类的测试结果

本 章 小 结

(1) 测试用例要包括输入、动作、时间和一个期望的结果。测试用例设计一般遵循正确性、全面性、连贯性、可判定性和可操作性等原则。

(2) 等价类划分法是把程序的输入域划分成若干子集，然后从每一个子集中选取少数具有代表性的数据作为测试用例。

(3) 边界值分析法就是对输入或输出的边界值进行测试的一种黑盒测试方法。

(4) 因果图是一种形式化的语言(以图的形式表现),它不仅描述了原因和结果之间的关系,也描述了各个原因之间、各个结果之间复杂关系的组合。

(5) 现在的软件几乎都是用事件触发来控制流程的,事件触发时的情景便形成了场景,而同一事件的不同触发顺序和处理结果就形成事件流。

(6) 测试用例设计包括测试需求分析、测试用例设计、测试用例评审、测试用例完善等步骤。

(7) 测试用例的等级分为基本、重要、一般、生僻四级。

(8) 测试用例所涉及的内容或者要素以及样式均大同小异,一般都包含主题、前置条件、执行步骤、期望结果等。测试用例可以用数据库、Word、Excel、xml 等格式进行存储和管理。

(9) 测试用例设计存在“能发现到目前为止没有发现的缺陷的用例是好的用例”等误区。

(10) 单元测试是开发者编写的一小段代码,用于检验被测代码的一个很小的、很明确的功能是否正确。确保各单元模块被正确的编码是单元测试的主要目标,但是单元测试的目标不仅仅是测试代码的功能性,还需确保代码在结构上可靠且健全,并且能够在所有条件下正确响应。

(11) 单元测试包括模块接口、局部数据结构、路径、边界条件、错误处理、代码书写规范等测试。

(12) 目前最流行的单元测试工具是 Junit。在进行单元测试时,首先编写被单元测试的类,其次在 Eclipse 下对这个类进行单元测试。

思考与练习

1. 单项选择题

(1) 软件测试是通过(　)执行软件的活动。

A) 测试用例　　　B) 输入数据　　　C) 测试环境　　　D) 输入条件

(2) 测试用例是为达到最佳的测试效果或高效的揭露隐藏的错误而精心设计的少量测试数据,至少应该包括(　)。

A) 测试输入、执行条件和预期的结果　　　　　B) 测试目标、测试工具

C) 测试环境　　　　　　　　　　　　　　　　D) 测试配置

(3) 下列(　)方法设计出的测试用例发现程序错误的能力最强。

A) 等价类划分法　　B) 边界值分析法　　C) 场景法　　D) 因果图法

(4) (　)是根据输出对输入的依赖关系来设计测试用例的。

A) 边界值分析　　B) 等价类划分　　C) 因果图法　　D) 错误推测法

(5) 以下关于测试用例的特征的描述错误的是(　)。

A) 最有可能抓住错误的　　　　　　B) 一定会有重复的、多余的

C) 一组测试用例中最有效的　　　　D) 既不是太简单,也不是太复杂

(6) 用边界值分析法,假定 1 < X < 100,那么 X 在测试中应该取的边界值是(　)。

A) X=1,X=100　　　　　　B) X=0,X=1,X=100,X=101

C) X=2，X=99 D) X=0，X=101

(7) 对于一个含有 n 个变量的程序，采用边界值分析法测试程序会产生(　)个测试用例。

A) 6n+1 B) 5n C) 4n+1 D) 7n

(8) 下列(　)的测试步骤中需要进行局部数据结构测试。

A) 单元测试 B) 集成测试 C) 确认测试 D) 系统测试

(9) 单元测试的依据是(　)。

A) 模块功能规格说明　　　　　B) 系统模块结构图

C) 系统需求规格说明　　　　　D) ABC 都可以

2. 判断题

(1) 在设计测试用例时，应包括合理的应用条件和不合理的应用条件。 (　)

(2) 单元测试能发现约 80% 的软件缺陷。 (　)

(3) 代码评审是检查源代码是否达到模块设计的要求的。 (　)

3. 简答题

(1) 简述做好测试用例设计工作的关键。

(2) 简述所熟悉的测试用例设计方法。

(3) 有函数 f(x, y, z)，其中 x∈[1900, 2100]，y∈[1, 12]，z∈[1, 31]。请写出该函数采用边界值分析法设计的测试用例。

(4) 简述通过因果图设计测试用例的步骤。

4. 综合题

某城市电话号码由三部分组成，分别是：地区码---空白或三位数字；前缀-----非'0'或'1'开头的三位数字；后缀-----四位数字。假定被测程序能接受一切符合上述规定的电话号码，拒绝所有不符合规定的电话号码。

(1) 首先进行输入条件等价类划分，并编号，然后写出等价类表。

(2) 设计测试用例，以便覆盖所有的有效等价类。

(3) 为每个无效等价类设计一个测试用例，列出完整的测试用例表。

第 3 章　软件缺陷管理

　　软件测试是评估软件产品质量的关键手段，尽早发现和修复软件缺陷是软件测试的基本原则之一，也是提高软件产品质量的重要手段之一。因此，为了保证软件具有较高的质量，必须对软件进行测试，对发现的缺陷有效地进行管理。本章首先介绍了软件缺陷的基本概念，然后介绍了软件缺陷管理的流程和软件缺陷的度量、分析与统计，并重点介绍了软件缺陷报告的内容和撰写标准，最后简要介绍了几种常用的软件缺陷管理工具。

3.1　软　件　缺　陷

　　软件错误或软件缺陷是软件产品的固有成分，不管是小程序还是大型的软件系统，都存在一定的错误或缺陷。这些缺陷中，有的对软件使用影响不大，有的则会造成财产甚至生命的巨大损失。

3.1.1　软件缺陷定义

1. 软件缺陷的基本定义

　　软件缺陷即计算机软件或程序中存在的某种破坏软件正常运行的问题、错误，或者是隐藏的功能缺陷。缺陷的存在会导致软件产品在某种程度上不能满足用户的需要。IEEE 729-1983 对缺陷有一个标准的定义：从产品内部看，缺陷是软件产品开发或维护过程中存在的错误、毛病等各种问题；从产品外部看，缺陷是系统所需要实现的某种功能的失效或违背。按照一般的定义，只要符合以下 5 个规则中的一个就可判断软件存在缺陷：

- 软件未实现软件需求规格说明书中的所有功能；
- 软件出现了产品说明书中指明不应该出现的错误；
- 软件实现了软件需求规格说明书中未提到的功能；
- 软件未实现软件需求规格说明书中的虽未明确提出但应该实现的目标；
- 软件未实现软件需求规格说明书中的性能需求。

　　软件缺陷包括检测缺陷和残留缺陷。检测缺陷是指软件在用户使用之前被检测出的缺陷；残留缺陷是指软件发布后存在的缺陷，包括在用户安装软件前未被检测出的缺陷以及已检测出但未被修复的缺陷。用户使用软件时，因残留缺陷引起的软件失效症状称为软件故障。

　　总之，软件缺陷是软件开发过程中的"副产品"，会导致软件产品在某种程度上不能满足用户的需要，即对软件产品预期属性的偏离，造成用户使用的不便。

2. 软件缺陷产生的原因

为什么会出现软件缺陷呢？通过分析，发现导致软件产生缺陷主要有以下 9 类原因：

- 不完善的需求定义；
- 客户与开发者之间的通信失败；
- 对软件需求的故意偏离；
- 逻辑设计错误；
- 编码错误；
- 不符合文档编制与编码规则；
- 测试过程不足；
- 规程错误；
- 文档编制错误。

经过对上述 9 类原因长时间的调查研究，发现大多数软件缺陷不是由于编码错误造成的。导致大多数软件缺陷的主要原因是在需求分析阶段，其次是软件设计阶段。

3.1.2 软件缺陷描述

软件缺陷的描述是软件缺陷报告的基础部分，也是测试人员就一个软件问题与开发小组交流的最初且最好的机会。一个好的描述，需要使用简单的、准确的、专业的语言来抓住缺陷的本质。否则，它就会使信息含糊不清，进而可能会误导开发人员。

1. 软件缺陷描述的内容

对软件进行有效描述主要涉及以下内容：

(1) 可追踪的信息。缺陷的 ID(缺陷 ID 是唯一的，可以根据该 ID 追踪缺陷)。

(2) 缺陷的基本信息。缺陷的基本信息包括以下几部分内容：

- 缺陷的标题。
- 缺陷的严重程度：一般分为"致命"、"严重"、"一般"、"建议"四种。
- 缺陷的紧急程度：紧急程度可分为 1 到 4 四个等级，其中 1 是优先级最高的等级，4 是优先级最低的等级。
- 缺陷提交人：缺陷提交人的名称(含邮件地址)。
- 缺陷提交时间。
- 缺陷所属项目/模块。
- 缺陷指定解决者。
- 缺陷指定解决时间：项目经理指定的开发人员修改此缺陷的截止时间。
- 缺陷处理人：最终处理缺陷的人员。
- 缺陷处理结果描述。
- 缺陷处理时间。
- 缺陷验证人。
- 缺陷验证结果描述。
- 缺陷验证时间。

(3) 缺陷的详细描述。对缺陷的信息进行详细描述，描述的详细程度直接影响开发人员对缺陷的修改。

(4) 测试环境的说明。对测试环境的描述。

(5) 必要的附件。对于某些文字很难表达清楚的缺陷，可使用图片等附件进行说明。

2. 软件缺陷描述规则

清晰准确的软件缺陷描述可以减少软件缺陷从开发人员返回的数量。为了使软件缺陷描述的清晰准确，在描述软件缺陷时应遵从以下规则：

(1) 单一准确。每个报告只针对一个软件缺陷。在一个报告中报告多个软件缺陷的弊端是常常会导致缺陷部分被注意和修复，而不能得到彻底的修正。

(2) 可以再现。提供缺陷的精确操作步骤，使开发人员容易看懂，并可以再现这个缺陷。通常情况下，开发人员只有再现了缺陷，才能正确地修复缺陷。

(3) 完整统一。提供完整、前后统一的软件缺陷的步骤和信息，例如：图片信息，Log文件等。

(4) 短小简练。通过使用关键词，可以使软件缺陷的标题的描述短小简练，又能准确解释产生缺陷的现象。如"主页的导航栏在低分辨率下显示不整齐"中"主页"、"导航栏"、"分辨率"等是关键词。

(5) 特定条件。许多软件功能在通常情况下没有问题，而是在某种特定条件下会存在缺陷，所以软件缺陷描述不要忽视这些看似细节的但又必要的特定条件(如特定的操作系统、浏览器或某种设置等)，这些特定条件能够提供帮助开发人员找到原因的线索。

(6) 补充完善。从发现 BUG 那一刻起，测试人员的责任就是保证它被正确的报告，并且得到应有的重视，以及监视其被修复的全过程。

(7) 不作评价。软件缺陷描述不要带有个人观点。软件缺陷报告是针对产品、针对问题本身，将事实或现象客观地描述出来就可以，不需要任何评价或议论。

3.1.3　软件缺陷分类

对软件缺陷进行分类，分析产生各类缺陷的软件过程原因，总结在开发软件工程中不同软件缺陷出现的频度，制定对应的软件过程管理与技术两方面的改进措施，是提高软件组织的生成能力和软件质量的重要手段。

1. 软件缺陷分类方法

软件缺陷分类是在缺陷描述的基础上进行的，对缺陷进行分类之前，要先定义缺陷的属性。缺陷的属性主要包括以下几个方面：

(1) 缺陷标识(Identifier)：缺陷标识是标记某个缺陷的一组符号。每个缺陷必须有一个唯一的标识。

(2) 缺陷类型(Type)：缺陷类型是根据缺陷的自然属性划分的缺陷种类。

(3) 缺陷严重程度(Severity)：缺陷严重程度是指因缺陷引起的故障对软件产品的影响程度。

(4) 缺陷优先级(Priority)：缺陷的优先级是指缺陷必须被修复的紧急程度。

(5) 缺陷状态(Status)：缺陷状态是指缺陷通过一个跟踪修复过程的进展情况。

(6) 缺陷起源(Origin)：缺陷来源是指缺陷引起的故障或事件第一次被检测到的阶段。

(7) 缺陷来源(Source)：缺陷起源是指引起缺陷的起因。

(8) 缺陷根源(Root Cause)：缺陷根源是指发生错误的根本因素。

软件缺陷的分类方法繁多，各种分类方法的目的都不同，观察问题的角度和复杂程度也不一样。下面是几个有代表性的软件分类方法：

1) Putnam 分类法

Putnam 等人提出的分类方法将软件缺陷分为以下六类：需求缺陷、设计缺陷、文档缺陷、算法缺陷、界面缺陷和性能缺陷。

这种分类方法可以分析软件缺陷的来源和出处，指明修复缺陷的方向，为软件开发过程各项活动的改进提供线索。

2) Thayer 分类法

Thayer 软件错误分类方法是按错误性质分类，它利用测试人员在软件测试过程填写的问题报告和用户使用软件过程反馈的问题报告作为错误分类的信息。它包括 16 个类，有：计算错误、逻辑错误、I/O 错误、数据加工错误、操作系统和支持软件错误、配置错误、接口错误、用户需求改变(用户在使用软件后提出软件无法满足的新要求产生的错误)、预置数据库错误；全局变量错误、重复的错误、文档错误、需求实现错误(软件偏离了需求说明产生的错误)、不明性质错误、人员操作错误、问题(软件问题报告中提出的需要答复的问题)。另外，在这 16 个类之下，还有 164 个子类。

该分类方法特别适用于指导开发人员的缺陷消除和软件改进工作。通过对错误进行分类统计，可以了解错误分布状况，对错误集中的位置重点加以改进。该方法分类详细，适用面广，当然分类也较为复杂。该分类方法没有考虑造成缺陷的过程原因，不适用于软件过程改进活动。

3) 缺陷正交分类 ODC(Orthogonal Defects Classification)

ODC 是 IBM 公司提出的缺陷分类方法。该分类方法提供一个从缺陷中提取关键信息的测量范例，用于评价软件开发过程，并提出正确的过程改进方案。该分类方法用多个属性来描述缺陷特征。在 IBM ODC 最新版本中，缺陷特征包括以下八个属性：发现缺陷的活动、缺陷影响、缺陷引发事件、缺陷载体(Target)、缺陷年龄、缺陷来源、缺陷类型和缺陷限定词。ODC 对八个属性分别进行了分类。其中缺陷类型被分为七大类：赋值、检验(Checking)、算法、时序、接口、功能、关联(Relationship)。

分类过程分两步进行：

第一步，缺陷打开时，导致缺陷暴露的环境和缺陷对用户可能的影响是易见的，此时可以确定缺陷的三个属性：发现缺陷的活动、缺陷引发事件和缺陷影响。

第二步，缺陷修复关闭时，可以确定缺陷的其余五个属性：缺陷载体、缺陷类型、缺陷限定词、缺陷年龄和缺陷来源。这八个属性对于缺陷的消除和预防起到关键作用。

该分类方法分类细致，适用于缺陷的定位、排除、缺陷原因分析和缺陷预防活动。缺陷特征提供的丰富信息为缺陷的预防、消除和软件过程的改进创造了条件。

4) IEEE 分类法

电气和电子工程师学会制定的软件异常分类标准(IEEE Standard Classification for Anomalies 1044- 1993)对软件异常进行了全面的分类。该标准描述了软件生命周期各个阶段发现的软件异常的处理过程。分类过程由识别、调查、行动计划和实施处理四个步骤组成。每一步骤包括三项活动：记录、分类和确定影响。异常的描述数据称为支持数据项。分类编码由两个字母和三个数字组成。如果需要进一步的分类，可以添加小数。例如 RR324，IV321.1。RR 表示识别步骤，IV 表示调查步骤，AC 表示行动计划步骤，IM 表示确定影响活动，DP 表示实施处理步骤。分类过程的四个步骤都需要支持数据项。由于每个项目都有各自的支持数据项，该标准不强制规定支持数据项，但提供了各个步骤相关的建议支持数据项。强制分类建立通用的定义术语和概念，便于项目之间、商业环境之间、人员之间的交流沟通。可选分类提供对于特殊情况有用的额外的细节。在调查步骤中，对实际原因来源和类型进行了强制分类。其中调查步骤将异常类型分为逻辑问题、计算问题、接口/时序问题、数据处理问题、数据问题、文档问题、文档质量问题和强化问题 (Enhancement)共八个大类，下面又分为数量不等的小类。分类细致深入，准确说明了异常的类型。

　　该分类方法提供一个统一的方法对软件和文档中发现的异常进行详细的分类，并提供异常的相关数据项帮助异常的识别和异常的跟踪活动。IEEE 软件异常分类标准具有较高的权威性，可针对实际的软件项目进行裁剪，灵活度高、应用面广。不足之处是没有考虑软件工程的过程缺陷，并且分类过程复杂。但是该方法提供了丰富的缺陷信息。缺陷原因分析活动可以充分利用这些信息进行原因分析。

2. 软件缺陷分类方法的应用

　　软件缺陷分类的方法虽然有很多，但实际应用中的缺陷分类通常是按照缺陷的表现形式、缺陷的严重程度、缺陷的优先级、缺陷的起源和来源、缺陷的根源以及缺陷的生命周期等进行。

　　(1) 软件缺陷类型标准。根据软件缺陷的自然属性表现形式将缺陷分为以下几种：

　　• 功能(F-Function)：影响了重要的特性、用户界面、产品接口、硬件结构接口、全局数据结构和设计文档需要正式的变更。如逻辑、指针、循环、递归、功能等缺陷。

　　• 赋值(A-Assignment)：需要修改少量代码，如初始化或控制块中声明、重复命名、范围、限定等缺陷。

　　• 接口(I-Interface)：与其他组件、模块或设备驱动程序、调用参数、控制块或参数列表相互影响的缺陷。

　　• 检查(C-Checking)：提示的错误信息，不适当的数据验证等缺陷。

　　• 联编打包(B-Build/package/merge)：由配置库、变更管理或版本控制引起的错误。

　　• 文档(D-Documentation)：影响发布和维护，包括注释。

　　• 算法(G- Algorithm)：算法错误。

　　• 用户接口(U-User Interface)：人机交互特性、屏幕格式、确认用户输入、功能有效性、页面排版等方面的缺陷。

　　• 性能(P-Performance)：不满足系统可测量的属性值，如：执行时间、事务处理速率等。

　　• 标准(N-Norms)：不符合各种标准的要求，如编码标准、设计符号等。

　　(2) 按缺陷的严重程度划分。该划分方法是指按软件的缺陷对软件质量的影响程度划分，按照严重程度由高到低顺序可分为 5 个等级：

- 致命缺陷(Critical)：不能执行正常工作功能或重要功能或者危及人身安全。
- 严重缺陷(Major)：严重地影响系统要求或基本功能的实现，且没有办法更正(重新安装或重新启动该软件不属于更正办法)。
- 一般缺陷(Minor)：严重地影响系统要求或基本功能的实现，但存在合理的更正办法(重新安装或重新启动该软件不属于更正办法)。
- 次要缺陷(Cosmetic)：使操作者不方便或遇到麻烦，但它不影响执行工作功能或重要功能。
- 其他缺陷(Other)：其他错误。

(3) 按优先级别划分。指处理和修正软件缺陷的先后顺序，按照优先级可分为3个等级：
- 高(Resolve Immediately)：缺陷必须被立即解决。
- 中(Normal Queue)：缺陷需要正常排队等待修复或列入软件发布清单。
- 低(Not Urgent)：缺陷可以在方便时被纠正。

(4) 按缺陷的起源和来源划分。软件缺陷的产生不仅仅是因为编码的错误，更多的是因为在软件开发的初期做了错误或不全面的需求分析和系统设计所引起的。根据产生缺陷的根源和来源可以划分为以下5类：
- Requirement：在需求阶段发现的缺陷。
- Architecture：在构架阶段发现的缺陷。
- Design：在设计阶段发现的缺陷。
- Code：在编码阶段发现的缺陷。
- Test：在测试阶段发现的缺陷。

缺陷不同，其表现形式以及后果也不同；在评审或测试过程中由于评审人员或测试人员的角度不同，对缺陷的认识也不同，对缺陷的描述定义也不完全相同。因此，在实际应用中，要根据实际情况来划分。

在缺陷确认分类过程中可以分析不同阶段的缺陷情况，与标准缺陷类型进行关联，并确认其注入阶段。软件缺陷类型标准与几个缺陷检测阶段存在缺陷及注入阶段关联情况如表3-1所示。

表3-1　缺陷类型标准与软件测试阶段

缺陷类型标准		缺陷检测阶段				关联注入阶段
类型名称	描述	设计评审	单元测试	功能测试	系统测试	
功能	功能实现，全局数据，与算法相对	需求满足性、数据库	功能、程序逻辑	程序错误	程序、数据库、遗漏需求	需求分析、设计
赋值	说明，重名，作用域，限制，初始化	函数说明	赋值	边界值	边界值、无效域	编码
接口/时序	过程调用和引用，函数调用，数据块共享，消息传递	过程接口	过程接口	—	—	设计
联编打包	变更管理，配置库，版本控制	—	打包问题	安装	集成(工具库、版本控制)	—

续表

缺陷类型标准		缺陷检测阶段				关联注入阶段
类型名称	描 述	设计评审	单元测试	功能测试	系统测试	
文档	注释,需求,设计类文档	设计说明	设计问题	手册问题、需求问题、设计问题	手册及联机帮助	所有阶段
用户接口/检查	人机交互,屏幕控制,出错信息,日志,输入输出	检查	检查	报表格式、界面控制、权限错误、提示信息	界面控制	设计、编码
算法	算法,局部数据结构,逻辑,指针,循环,递归	算法	算法	—	—	设计
标准/语法	程序设计规范,编码标准,指令格式等	规范	语法、规范	—	—	设计、编码
性能	不满足系统可测的属性值,执行时间,处理速率等	—	—	—	性能	设计
环境	设计,编码,测试,其他支持系统问题	—	—	测试环境	安装	集成、运行

3.2 软件缺陷管理

软件缺陷管理是软件测试中一个有机组成部分,是 CMM2 级的要求。在 CMM2 级的软件组织中,从软件项目自身的需求出发,制定项目的缺陷管理流程。项目组将完整地记录开发过程中的缺陷,监控缺陷的修改过程,并验证修改缺陷的结果。

3.2.1 软件缺陷管理流程

运用流程管理方法和技术进行软件错误跟踪与缺陷管理,可以有效地改变软件错误跟踪与缺陷过程管理混乱的局面。软件错误跟踪与缺陷管理流程如图 3-1 所示。

在图 3-1 中,圆括号方框代表 BUG 的状态,方框代表操作,圆角方框代表操作附加的信息。A1 表示测试人员,A2 表示项目经理,A3 表示开发人员,A4 表示评审委员会。缺陷管理的基本过程为:

(1) 根据测试人员(缺陷报告提交人)提交的新的缺陷信息(BUG),系统将缺陷状态置为New。

(2) 项目经理进行缺陷验证,如果确认是缺陷,那么分配给相应的开发人员进行处理,并设置该缺陷的状态为 Open。如果不是缺陷,则拒绝,并设置状态为 Declined。

(3) 开发人员查询状态为 Open 的 BUG,如果不是缺陷,则置状态为 Declined;如果是 BUG 则修复并置状态为 Fixed。对于不能解决的 BUG,要留下文字说明及保持 BUG 为

Open 状态。

(4) 对于不能解决和延期解决的 BUG，不能由开发人员自己决定，一般要通过评审会通过才能认可；

(5) 测试人员查询状态为 Fixed 的 BUG，然后验证 BUG 是否已解决，如解决则置 BUG 的状态为 Closed，如没有解决则置状态为 Reopen。

为了保证缺陷确认的正确性，需要有丰富测试经验的测试人员验证提交的测试结果是否真实，以及测试步骤是否准确并可以重复。对于某些不能重复的错误，可以请测试人员补充详细的测试步骤和方法，以及必要的测试用例。

项目经理、测试经理和设计经理共同决定对缺陷信息的处理拒绝或延期。缺陷修复后必须由缺陷报告提交人验证，并确认已经修复后才能关闭缺陷。另外，在缺陷管理流程中还应注意以下几点：

• 测试人员提交缺陷时，应清楚详细地将问题描述出来，便于项目经理进行处理。

• 项目经理在确定处理方案时，如果对测试人员提交的缺陷有疑问，应及时与测试人员沟通，以保证完全理解测试人员提交的缺陷，进而确定正确的处理方案。

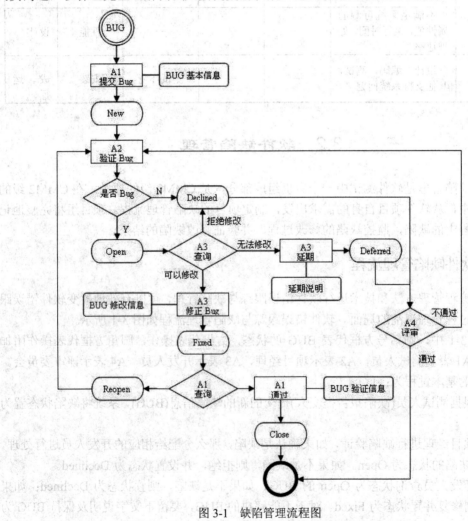

图 3-1　缺陷管理流程图

• 修改人员在解决缺陷时，应将发现原因、解决的途径和方法详细地描述出来，以便日后的查阅。

• 测试小组成员应定期整理和归类测试的 BUG，并写出测试报告，然后向项目经理、技术总监报告测试结果。

3.2.2　软件缺陷度量

缺陷度量就是对测试项目过程中产生的缺陷数据进行采集和量化，将分散的缺陷数据集中统一管理，使其有序而清晰，然后通过一系列数学函数对数据进行处理，分析缺陷密度和趋势等信息，从而提高产品质量和改进开发过程。缺陷度量是软件质量度量的重要组成部分，它和软件测试密切相关。软件缺陷度量的方法较多，从简单的缺陷计数到复杂的统计建模，其主要的度量方法有缺陷密度、缺陷率、整体缺陷清除率、阶段性缺陷清除率、缺陷趋势、预期缺陷发现率等。

1. 缺陷密度

Myers 有一个关于软件测试的著名的反直觉原则：在测试中发现缺陷多的地方，还有更多的缺陷将会被发现。他认为：缺陷发现多的地方漏掉的缺陷也可能会越多，或者说在测试效率没有显著提高之前，在修复缺陷时可能会引入较多的错误。这条原理的数学表述就是缺陷密度的度量——每千行代码或每个功能点(或类似功能点的度量——对象点、数据点、特征点等)的缺陷数，缺陷密度越低意味着产品质量越高。

基本的缺陷测量是以每千行代码的缺陷数(Defects/KLOC)来测量的，称为缺陷密度(Dd)，其测量单位是 defects/KLOC，缺陷密度的定义如下：

$$缺陷密度 = \frac{缺陷数量}{产品规模}$$

在缺陷密度公式中，产品规模的度量单位可以是文档页、代码行、功能点。缺陷密度是软件缺陷的基本度量，可用于设定产品质量目标，支持软件可靠性模型，预测残留缺陷，进而对软件质量进行跟踪和管理。

可按照以下步骤来计算一个程序的缺陷密度：

① 累计开发过程中每个阶段发现的缺陷总数(D)。

② 统计程序中新开发的和修改的代码行数(N)。

③ 计算每千行的缺陷数 Dd = 1000*D/N。

例如，一个 29.6 万行的源程序总共有 145 个缺陷，则缺陷密度是：

$$Dd = 1000*145/296000 = 0.49 \text{ defects/KLOC}$$

2. 缺陷率

缺陷率的通用概念是一定范围内的缺陷数与出现错误的概率的比值，用缺陷率可以近似估算软件中的缺陷数。

即使对于同一个特定的产品，在其发布后的不同阶段其软件产品缺陷率也是不同的。例如，从应用软件的角度来说，90%以上的缺陷是在产品发布后的两年内被发现的，而对操作系统来说，90%以上的缺陷通常在产品发布后的四年时间才能被发现。

3. 缺陷清除率

缺陷清除率也称缺陷排除率，它可以用作缺陷的预测和分析。缺陷清除率分为两种：整体缺陷清除率和阶段缺陷清除率。缺陷清除率的定义如下：

$$缺陷清除率=\frac{检测缺陷}{所有缺陷}$$

由于所有缺陷不容易确定，故可按下式近似计算：

$$缺陷清除率\approx\frac{检测缺陷}{检测缺陷+以后发现的缺陷}$$

1) 整体缺陷清除率

通过几个变量来说明整体缺陷清除率的定义。F 为描述软件规模用的功能点；D_1 为在软件开发过程中的检测缺陷数；D_2 为软件发布后的检测缺陷数；D 为检测的总缺陷数，则 $D = D_1 + D_2$。对于一个应用软件项目，有以下计算方程式：

(1) 质量 = D_2 / F。

(2) 缺陷注入率 = D / F。

(3) 整体缺陷清除率 = D_1 / D。

2) 阶段性缺陷清除率

阶段性缺陷清除率是缺陷密度度量的扩展。除测试外，它要求跟踪开发周期所有阶段中的权限。阶段的缺陷清除率模型在某种程度上能够反映开发过程中的缺陷清除能力。

缺陷清除有效性(Defect Remove Efficiency，DRE)可以定义为：

$$DRE=\frac{开发阶段清除的缺陷数}{产品缺陷总数}\times100\%$$

当 DRE 用于前期的特定阶段时，相应地 DRE 被称为早期缺陷清除有效性和阶段有效性。对于给定阶段的残留缺陷数，可用下式进行估计：

$$当前阶段的残留缺陷数=\frac{开发阶段清除的缺陷数}{本阶段入口残留的缺陷数+本阶段注入的缺陷数}\times100\%$$

给定阶段的 DER 度量值越高，遗漏到下一个阶段的缺陷就越少。

4. 预期缺陷发现率

缺陷发现率(Defect Discovery Rate，DDR)，是描述在特定时间阶段内发现缺陷数目的一种度量，常常以图表形式来显示。其计算方法是测试人员各自发现的缺陷数总和除以各自所花费的测试时间总和：

$$缺陷发现率=\frac{\sum 提交缺陷数（个）}{\sum 执行测试的有效时间（小时）}$$

预期缺陷发现率则是通过对缺陷发现率的分析，预期在将来的某段时间内可能发现的缺陷数目。其定义如下：

$$预期缺陷发现率=\frac{\sum 可能发现的缺陷数（个）}{\sum 未来的某段时间内（小时）}$$

许多组织将缺陷发现率当作一个帮助自己判断测试是否可以结束、预测产品发布日期的重要度量。如果缺陷发现率降到规定水平以下，通常都会做好产品发布的准备。

3.2.3　软件缺陷分析

缺陷分析是将软件开发各个阶段产生的缺陷信息进行分类和汇总统计，计算分析指标，并编写分析报告的活动。

1. 缺陷分析的意义

通过软件缺陷分析可以发现各种类型缺陷发生的概率，掌握缺陷集中的区域、明确缺陷发展趋势、挖掘缺陷产生的根本原因，便于有针对性地提出遏制缺陷发生的措施，进而降低缺陷的数量。

缺陷分析报告中的统计数据及分析指标是对软件质量状况的评估，也是判定软件是否能按期发布或交付使用的重要依据。缺陷分析也可以用来评估当前软件的可靠性，并且预测软件产品的可靠性变化，缺陷分析在软件可靠性评估中占有很重要的地位。另外，通过缺陷分析可以达到缺陷预防的目的，这也是缺陷管理的核心任务之一。

2. 缺陷分析步骤

缺陷分析可通过以下四步完成：

第一步，记录缺陷。记录缺陷不应该满足于记录缺陷的表面症状，还要了解产品的内在特性。

第二步，缺陷分类。对测试出来的缺陷进行分类，找出那些关键的缺陷类型，并进一步分析其产生的根源，然后针对性地制定改进措施。

第三步，缺陷预防分析。这是整个缺陷分析的核心。这一阶段总结出的经验可以在更广泛的范围内预防缺陷的产生。

第四步，编写缺陷分析报告、绘制缺陷分析图。

缺陷分析报告中的统计数据及分析指标既是对软件质量的权威评估，也是确定测试是否达到结束标准、判定测试是否已达到客户可接受状态和判定软件是否能发布或交付使用的重要依据。

3. 缺陷分析方法

在缺陷分析中，常用的主要缺陷参数有以下四个：

- 状态：缺陷的当前状态(打开、正在修复或关闭等状态)；
- 优先级：必须处理和解决缺陷的相对重要性；
- 严重性：缺陷的相关影响，对最终用户、组织或第三方的影响等；
- 起源：导致缺陷的起源故障及其位置，或排除该缺陷需要修改的构件。

国内外进行缺陷分析常用的方法有以下几种：

(1) ODC 缺陷分析：该方法由 IBM 的 Waston 中心推出，是将一个缺陷在生命周期的各环节的属性组织起来，从单维度、多维度来对缺陷进行分析，从不同角度得到各类缺陷的缺陷密度和缺陷比率，从而积累得到各类缺陷的基线值，用于评估测试活动、指导测试改进和整个研发流程的改进；同时根据各阶段缺陷分布得到缺陷去除过程特征模型，用于对测试活动进行评估和预测。

(2) Gompertz 分析：根据测试的累积投入时间和累积缺陷增长情况，拟合得到符合自己过程能力的缺陷增长 Gompertz 曲线，用来评估软件测试的充分性、预测软件极限缺陷数和退出测试所需时间，还可以作为测试退出的判断依据、指导测试计划和策略的调整。

(3) Rayleigh 分析：通过生命周期各阶段缺陷发现情况得到缺陷 Rayleigh 曲线，用于评估软件质量、预测软件现场质量。

(4) 四象限分析：根据软件内部各模块、子系统、特性测试所累积时间和缺陷去除情况，并与累积时间和缺陷去除情况的基线进行比较，得到各个模块、子系统、特性测试分别所位于的区间，从而判断哪些部分测试可以退出、哪些测试还需加强，用于指导测试计划和策略的调整。

(5) 根本原因分析：利用鱼骨图、柏拉图等分析缺陷产生的根本原因，根据这些根本原因采取措施改进开发和测试过程。

(6) 缺陷注入分析：对被测软件注入一些缺陷，通过已有用例进行测试。然后，根据这些刻意注入缺陷的发现情况，判断测试的有效性、充分性，并预测软件残留缺陷数。

(7) DRE/DRM 分析：通过已有项目历史数据得到软件生命周期各阶段缺陷注入和排除的模型，用于设定各阶段质量目标和评估测试活动。

4. 缺陷预防

缺陷预防的着眼点在于寻找缺陷的共性原因，通过寻找、分析和处理缺陷的共性原因，实现缺陷预防。缺陷预防并不是一个不切实际的目标，测试人员在开发过程中应该积极为开发小组提供缺陷分析，就有可能降低缺陷产生的数量。因此，缺陷管理的最终目标是预防缺陷，不断提高整个开发团队的技能和实践经验，而不只是修正缺陷。

缺陷预防策略非常简单且容易实现，常用的预防策略主要有以下两个：

• 测试活动尽量提前，通过及时消除开发前期阶段引入的缺陷，防止这些缺陷遗留并放大到后续环节。

• 通过对已有缺陷进行分析(例如 ODC 缺陷分析等)，找出产生这些缺陷的技术上不足和流程上不足，通过对这些不足进行改进，防止类似缺陷再次发生。

3.2.4 软件缺陷统计

软件缺陷统计是软件分析报告中的重要内容之一。从统计角度出发，可以对软件过程的缺陷进行度量，如软件功能模块缺陷分布、缺陷严重程度分布、缺陷类型分布、缺陷率分布、缺陷密度分布、缺陷趋势分布、缺陷注入率/消除率等。统计的方式可以用表格，也可用图表表示，如散点图、趋势图、因果图、直方图、条形图、排列图等。

1. 软件功能模块的缺陷统计

某软件包含 A、B、C、D、E、F 等几个功能模块，各模块缺陷分布如图 3-2 所示。从该图可以看出：在模块 A、C、D、F 中，执行的测试用例多，但是没有成比例地发现很多缺陷，所以这些模块是比较成熟的，即使再测试，也不会发现较多问题；模块 B、E 执行的测试用例相对较少，却发现了比较多的缺陷，这说明这些模块需要修改的地方比较多或者发生功能变更的可能性比较大，这些模块将成为该软件质量不稳定的关键点。在以后的回归测试中，应该在质量不稳定的模块中投入更多的人员和时间进行较全面的测试；而在成熟的模块中就相应减少测试工作的投入。这样，测试工作的压力就相对较小，测试效率就会相应提高。

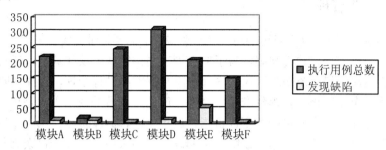

图 3-2 软件功能模块缺陷分布图

2. 缺陷严重程度统计

按照缺陷严重程度及阶段缺陷分布可以统计整个项目生命周期中所有同行评审的缺陷分布，也可以统计某一阶段所有同行评审的缺陷分布。图 3-3 所示是根据某软件的缺陷跟踪结果得出的缺陷严重程度分布饼图。

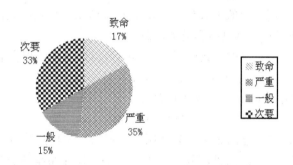

图 3-3 缺陷严重程度分布饼图

从图 3-3 可以看出，该软件严重和次要缺陷较多，说明该软件不成熟、不稳定，应该投入更多的人员和时间进行较全面的测试。

3. 缺陷类型统计

按照缺陷类型统计分布图，可以是某一次评审的缺陷统计，也可以是某一类型缺陷评审的缺陷统计，也可以是某一阶段所有同行评审的缺陷统计，也可以是整个项目周期所有同行评审的缺陷统计。图 3-4 所示是某软件系统测试的缺陷类型分布饼图。

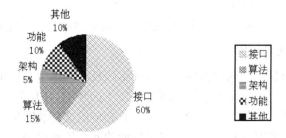

图 3-4 缺陷类型分布饼图

从图 3-4 可以看出，该软件较多的缺陷是由接口原因造成的，需针对接口设计分析其产生的根源，从而有针对性地制定改进措施。

3.2.5　缺陷报告管理

在软件测试过程中，对于发现的每一个软件缺陷，都要记录其特征和复现步骤等信息，以便相关人员分析和处理软件缺陷。为了便于管理测试发现的软件缺陷，通常采用软件缺陷数据库，将发现的每一个缺陷输入到软件缺陷数据库中进行管理，软件缺陷数据库的每一条记录称为一个缺陷报告。提供准确、完整、简洁、一致的缺陷报告是体现软件开发、测试与管理的专业性、高质量的主要评价指标。每个软件问题报告只写一个缺陷或错误，这样就可以只处理一个确定的错误，既定位明确、提高效率，也便于错误修复后的验证。

1. 缺陷报告内容

不同的项目和测试机构会依据不同的标准和规范来编制缺陷报告，目的是为缺陷报告阅读者识别缺陷提供足够的信息。一般情况下，缺陷报告主要包含以下内容：

(1) 报告编号：为了便于对缺陷的管理，每个缺陷必须赋予一个唯一的编号，编号规则可根据需要和管理要求制定。

(2) 标题：标题用简明的方式传达缺陷的基本信息，标题应该简短并尽量做到唯一，以便在观察缺陷列表时，可以很容易地注意到。

(3) 报告人：缺陷报告的原始作者，有时也可以包括缺陷报告的修订者。

(4) 报告日期：首次报告的日期。让开发人员知道创建缺陷报告的日期是很重要的，因为有可能这个缺陷在以前版本曾经修改过。

(5) 程序或组件的名称：可分辨的测试对象。

(6) 版本号：测试可能跨越多个软件版本，提供版本信息可以方便缺陷管理。

(7) 配置：发现缺陷的软件和硬件的配置。如：操作系统的类型、是否用浏览器、处理器的类型和速度等。

(8) 缺陷的类型：如代码错误、设计问题、文档不匹配等。

(9) 严重性：描述所报告缺陷的严重性。

(10) 优先级：由开发人员或管理人员进行确定。

(11) 关键词：使用关键词以便分类查找缺陷报告。

(12) 缺陷描述：对发现的问题进行详细说明。

(13) 重现步骤：这些步骤必须是有限的，并且描述的信息足够读者知道正确地执行就可以重现所报告缺陷。

(14) 结果对比：在执行了重现缺陷步骤后，将期望结果与实际执行结果进行对比。

2. 缺陷报告的撰写标准

软件缺陷报告又称软件问题报告，是软件工程技术规范中一项重要内容，是软件测试过程中非常重要的文档。它记录了缺陷或问题发生的环境、BUG 的处理过程和状态。

软件缺陷报告的撰写是有要求和规范的，有相应的文档编写标准。如国标、国军标以及行业标准。图 3-5 和图 3-6 给出了我国某行业的两种软件缺陷报告模板，图 3-7 给出了与图 3-5 中软件缺陷报告模板相对应的实例。

模块名称			
版本号		测试人	
缺陷类型		严重级别	
可重复性		缺陷状态	
测试平台		浏览器	
简述			
操作步骤			
实际结果			
预期结果			
注释			

图 3-5　我国某行业的软件缺陷报告模板 1

缺陷报告名称：				编号：	
软件名称：		编译号：		版本号：	
测试人员：		日期 ：		指定处理人：	
硬件平台：		操作系统：			
严重级别					
优先级					
缺陷概述：					
详述描述：					
处理结果：					
处理日期：		处理人：			
修改记录：					
返测人：		返测版本：		返测日期：	

图 3-6　我国某行业的软件缺陷报告模板 2

模块名称	用户注册		
版本号	V1.1	测试人	XXX
缺陷类型	功能错误	严重级别	B
可重复性	是	缺陷状态	New
测试平台	Win XP Professional	浏览器	IE8.0
简述	系统规定注册用户名长度为 6-20 字符，至少 6 个字符的用户名可成功注册		
操作步骤	1. 进入 XXX 购物网站首页 2. 单击"注册"按钮，进入用户注册协议页面 3. 单击"同意"按钮，进入用户注册信息页面 4. 按要求输入相关注册信息 5. 点击"提交"按钮，提示注册成功		
实际结果	提示用户名错误，不能注册成功		
预期结果	注册成功		
注释	建议修改		

图 3-7　XXX 软件系统缺陷报告

3. 缺陷报告管理

在软件测试过程中，对发现的软件缺陷，要求测试人员简洁、清晰地将发现的问题报告提交给需要判断是否进行修复的小组，使其得到所需要的全部信息，然后才能决定怎么做。缺陷报告是测试人员的主要工作产品之一，好的缺陷报告会增加开发人员对测试人员的信任度，提高开发效率。因此，应加强缺陷报告的管理。在缺陷报告的管理过程中应注意以下环节：

1) 简明扼要的标题

缺陷的标题是缺陷报告中最显著的信息。参与软件研发的人员可以快速浏览标题以了解产品中或某一特定领域的缺陷类型。当用户去搜索某些缺陷时，往往也通过标题中的关键字进行查找。标题还是产品功能或会审小组便于审查的重要信息，简洁扼要的标题便于参加缺陷会审会议的人员快速判定缺陷对用户或工程团队的影响，以制定最佳的修复策略。缺陷标题的字数没有严格的限制，但一般都不宜过长，短短的几十个字即可，但要能准确、全面地总结缺陷。

2) 精确的问题描述

对缺陷进行精确、详实描述，可避免歧义的发生。测试人员在提交缺陷报告时，应站在开发人员的角度上思考问题，确保开发人员拿到缺陷报告后马上就能明白问题，而不产生歧义。有效的软件缺陷描述应满足以下要求：

- 简单、短小。只解释事实和演示、描述软件缺陷必需的细节，揭示错误的实质。
- 单一。每个缺陷报告只针对一个软件缺陷。
- 使用 IT 业界惯用的表达术语和表达方式。
- 明确指明缺陷类型。

3) 确认缺陷版本号

一般情况下，在缺陷报告中需要记录的版本号包括：测试工程师发现缺陷时所测试的版本号、开发工程师修复缺陷后生成的第一个版本的版本号以及测试工程师验证及关闭缺陷的版本号。还有一些特殊情况，比如开发工程师的修复无效，需要将缺陷重新激活，需要记录重新激活的版本号。有些不能稳定复现的缺陷，在修复后需要测试工程师根据一定策略连续在若干个版本上验证，如果没有复现这个缺陷，则需要记录所有进行过测试的版本的版本号。

4) 准确的缺陷发现时间

缺陷发现的时间很重要，必须准确。因此缺陷管理系统都设计了自动记录报告缺陷的时间，缺陷报告中还需要详细记录每次缺陷状态更新的时间，包括创建、修复、验证、关闭、重新激活缺陷的时间等。在基于数据库的缺陷跟踪管理系统中，系统通常会自动记录这些时间点。这些数据经过处理后可以帮助管理团队对团队能力进行评估，进而正确地对未来的工作预期时间进行估算。

5) 简明的复现步骤

复现步骤往往包括在缺陷说明中，但有些系统单独列出这一缺陷报告的重要组成部分。复现步骤是指可以被缺陷工作流程参与者重新使缺陷出现的步骤。

复现步骤也必须尽可能简明扼要，如果可能，要尽量简化复现步骤。简洁的复现步骤，一方面使得缺陷更容易复现，减少争议；另一方面，精简的复现步骤有助于迅速隔离缺陷起因，更方便地修复严重的缺陷，从而提高整个研发工作的效率。

在书写复现步骤时始终要换位思考，保证其他工程师可以稳定地复现所描述的缺陷。描述尽量简洁，使用简单句，避免使用复杂句，且每一步骤只描述一个操作。使用客观语言描述操作步骤和客观事实，避免使用带有主观色彩的文字。

6) 正确使用严重级和优先级

正确区分和处理缺陷严重程度和优先级是软件质量保证的重要环节。因此，正确处理和区分缺陷的严重级和优先级是所有软件开发和测试相关人员的重要职责，需要正确理解缺陷严重程度和优先级的含义，同时认识到这是保证软件质量的重要环节，应该引起足够的重视。将比较轻微的缺陷设置成高严重程度和高优先级的缺陷、夸大缺陷的严重程度将影响软件质量的正确评估，耗费开发人员辨别和处理缺陷的时间；而将严重的缺陷报告成低严重程度和优先级的缺陷，这样会掩盖许多严重的缺陷。

7) 及时更新缺陷状态

每个缺陷从创建以后就会指派给某位工程师或者项目经理，这些人成为缺陷的负责人。缺陷处于不同状态时会指派给不同的负责人，这些负责人要及时更新缺陷的状态。最常见的情况是，当缺陷被创建并明确是由哪位开发工程师修复以及修复的时间期限时，这名开发工程师要在规定的修复时间期限修复缺陷并及时将缺陷状态更新为修复，并指派给一名测试工程师(通常这名测试工程师是缺陷的发现者)来验证修复是否有效。如果遇到困难不能及时修复，也要将遇到的困难详细地记录到缺陷报告中，并及时通知相关工程师寻求帮助。一旦有了包含缺陷修复的版本可用，这名测试工程师要尽快验证并更新缺陷状态，如果验证修复有效则需关闭缺陷，如果修复无效需要重新激活缺陷并重新指派给相应的开发工程师。在某些情况需要对缺陷进行会审，一般会指派给项目经理，然后进行会审，最后决定指派给哪名工程师。

8) 测试人员跟踪缺陷

测试团队的不同成员负责从不同的角度密切跟踪缺陷是常见的实践。测试工程师主要负责跟踪某个特定缺陷的创建、验证和关闭等状态转换。测试主管和测试经理负责整体跟踪不同状态的缺陷的数量的变化、趋势等。跟踪过程中特别注意检查缺陷报告质量。测试人员执行，测试组长或测试经理把关，以开发人员的角度审查缺陷报告中缺陷的描述，看其是否将问题描述清楚，不便描述的把工程文件或截图作为附件提交。具体可以从以下几个方面考虑：

- 缺陷报告总体质量：分类是否准确、叙述简洁、步骤清楚、有实例、易再现、复杂问题有据可查；
- 问题描述时有无具体信息：模块或功能点、测试步骤、期望结果、实际结果或其他信息，可依据实际情况调整；
- 单一性：尽量一个报告针对一个软件缺陷，报告形式应方便阅读；
- 简洁性：每个步骤的描述应尽可能简洁明了。只解释事实、演示和描述软件缺陷必要的细节，不写无关信息；
- 易重现性：问题必须在自己机器上能复现方可在缺陷系统中报告；

- 复杂问题处理：应附截图补充说明或直接通知指定的修改人；考虑到网络数据库传输效率，截图的文件格式建议用 JPG 或 GIF；
- 报告使用语言：不允许使用抽象词句。

9) 缺陷发现时间

缺陷发现时间是很重要的，必须准确。缺陷管理系统中都设计了自动记录报告缺陷的时间。缺陷报告中还需记录每次缺陷状态更新的时间。这些数据经过处理后可以帮助管理团队对团队能力进行评估进而正确地对未来工作预期时间进行估算。比如缺陷的平均修复时间、已修复缺陷的平均验证时间。

3.3 软件缺陷管理工具

缺陷管理工具用于集中管理软件测试过程中发现的错误，是添加、修改、排序、查寻、存储软件测试错误的数据库程序。大型本地化软件测试项目一般测试周期较长、测试范围广，存在较多软件缺陷。如果测试质量要求较高，并有支持多语言或本地化的要求，特别需要缺陷管理工具。

下面介绍几款国内、国际比较知名的缺陷管理工具。

3.3.1 TrackRecord

作为 Compuware 项目管理软件集成的一个重要组成部分，TrackRecord 目前已经拥有众多的企业用户。它基于传统的缺陷管理思想，整个缺陷处理流程完备，界面设计精细，并且对缺陷管理数据进行了初步的加工处理，提供了一定的图形表示。该软件主要特点如下：

(1) 定义了信息条目类型。在 TrackRecord 的数据库中，定义了不同的缺陷、任务、组成人员等内容，它们可通过图形界面输入。

(2) 定义规则。规则引擎允许管理者对不同信息类型创建不同的规则、规定不同字段的取值范围等。

(3) 工作流程。一个缺陷、任务或者其他条目，从它被输入到最后清除期间经历的一系列状态。

(4) 查询。对历史信息进行查询，并显示查询结果。

(5) 概要统计或图形表示。动态地对数据库中的数据进行统计报告，可按照不同的条件进行统计，同时提供了几种不同的图形表示。

(6) 网络服务器。网络服务器允许用户通过网络浏览器访问数据库。

(7) 自动电子邮件通知。提供报告缺陷的邮件通知功能，并为非注册用户提供远程视图。

3.3.2 ClearQuest

IBM Rational ClearQuest 是基于团队的缺陷和变更跟踪解决方案，是一套高度灵活的缺陷和变更跟踪系统，适用于任何平台，在任何类型的项目中，都能捕获各种类型的变更。

它的强大之处和显著特点主要表现在以下几个方面：

(1) 支持 MS Access 和 SQL Server 等数据库。

(2) 拥有可完全定制的界面和工作流程机制，能适用于任何开发过程。

(3) 可以更好地支持最常见的变更请求，并且便于对系统进一步的定制，以便管理其他类型的变更。

(4) 提供了一个可靠的集中式系统。该系统与配置管理、自动测试、需求管理和过程推导等工具集成，使项目中每个人都可以对所有变更发表意见，并了解变化情况。

(5) 与 IBM Rational 的软件管理工具 ClearCase 完全集成，让用户充分掌握变更需求情况。

(6) 能适应所需的任何过程、业务规则和命名约定。可以使用 ClearQuest 预定义的过程、表单和相关规则，或者使用 ClearQuest Designer 进行定制——几乎系统的所有方面都可以定制，包括缺陷和变更请求的状态转移生命周期、数据库字段、用户界面布局、报表、图表和查询等。

(7) 强大的报告和图表功能，使用户能直观、简便地使用图形工具定制所需的报告、查询和图表，帮助用户深入分析开发现状。

(8) 自动电子邮件通知、无需授权的 Web 登录以及对 Windows、UNIX 和 Web 的内在支持，ClearQuest 可以确保团队中的所有成员，都被纳入缺陷和变更请求的流程中。

3.3.3　Bugzilla

Bugzilla 是Mozilla公司提供的一款开源的缺陷跟踪系统(Bug-Tracking System)，它可以管理软件开发中缺陷的提交(new)、修复(resolve)、关闭(close)等整个生命周期。与多数商业缺陷管理软件相比，Bugzilla 作为一个开源免费软件，拥有许多商业软件所不具备的特点，因而，Bugzilla 现在已经成为较受欢迎的缺陷管理软件。它的主要特点如下：

(1) 基于 Web 方式，安装简单、运行方便快捷、管理安全。

(2) 有利于缺陷的清楚传达。本系统使用数据库进行管理，提供全面详尽的报告输入项，产生标准化的 BUG 报告，还提供大量的分析选项和强大的查询匹配能力，并能根据各种条件组合进行 BUG 统计。当缺陷在它的生命周期中发生变化时，开发人员、测试人员、管理人员将及时获得动态的变化信息，允许获取历史记录，并在检查缺陷的状态时参考这一记录。

(3) 系统拥有灵活、强大的可配置能力。Bugzilla 工具可以对软件产品设定不同的模块，并针对不同的模块设定开发人员和测试人员。这样可以实现提交报告时自动发给指定的责任人，并可设定不同的小组，权限也可划分。设定不同的用户对 BUG 记录的操作权限不同，可有效进行控制和管理。允许设定不同的严重程度和优先级。可以在缺陷的生命周期中管理缺陷，从最初的报告到最后的解决，确保了缺陷不会被忽略。同时可以使注意力集中在优先级和严重程度高的缺陷上。

(4) 自动发送 Email 通知相关人员。根据设定的不同责任人，自动发送最新的动态信息，有效的帮助测试人员和开发人员进行沟通。

(5) 强大的检索功能：支持数据库全文检索。

3.3.4　Mantis

Mantis 是一个基于 PHP 技术的轻量级的开源缺陷跟踪系统,主要用于中小型项目的管理及跟踪,是以 Web 操作的形式提供项目管理及缺陷跟踪服务。它的主要特点如下:

(1) 个人可定制的 Email 通知功能。每个用户可根据自身的工作特点只订阅相关缺陷状态邮件。

(2) 支持多项目、多语言。

(3) 权限设置灵活。不同角色有不同权限,每个项目可设为公开或私有状态。每个缺陷可设为公开或私有状态,且可以在不同项目间移动。

(4) 主页可发布项目相关新闻,方便信息传播。

(5) 方便的缺陷关联功能。除重复缺陷外,每个缺陷都可以链接到其他相关缺陷。

(6) 缺陷报告可打印或输出为 CSV 格式,支持可定制的报表输出,可定制用户输入域

(7) 有各种缺陷趋势图和柱状图,为项目状态分析提供依据,如果不能满足要求,可以把数据输出到 Excel 中进一步分析。

(8) 流程定制不够方便,但该流程可满足一般的缺陷跟踪。

(9) 可以实现与 CVS 集成,缺陷和 CVS 仓库中文件实现关联。

(10) 可以对历史缺陷进行检索。

3.3.5　BMS

BMS 是上海微创软件有限公司推出的软件开发管理解决方案的核心产品,将微软丰富的项目开发经验与众多用户的实际需要结合起来,帮助中小软件企业规范和完善管理流程、强化产品质量,并从根本上推动企业管理思想和方法的进步。BMS 的主要特点如下:

(1) 在微软.NET 技术的基础上,BMS 可以全方位地跟踪、管理、统计和分析企业内部项目质量管理过程中的缺陷,最大限度减少缺陷的出现率,进而实现软件质量的量化。

(2) BMS 可以记录企业软件开发过程中发现的缺陷,提供不同条件的缺陷查询与针对性量化。

(3) 能够以多种形式的统计报表帮助相关人员直观地掌握缺陷的全局情况,实现整个软件开发过程的多层次、多角度管理和对软件开发的状况与进度进行宏观调控。

(4) 具有决策支持、实时通知等实用性功能,也对软件企业工作效率的提高和流程的改善助益良多。

(5) 良好的跨平台能力,无论客户从事的是通用软件产品开发、项目定制、还是硬件相关的集成开发,BMS 都有用武之地。

本　章　小　结

本章介绍了软件缺陷管理的基本知识,重点介绍了软件缺陷报告的内容和撰写标准,并结合实际,介绍了几种常用的软件缺陷管理工具。通过一些基本概念了解软件缺陷和软

件缺陷管理。进行软件测试的目的就是找出软件缺陷,对发现的缺陷进行度量、分析、统计,并写出规范详细的缺陷报告。

思考与练习

1. 选择题

(1) 导致软件缺陷最主要的原因是( )。

A) 编码错误 　　　　　　　 B) 测试过程不足

C) 不完善的需求定义 　　　　D) 逻辑设计错误

(2) 下面关于软件缺陷的定义正确的是( )。

A) 软件缺陷是计算机软件或程序中存在的某种破坏软件正常运行的问题、错误,或者是隐藏的功能缺陷。

B) 软件缺陷指软件产品(包括文档、数据、程序等)中存在的所有不希望或不可接受的偏差,这些偏差会导致软件的运行与预期不同,从而在某种程度上不能满足用户的需求。

C) 从产品内部看,缺陷是软件产品开发或维护过程中存在的错误、毛病等各种问题;从产品外部看,缺陷是系统所需要实现的某种功能的失效或违背。

D) 以上都对

(3) 软件缺陷管理的核心是( )。

A) 缺陷报告 　　 B) 缺陷分析 　　 C) 缺陷库 　　　　 D) 缺陷统计

(4) 缺陷管理的最终目标是( )。

A) 发现缺陷 　　 B) 分析缺陷 　　 C) 预防缺陷 　　　 D) 统计缺陷

(5) 缺陷预防的核心任务是原因分析。分析缺陷根本原因可以借助的方法或工具是( )。

A) 鱼骨图 　　　 B) 柏拉图 　　　 C) ODC 分析 　　　 D) 以上都对

2. 填空题

(1) 缺陷的严重程度一般分为_____、_____、_____、_____四种。

(2) 在缺陷分析中,常用的主要缺陷参数有_____、_____、_____、_____。

(3) Putnam 等人提出的分类方法将软件缺陷分为_____、_____、_____、_____、_____、_____六类。

(4) 按缺陷的起源和来源划分,可将软件缺陷分为_____、_____、_____、_____、_____五类。

(5) 缺陷清除率也称缺陷排除率,它可以用作缺陷的预测和分析。缺陷清除率分为_____和_____。

3. 问答题

(1) 如何对软件缺陷进行描述和分类?

(2) 什么是软件缺陷管理?根据自己的理解画出软件缺陷管理流程图。

(3) 什么是软件缺陷度量?软件缺陷度量的方法有哪些?

(4) 请描述软件缺陷分析的步骤和方法。

(5) 如何对软件缺陷进行统计？

(6) 缺陷报告所包含的主要内容有哪些？在缺陷报告的管理过程中应注意哪些方面？

(7) 对比分析常用的几种缺陷管理工具的功能和特点。

第 4 章　软件测试管理

软件测试是保证软件产品质量的关键手段之一。因此，必须对软件进行测试，对测试内容有效地进行管理。本章将从测试管理的角度介绍软件测试管理的基础知识、内容和比较常用的管理工具。首先介绍软件测试管理的意义、内涵、规范和要素，然后具体介绍测试管理的内容，最后介绍几种常用的测试管理工具。

4.1　软件测试管理概述

软件测试管理应贯穿于软件测试全过程。测试管理包括测试计划、功能性测试流程、测试执行、测试用例设计、需求文档评审、标准和测试过程改进、测试工具与自动化、团队建设等所有环节的管理。

4.1.1　软件测试管理基础

1. 测试管理目标

软件测试管理是业界专家公认的一个难题，需要测试团队根据客观条件积极探讨，才能找到可行的最佳实践。因此软件测试管理的目标是通过系统、高效、适用的技术、方法和体系来监督、促进软件测试目标的实现。决定软件测试管理的目标时应考虑以下几个方面：

(1) 可用测试资源。软件测试可用的测试资源有很多，包括硬件和软件环境、测试工具等系统资源以及人力资源。这些资源中，最重要的是人力资源，包括测试项目负责人、测试分析员、测试设计员、测试程序员、测试员、测试系统管理者以及配置管理员等。

(2) 使用适当的测试技术和方法。软件测试的方法有很多，但不同类型的软件和需求是决定使用什么测试方法和怎样使用测试方法的前提。根据不同的软件测试需求和场景，正确运用软件测试的技术和方法是成为一名成功的测试管理者的前提。

(3) 明确具体软件测试任务。软件测试任务有很多，要做好测试管理就要明确测试任务，也就是明确测试范围。

2. 测试管理的定义和分类

对软件测试管理的定义可以有不同的理解，但总体都是关于对每项具体软件测试活动以及总体软件测试的全局监督、评估、决策和管理的过程。因而进行软件测试管理就是对每一种具体测试任务、流程、体系、结果、工具等进行具体监督和管理。

常见的软件测试管理分为 8 类，即软件测试的需求管理、质量管理、团队管理、文档管理、缺陷管理、环境管理、流程管理、执行管理。

3. 测试管理的范围

测试管理的内容和范围很多，常见的测试管理范围和内容如下：

(1) 测试管理文档。描述测试计划、测试设计规格说明、测试用例规格说明和测试规程说明等文档的内容，同时还阐述测试策略中包含的主要元素，以及如何对测试策略之间存在的偏差进行监控和管理。

(2) 明确测试范围。根据测试需求和目标，确定测试范围、责任分工、交付标准等。

(3) 测试资料估算。考虑影响测试估算的各个因素。通过具体的项目案例详细地分析各种可行的测试估算技术。

(4) 测试计划制定。参照测试计划文档模板，并根据组织机构、产品风险、项目风险、产品规模和类型等因素，从项目风险、产品风险、测试资源计划和分配、测试优先级等方面制订测试计划。

(5) 测试过程监控。阐述测试过程的监控活动，并讲解如何利用监控活动中观察到的与测试过程相关的信息和问题，制定应对计划以控制当前的测试过程，并提供改进建议。

(6) 缺陷会审和流程。从测试管理角度，对发现的缺陷，特别是严重程度高的缺陷，与开发人员、项目经理、客户和设计人员一起通过缺陷会审决定是否修复。

(7) 确定测试技术和方法。根据具体项目，确定采用哪种测试技术和方法、怎样执行以及谁负责哪部分。

(8) 基于风险的测试。阐述分析的基本概念和风险管理的基本过程。

(9) 失效模式和影响分析。明确失效模式、影响和危急程度的基本概念和处理办法。

(10) 测试管理系统与工具。针对不同的测试活动和测试对象实现测试的自动化可用的辅助工具，决定测试工具和缺陷管理系统等。

4.1.2　软件测试管理体系

建立软件测试管理体系的主要目的是确保软件测试在软件质量保证中发挥应有的关键作用，主要体现在以下四个方面：

(1) 对软件产品的评估和测量。主要是依据软件需求规格说明书，验证产品是否满足要求。所开发的软件产品是否可以交付，要预先设定质量指标，并进行测试，只有符合预先设定的指标，才可以交付。

(2) 对软件产品的缺陷识别和控制。对软件测试中发现的软件缺陷，要认真记录它们的属性和处理措施，并进行跟踪，直至最终解决。在排除软件缺陷之后，需要再次进行验证，直到认为符合软件质量发布标准时方可发布。

(3) 产品设计和开发的验证。通过设计测试用例对软件功能的需求分析、软件的设计、程序代码进行验证，确保程序代码与软件设计说明书一致，以及软件设计说明书与需求规格说明书一致。对于验证中的不合格现象，要认真记录和处理，并跟踪解决。在缺陷被解决之后，要再次进行验证。

(4) 软件工程的监视和测量。从软件测试中可以获取大量关于软件过程及结果的数据和信息，它们可用于判断这些过程的有效性，为软件过程的正常运行和持续改进提供决策依据。

软件测试管理体系既可以通过功能强大的测试管理辅助工具来实现，也可以通过一组流程来实现。

1. 应用过程方法和系统方法建立软件测试管理体系

把软件测试管理体系看作为一个系统，对组成这个系统的各个过程加以识别和管理，以实现设定的系统目标。同时使这些过程协同作用、互相促进，从而使它们的总体作用大于各个过程之和。

软件测试管理系统主要由下面 6 个相互关联、相互作用的过程组成：

- 测试规划。这个过程需确定各测试阶段的目标和策略，并输出测试计划、明确要完成的测试活动、评估完成活动所需要的时间和资源、设计测试组织和岗位职权、进行活动安排和资源分配、安排跟踪和控制测试过程的活动。
- 测试设计。根据测试计划设计测试方案，测试设计阶段输出的是测试阶段使用的测试用例。
- 测试实施。使用测试用例运行程序，将获得的运行结果与预期结果进行比较和分析，并记录、跟踪和管理软件缺陷，最终得到测试报告。
- 配置管理。配置管理作用于测试的各个阶段，管理对象包括测试计划、测试方案、测试版本、测试工具及环境、测试结果等。
- 资源管理。 资源管理包括对人力资源、工作场所以及相关设施和技术支持的管理。
- 测试管理。采用适宜的方法对上述过程及结果进行监视，并在适当时间进行测量，以保证上述过程的有效性。如果没有实现预定结果，则应进行适当调整或纠正。

根据以上六个过程，可以得到建立软件测试管理体系的六个步骤：

(1) 识别软件测试所需的过程及应用。

(2) 确定这些过程的顺序和相互作用，前一过程是后一过程的输入。其中，配置管理和资源管理是这些过程的支持性过程，测试管理则对其他测试过程进行监视、测试和管理。

(3) 确定这些过程所需的准则和方法，一般应制定这些过程形成文件的程序，以及监视、测量和控制的准则和方法。

(4) 确保可以获得必要的资源和信息，以支持这些过程的运行和对它们进行监测。

(5) 监视、测量和分析这些过程。

(6) 实施必要的改进措施。

2. 测试管理辅助工具

测试管理工具用于对测试进行管理。一般来说，测试管理工具对测试需求、测试计划、测试用例、测试实施进行管理，并且测试管理工具还包括对缺陷的跟踪管理。测试管理工具能让测试人员或其他的 IT 人员通过中央数据仓库，在不同地方能交互信息。测试管理工具将测试过程流水化，从测试需求管理到测试计划、测试日程安排、测试执行，再到出错后的错误跟踪，实现了全过程的自动化管理。

常用的测试管理工具有 QC(QC 是 TC 的升级版，QC 的升级版 QC 11 就是 ALM11)、mantis、JIRA、TestLink、Bugzilla、HP Application Lifecycle Management 等。

4.1.3 软件测试管理策略

任何实际测试都不能保证被测试的软件程序中不遗漏错误或缺陷，为了最大程度减少这种遗漏，同时最大限度发现可能存在的错误，在实施测试管理前必须确定合适的测试方法和测试策略，并以此为依据制定详细的测试计划、测试用例、自动化测试和执行测试等。

1. 基本概念与意义

测试管理策略是在一定的软件测试标准、测试规范的指导下，依据测试项目的特定环境约束而规定的软件测试管理的原则、方式、方法的集合，需要在测试流程、测试计划文档、测试完成标准等信息中体现。

测试管理策略主要回答两个问题：一是测试管理什么，比如测试方法需要包括功能测试、性能测试、安全性测试、兼容性测试、文档测试等；二是怎么管理测试，通过哪些管理方法监督和评估功能测试的效果、要考虑基本的理论结合测试需求说明、性能测试的哪些场景、安全测试的级别和内容、不同版本、怎样有效监督和管理。

2. 测试策略的分析过程

测试管理策略的设计是多步骤的分析过程，应包括以下步骤：

(1) 测试需求分析。

(2) 明确测试范围。

(3) 明确测试资源等制约条件。

(4) 评估测试风险。

(5) 确定测试方法和流程。

(6) 确定测试进入和退出条件。

因为测试管理策略的步骤是在软件完成的最终期限的压力已经开始出现的时候才开始进行的，所以测试的进度必须是可测量的，而且问题要尽可能早暴露出来。因此，测试管理策略要体现怎样测量、监督和管理。

3. 测试策略对执行软件测试的影响

软件测试管理策略随着软件生命周期的变化、软件测试方法、技术和工具的不同而发生变化。因此，在制定测试管理策略时，应综合考虑测试管理策略的影响因素及其依赖关系。当测试策略实用而且得到测试团队的执行和服从时，再加上实用的测试管理体系和工具，理想的影响和结果会包括：

• 测试管理体系规范从理论和规范上为测试管理过程提供基础，测试管理平台从工具的角度为测试过程管理提供技术支撑，二者融为一体，相辅相成。

• 测试团队成员服从标准化的测试实施流程，过程快速而高效，能够真正帮助尽早找到软件缺陷，进而提升软件的质量。

• 根据客户的业务需求和软件研发设计需求，对产品或项目的功能、性能、兼容性、易用性、安全性等进行全方位的测试。

• 测试管理解决方案是一套通用的、应用于多种测试类型的测试管理过程，将自动化测试工具、性能测试工具集成于一体，自动识别所含工具包类型的脚本融于测试管理工具之中，服务于多种测试类型。

• 一体化的测试过程管理。测试管理解决方案能够覆盖软件测试过程中的每个环节，将测试产物与测试工具结合起来，不但可以实现省时、省力高效的操作方式，而且更加规范和统一。

• 基于测试管理体系的测试团队可快速完成软件测试过程，做到和开发团队以及客户需求的紧密结合，共同保证软件产品质量。

4.2　软件测试管理内容

4.2.1　软件测试需求管理

软件测试需求是描述软件测试工作中"做什么"的问题，是软件测试管理的基础。软件测试工作的进度、风险和资源都基于精确的软件测试需求分析而推导得出。

1．软件测试需求概念

如果以项目的观点看待软件测试工作，这个项目的范围就是软件测试需求，它定义了软件测试工作的范围，是进行其他测试活动的基础。为了便于用户理解，下面从软件需求逐步推演，介绍软件测试需求的概念。

(1) 软件需求。著名的需求工程设计师 Merlin Dorfman 和 Richsrd H. Thayer 为软件需求提出了一个包容且精炼的定义。软件需求是指用户为解决某一问题或达到某一目标所需的软件功能。为了满足合同、规约、标准或其他正式实行的文档，系统或系统构件必须满足或具备的软件功能。

(2) 软件测试需求。它是指根据程序文件和质量目标对软件测试活动所提的要求。软件测试需求是开发测试用例的依据，详细的测试需求还是衡量测试覆盖率的重要指标。

(3) 软件测试需求管理。它是指通过人为的和技术的手段、方法和流程，以保证和监督测试团队达到测试软件产品的目标；同时应对软件需求、软件测试需求及相关需求的问题，能有效地分析出测试的具体需求，并以此为软件测试设计提供尽可能准确的信息作为参考。

软件测试需求管理是整个软件测试管理体系中重要的一环，一套软件测试需求管理应当是待测试软件产品需求的完整体现，每部分测试任务都是对总体需求一定比例的满足，仅仅解决部分需求是没有意义的。

2．软件测试需求分析

如何获取测试需求？如何策划软件测试需求？如何对测试需求进行评审？如何控制需求变更？如何利用软件工具的辅助来支持测试需求管理？这些问题的解决都需要进行测试需求分析。测试需求分析是软件测试过程中一项极为重要且极为复杂的重要环节。

1) 分析目标

软件测试需求分析的目标是对软件测试要解决的问题进行详细的分析，弄清楚参与软件测试活动的干系人对软件测试活动和交付物的要求，其内容包括需要输入什么数据，要得到什么结果，最后应输出什么结果。

2) 分析方法

从软件需求推导软件测试需求是软件测试需求分析最通用的方法。相比于单纯依赖于测试设计人员的测试经验的方法，由此方法得出的测试需求、测试用例设计更充分，测试的目的性更强，软件需求测试覆盖度更高，不容易产生遗漏。本方法的具体步骤如下：

① 根据软件开发需求说明书逐条列出软件开发需求，并判断其可测试性。

② 对每一条开发需求形成可测试的描述并界定出测试范围。

③ 根据质量标准，对每一条测试逐条制定质量需求，即测试通过标准。

④ 对确定的质量需求，分析测试执行时需要实施的测试类型。

⑤ 建立测试需求跟踪矩阵，并输入测试需求管理系统，达到对测试需求实施严格有效的管理。

3) 分析过程

软件测试分析过程包括软件测试需求分析干系人分析、测试需求的收集与分析、测试需求的优先级排序和评审测试需求等。

4) 分析结果和评审

测试工程师完成测试需求分析后，还要对其进行评审。评审的内容包括完整性检查和准确性检查。完整性评审应保证测试需求能充分覆盖软件需求的各种特征，重点关注功能需求、数据定义、接口定义、性能需求、安全性需求、可靠性需求、系统约束等方面，同时还应关注是否覆盖开发人员遗漏的、系统隐含的需求。准确性审查应保证描述的内容能够得到相关各方的一致理解，各项测试需求之间没有矛盾和冲突，且在详尽程度上保持一致，每一项测试需求都可以作为测试用例设计的依据。评审的形式比较多，常见的有以下几种：

- 相互评审、交叉评审；
- 轮查；
- 走查；
- 小组评审。

3. 软件测试需求管理的内容

软件测试需求管理的内容在业界有不同的说法，其详细程度也各不相同，常见的有以下几种：

1) 变更管理

随着软件测试工作的展开，软件测试需求并不是一成不变的。软件需求的变化，软件测试干系人的期望值和人员、进度、预算变化，均有可能引发软件测试需求的改变。这就需要对软件测试需求实施变更管理。软件测试需求变更的主要任务包括：

- 提出变更；
- 分析变更的必要性和合理性，确定是否实施变更；
- 记录变更信息，填写变更控制单，提交变更申请；
- 做出更改，并提交上级审批；
- 修改相应的软件测试工作，如更新测试用例等，确定新的版本；
- 评审后，正式发布新版本的软件测试需求说明书。

2) 状态管理

测试需求状态是指软件测试需求的一种状态变换过程。在不同风格的软件测试管理方法或工具中，定义的软件测试需求状态也不尽相同。下面是业界常用的几种需求分类状态：

- Open：对于原始需求或接收到的正式需求，在未正式进行需求分析之前的需求状态统一定义为"Open"。
- Analyzed：对需求状态为"Open"的需求，若已完成需求分析过程，但还未正式通过需求评审，其状态统一定义为"Analyzed"。
- Reviewed：对需求状态为"Analyzed"的需求，若已正式通过需求评审，但还未完成测试或测试结果为不合格之，其状态统一定义为"Reviewed"。
- Resolved：对需求状态为"Analyzed"或"Reviewed"的需求，若已完成需求设计和编码，且已通过单元测试，其状态统一定义为"Resolved"。
- Passed：对需求状态为"Resolved"的需求，如果已通过正式测试，其状态统一定义为"Passed"。
- Unresolved：对需求状态为"Resolved"的需求，如果未通过正式测试，其状态统一定义为"Unresolved"。
- Closed：对需求状态为"Resolved"的需求，若需求已正式上线商用，且得到客户和项目团队的共同认可后，其状态统一定义为"Closed"。
- Cancel：当原定义的某些需求被取消时(包括上线前取消和上线后取消)，其需求状态统一定义为"Cancel"。
- Failed：对需求状态为"Closed"的需求，若需求在上线商用后发现问题或存在缺陷，需要对其进行修正时，其需求状态统一定义为"Failed"。

3) 文档版本管理

软件测试需求文档的版本管理是软件测试需求管理的基础，基于此可以使得同一软件测试需求文档被测试团队中不同的人员编辑，并且记录下每次编辑的增量，必要情况下还可以回滚到某个版本。当下流行的文档版本管理的方式是通过代用具有安全授权机制的专业管理软件。

4) 跟踪管理

它是指跟踪一个软件测试需求使用期限的全过程。实施软件测试需求跟踪为开发人员提供了由软件测试需求到完成软件测试工作整个过程的明确查阅能力。软件测试需求跟踪的目的是建立与维护"软件测试需求—测试用例设计—设计用例实现—测试用例执行"之间的一致性，确保所有的测试工作交付物符合软件测试工作的初衷。

4.2.2　软件测试团队管理

人是整个软件研发和测试过程中最重要的组成部分，测试过程中的任何测试活动最终都需要测试人员的参与，测试人员的素质对软件质量的影响很大，所以要充分关注测试人员的技能和提高测试人员的素质。没有良好的测试团队，将无法取得测试工作的高效率和高质量。因此，测试团队管理至关重要。

1. 测试团队的任务

软件测试团队最基本的测试任务包括建立测试计划、设计测试用例、搭建测试环境、执行测试、报告测试结果、评估测试效果。此外，测试团队还要完成一些其他的任务，包括阅读和审查软件功能说明书、设计文档、源代码，并与开发人员和项目经理进行充分交流，以尽快解决测试过程中发现的系统问题。

2．测试团队的人员选择

进行软件测试时，要选择合适的测试人员。合格的测试人员应具备以下三个要求：

- 应是一个专业"悲观主义者"，不轻易相信所交付测试的软件中不存在错误，会将精力集中在查找错误上；
- 应具备适度的好奇心，勇于在探索中发现错误；
- 测试者必须会阅读规格说明书，能与开发人员一起讨论"假设分析"的场景，并反复考量被测系统，从所有角度去检查缺陷，且知道如何跟踪缺陷。

3．测试团队的组织管理

软件测试团队组织是指软件测试团队的构成、组织结构及形式。在经典的项目经理、开发团队和测试团队的"三驾马车"形式的软件研发团队中，软件测试团队担当着非常重要的责任。

当代的软件测试团队的组织结构通常由测试管理团队和测试工程师团队组成。测试管理团队自上而下一般设立测试经理和测试主管的职位，部分企业也设置测试总监这样高级的测试职位。常见测试团队的组织结构如图4-1所示。

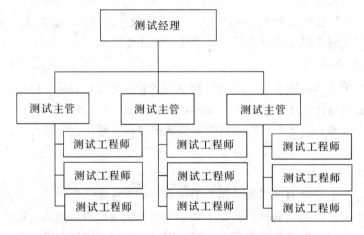

图4-1　常见测试团队的组织结构图

一名测试经理通过多名测试主管管理测试团队。他们主要负责软件测试的计划、预算、与其他团队的沟通等管理相关的工作。测试工程师团队的成员主要负责测试的具体技术工作，包括设计、执行测试用例、编写测试报告、报告软件缺陷等。

4．测试团队的员工管理

优秀的测试团队需要对不同角色明确定义不同角色职责，按照测试内容的不同测试工程师可划分为：

- 功能测试工程师。其主要职责是针对软件系统的功能进行测试，验证软件系统的功能是否符合系统设计，是否满足用户需求，还应尽量发现功能性软件缺陷并验证已经修复的功能性软件缺陷。

• 性能测试工程师。其主要职责是对软件系统进行性能测试，即根据软件系统的性能需求和用户对性能的要求设计具体的性能测试场景并执行性能测试用例。

• 安全测试工程师。其主要职责是负责在软件产品的生命周期中，对产品进行检验以验证产品符合安全需要定义和产品质量标准。

4.2.3 软件测试文档管理

测试文档是整个测试活动中重要的文件，描述和记录测试活动的全过程。测试文档的编制和管理在项目测试中占有突出的地位和相当大得的工作量。高质量地编制、变更、修正、管理和维护文档，对于提高项目测试的质量和客户满意度有着重要的现实意义。

1. 测试文档规范

软件测试是一个复杂过程，与软件研发过程中其他工作联系紧密。因此，必须将测试要求、范围、过程及测试结果以正式文档的形式写出来。规范化的测试文档可清晰地描述要执行的测试、策略、计划、规范及测试的结果，有助于软件研发团队对测试工作有统一的认识，也有利于更好地对测试工作进行管理和监督。下面介绍两个权威的测试文档编制参考标准。

1) 国家标准《计算机软件文件编制规范》

为了规范软件测试文档的管理，中华人民共和国国家质量监督检验检疫总局中国国家标准化管理委员会发布了 GB/T 9386—2008《计算机软件测试文档编制规范》。该标准规定了各个测试文档的格式和内容。该标准将测试文档分为以下几种类型：

• 测试计划。该计划描述测试活动的范围、方法、资源和进度，规定被测试的项、被测试的特征、应完成的测试任务、负责每项工作的人员以及与本计划有关的风险等。

• 测试设计说明。该说明详细描述测试方法，标识该测试设计和相关测试所覆盖的特征，标识为完成测试和规定特征的通过准则所需要的测试用例和测试规程。

• 测试用例说明。将用于输入的实际值以及预期的输出形成文档，并标识在使用具体测试用例时对测试规程的约束。

• 测试规程说明。该说明标识为实施相关测试设计而运行系统并执行规定测试用例所要求的所有步骤。

• 测试项传递报告。该报告指明在开发组和测试组独立工作的情况下，或者在希望正式开始测试的情况下，为进行测试而被传递的测试项。

• 测试日志。测试组用于记录测试执行过程中发生的情况。

• 测试事件报告。该报告描述在测试执行期间发生的并需要进一步调查的任何事件。

• 测试总结报告。该报告是总结测试活动和结果的文档。

2) 国际 IEEE 829 标准

IEEE 829-1998 作为 IEEE 的一个标准，定义了一套文档用于 8 个已定义的软件测试阶段的文档。该标准将测试文档分为以下几种类型：

• 测试计划。该计划描述测试活动的范围、方法、资源和进度，规定被测试的项、被测试的特征、应完成的测试任务、负责每项工作的人员以及与本计划有关的风险等。

• 测试设计规格。详细描述测试环境和期望的结果以及测试通过的标准。

- 测试用例规格。定义用于运行测试设计规格中所述条件的测试数据。
- 测试过程规格。详细描述如何进行每项测试，包括每项预置条件和接下去的步骤。
- 测试记录。记录运行了哪个测试用例，谁以什么顺序运行的，以及每个测试项是通过还是失败。
- 测试附加报告。详细描述任何失败的测试项，以及实际与之相对应的期望结果和其他旨在揭示测试为何失败的信息。
- 测试摘要报告。用于指出被测试的软件系统是否符合项目管理者所提出的可接受标准的管理报告，包括测试效果的评估、被测试软件系统的质量、测试附加报告的统计信息，还包括执行了哪些测试项、花费多少时间，用于改进以后的测试计划。

2. 常用测试文档

在实际软件测试中，每个项目都有各自的特点，在编写测试文档时，不应生搬硬套地使用文档标准，而应根据项目实际情况选用适用的。下面根据业界通行做法对常用的六种测试文档进行简要介绍。

1) 测试策略

它是指在一定的软件测试标准、测试规范的指导下，依据测试项目的特定环境约束而规定的软件测试的原则、方式、方法的集合。通俗地讲，测试策略回答了要进行哪些种类的测试和如何测试的问题。制定软件测试策略时要明确以下两个方面的内容：首先，要明确制定软件测试策略的输入。这些输入包括需要的软硬件资源的详细说明，以及针对测试和进度约束而需要的人力资源的角色和职责、测试方法、测试标准和完成标准、目标系统的功能性和技术性需求、系统局限等；其次，要明确软件测试策略的输出。这些输出包括得到最终确认的测试策略文档、测试计划和测试用例。制定软件测试策略的过程如下：

(1) 确定测试需求。测试需求指出测试内容，即测试的具体对象。确定的测试需求必须是可观测、可测评的，如果不能观测和测评测试需求，就无法对其进行评估，无法确定需求是否已满足。

(2) 评估风险并确定测试优先级。成功的测试需要在测试工作中成功地权衡资源约束和风险等因素。因此，应该确定测试工作的优先级，以便先测试最重要、最有意义或风险最高的用例或构件。

(3) 确定测试策略。一个好的测试策略应包括实施的测试类型和测试的目标、实施测试的阶段、技术、用于评估测试结果及测试是否完成的测评和标准、对测试策略所述的测试工作存在影响的特殊事项等内容。如何确定测试策略呢？可以从以下两个方面考虑：

第一，基于测试技术的测试策略。使用边界值测试方法；必要时使用等价类划分法补充一定数量的测试用例；对照程序逻辑，检查已设计出的测试用例的逻辑覆盖程度是否达到了要求；如果程序功能规格说明书中含有输入条件的组合情况，则可选择因果图方法。

第二，基于测试方案的测试策略。根据程序的重要性和程序一旦发生故障造成的损失来确定它的测试等级和测试重点；认真研究，使用尽可能少的测试用例发现尽可能多的程序错误，避免测试过度和测试不足。

2) 测试计划

软件测试计划是指导测试过程的纲领性文件，是测试文档中的重中之重。它包含了产品概述、测试策略、测试方法、测试区域、测试配置、测试周期、测试资源、测试交流、风险分析等内容。借助软件测试计划，参与测试的项目成员可以明确测试任务和测试方法、保持测试实施过程的顺畅沟通、跟踪和控制测试进度、应对测试过程中的各种变更。测试计划的内容主要包括以下几个方面：

• 测试对象。测试过程的第一个论题就是确定测试的对象。在软件定义阶段产生的可行性报告、项目实施计划、软件需求说明书或系统功能说明书、在软件开发阶段产生的概要测试说明书、详细设计说明书以及源程序等都是软件测试的对象。

• 测试内容。测试计划需要明确在项目中工作的人员、人员做什么以及怎样和其他工作人员取得联系。测试计划应该包括项目中所有主要人员的姓名、职务、地址、电话号码、电子邮件和职责范围等。同样，相关文档放在哪里、软件从哪里下载、测试工具从哪里得到等都需要明确。

• 术语定义。软件计划过程必须包含小组成员用词和术语定义，务必要求同存异，保证全体人员说法一致。

• 确定测试范围。计划过程中需要验明软件的每一部分，知道是否要测试该部分，如果没有测试，需要说明这样做的理由。如果由于误解使得部分代码在整个开发周期漏掉而未做任何测试，这将会产生灾难性的后果。

• 测试阶段。测试阶段的计划取决于项目的开发模式。在边写边改的模式中，可能只有一个测试阶段——某个成员宣布自己的工作完成时进行测试；在流水线和螺旋模式中，从检查产品说明书到验收测试可能有几个阶段，测试计划属于其中的一个测试阶段。测试计划过程应该明确每一个预定的测试阶段，并且通知项目小组。

• 测试策略。测试策略描述测试小组用于测试整体和每个阶段的方法。做决策是一项复杂的工作，需要经验相当丰富的测试人员来做，因为这将决定测试工作的成败。

• 资源要求。计划资源要求是确定实现测试策略必备条件的过程。在项目期间测试可能用到的任何资源都要考虑，例如：人员、设备、办公及实验室空间、软件、外包测试公司等。

• 测试人员分配。计划测试人员任务分配是指明确测试人员负责软件的哪个部分、哪些可测试特性。责任要详细，并且确保软件的每个功能都分配到人、每一个测试人员都清楚自己负责什么、有足够的信息开始设计测试用例。

• 测试进度。制定测试计划的一个重要问题就是测试工作通常不能平均分布在整个产品开发周期中，最终影响项目进度。因此，在制定测试进度时，应避免僵化地规定启动和停止任务的日期，而是根据测试阶段定义的进入和退出规则采用相对日期，这样会使得测试过程容易管理。项目管理员或者测试管理员最终负责进度安排，要求测试人员安排自己的具体任务。

• 测试用例。这部分内容主要包括测试计划过程中决定采用什么方法编写测试用例，在哪里保存测试用例，如何使用和维护测试用例。

• 缺陷报告。通过哪些测试方法，发现了哪些 BUG，这些 BUG 又是怎样被解决的，解决之后有没有新的衍生 BUG 等。

- 风险和问题。测试计划中常用而且非常实用的部分是明确指出项目潜在的问题或者风险区域——对测试工作产生影响之处。测试人员需要明确指出计划中存在的风险，并与测试管理人员和项目管理人员交流意见。

3) 测试规范

测试规范是为了一个特定的测试目的，对被测试产品或功能进行测试所需的有关文件。它规定性能特征要求、接口要求、测试内容、测试条件以及有关响应。软件测试规范一般包括团队职责、工作流程、缺陷管理、沟通管理、测试通过标准和引用文档等。一份有效的、可行性高的测试规范至少包括以下内容：

- 测试计划规范。包括测试计划模板的编写风格和测试计划的编写要求。如：测试进度的估算、测试风险的评估、测试人员安排和测试时间安排由什么来确定等内容。

- 测试用例设计规范。包括测试用例的模板编写和测试用例的设计要求。如：测试用例设计人员、测试执行时间、测试用例设计的优先级等。

- 测试工具使用规范。规定什么时候使用什么测试工具，建议将测试工具配置部分的注意事项也罗列出。

- 缺陷跟踪系统录入规范。主要规范测试人员按照统一的要求递交缺陷到数据库。缺陷录入时，必须考虑缺陷录入的格式、录入要素以及缺陷录入的"必填项"的要求等内容。

- 缺陷严重等级划分规范。有了缺陷严重等级划分规范，测试人员、开发人员和其他项目组成员对于测试缺陷就有了统一的标准，从而提高了测试效率。

- 缺陷优先等级划分规范。优先等级规范的描述，有利于开发人员准确定位缺陷的优先等级标识，为开发人员修复缺陷和衡量产品质量提供参考。

- 缺陷分类规范。让测试人员准确对全部的缺陷，按模块进行准确分类，方便测试部门或质量部门对缺陷数量进行统计，并对软件质量进行评估，进而为软件是否允许发布提供重要的参考依据。

- 缺陷状态修改规范。要求测试管理系统的管理人员，根据不同的项目角色，准确分配缺陷管理系统的使用权限。

- 缺陷递交流程规范。该规范是指测试人员递交缺陷、缺陷公开和开发人员修改缺陷后递交测试人员验证的流程。

- 测试报告规范。包括测试报告模板以及对测试报告编写的各种要求。如：测试报告包含的要素、测试缺陷分析的方法和分析手段、缺陷分析应注意的问题等都要进行详细说明。

- 测试退出规范。软件测试达到什么程度、满足什么条件，测试组织或测试项目就可以退出或停止。

- 软件测试类型规范。该规范主要介绍测试的方法，包括单元测试、集成测试、系统测试、验收测试等测试方法.

- 开发语言测试规范。比如需要测试的系统是用 Java 开发的，就要对 Java 的编程标准、初始化、面向对象编程、优化、javadoc 注释、线程、全局静态分析等语言基础有所了解，然后有针对性地编写相关的测试规范。

- 界面测试规范。目前流行的界面风格有多窗体、单窗体和资源管理器风格。因此，在做界面测试时，要根据界面风格制定相关的测试规范，包括界面的易用性、规范性、合理性、独特性、美观性和帮助设施等都要写入测试规范中。

• 软件测试流程规范。一般包括测试项目确认流程、测试执行流程、测试策划流程、问题跟踪与测试关闭等流程。

4) 测试用例

第二章中已经对测试用例的设计进行了详细介绍，此处主要介绍测试用例的格式。测试用例的基本元素主要包括：

• 编号。测试用例的编号应遵循一定的规则，比如系统测试用例的编号的定义规则是"项目名称＋测试阶段类型＋编号"。定义测试用例编号便于查找测试用例和测试用例的跟踪。

• 标题。对测试用例的描述应能清楚表达测试用例的用途。

• 重要级。定义测试用例的优先级别。

• 测试输入。提供测试执行中的各种输入条件。根据需求中的输入条件，确定测试用例的输入。

• 操作步骤。提供测试执行过程的步骤。对于复杂的测试用例，其输入需要分为几个步骤完成。

• 预期结果。提供测试执行的预期结果。预期结果应根据软件需求中的输出得到。

5) 缺陷报告

缺陷报告也是一种测试文档，而且是最常用的一种文档，也是每个测试工程师必写的测试文档。本书第三章中已详细介绍了缺陷报告，此处只简单说明缺陷报告的特殊性。缺陷报告的特殊性有以下几个：

• 只针对具体软件缺陷行为。

• 有统一的在线模板。

• 缺陷报告的编写质量是衡量测试工程师技术水平的常用度量。

• 缺陷报告的信息直接关乎软件产品具体功能和设计行为。

• 缺陷报告是开发人员、测试人员、项目经理每天工作的主要对象。

• 缺陷报告的数量是所有软件测试项目衡量软件质量的重要指标之一。

6) 测试结果报告

该报告是测试文档中重要的一种，是把测试的过程和结果写成文档，并对发现的问题和缺陷进行分析，为纠正软件存在的质量问题提供依据，同时为软件验收和交付打下基础。

编写一份优秀的软件测试报告并不是一件容易的事情，需要作者既要对测试理论、测试技术、测试方法和测试元素等了如指掌，又要有出色的应用文写作功底。因此，在书写测试报告时要遵循以下的准则。首先，报告内容是真实可靠的，测试工作应严格按照测试计划执行，对结果的判定也应严格按照质量标准进行。当报告完成后，应反复审阅，保证没有错误。其次，要充分考虑测试报告的读者的水平，使用准确、简洁的文字，保证测试报告有良好的风格。最后，行文保持客观、对事不对人，测试报告中描述的问题应关注问题本身，也可以对缺陷产生的原因进行分析，但是不能过分的追究责任人。

3. 测试文档的管理

测试文档的管理主要注重两个方面：一是测试计划的评审；二是测试用例的评审。

1) 测试计划的评审

测试计划编写完成后，一般要对测试计划的可行性、全面性以及正确性等进行评审，评审会由测试负责人主持，参加评审人员包括项目经理、软件开发团队、产品部门、市场部门等软件测试干系人。测试计划的评审主要是根据一些规则依次检查，下面列举常用的检查清单供参考。

- 是否根据测试中受影响的人的标识来定义测试计划的范围；
- 测试计划中是否包含被测产品简介；
- 是否在测试计划中定义了产品的重要质量指标，比如它的可靠性、正确性、稳定性、使用效率、使用便捷性等；
- 是否在测试计划中定义了需要完成的可衡量的测试目标；
- 测试计划中分配给测试团队的测试目标是否已划分优先级；
- 测试计划中是否描述了关键的期望或假设，如所需的资源或测试预算等；
- 在测试计划中，是否对测试工作中所涵盖的领域有明确的定义；
- 在测试计划中，是否对测试工作所涵盖的产品的功能有明确界定；
- 是否已经定义了分类来测试产品生命周期的不同阶段：需求收集阶段、设计阶段、开发阶段和稳定阶段；
- 是否为产品生命周期的每一阶段定义测试团队所需执行的活动；
- 测试团队是否打算参加需求和设计的评估；
- 测试团队是否要做可用性测试；
- 测试小组将何时开始编写测试用例；
- 功能测试要进行多少轮测试；
- 计划何时停止测试；
- 是否定义了验收标准来验证产品质量过关并可以发布；
- 是否已确定测试类型、完成标准、特别注意事项等；
- 是否已描述测试工具的类型；
- 是否描述了测试计划，其中包括每个测试活动开始的计划日期；
- 是否描述了整体项目计划，包含标识每个阶段的计划日期；
- 是否定义了要成功执行该测试计划需要的人数、人员的角色和职责、人员的技能细节等；
- 是否定义了硬件需求，如测试组用来测试的工作站数量及其配置；
- 是否定义了软件需求，如工作站的操作系统和其他普通软件；
- 是否定义了商业测试工具的需求及其需要的许可证数量；
- 是否描述了产品安装的环境配置、描述测试所需的实例数；
- 是否已定义沟通方式，例如测试团队如何将测试进度的报告提交管理者等；
- 是否描述了 BUG 报告和跟踪机制；
- 是否举行会议，描述会议的目的，会议的参与者，会议时间安排和会议时长；

- 要生成哪些类型的报告，描述它们的内容、目的和目标受众，生成报告的频度(周/次或是月/次)。

在实际应用中，可以根据实际情况对上述检查项作适当的合并、增补或者删除。

2) 测试用例的评审

测试用例应该由与产品相关的软件测试人员和软件开发人员评审，然后根据评审意见更新测试用例。通过严格的测试用例评审，可以大大减少测试用例设计和实现中的错误。测试用例的评审可以分为测试组内部和项目组评审。这两种评审，参与评审的人员范围不同，评审工作的内容和侧重点也不尽相同。

测试组内部评审的参与人员是测试组内的测试工程师、测试主管和测试经理，且评审主要侧重于以下几个方面：

- 测试用例本身的描述是否清晰，是否存在二义性；
- 是否考虑到测试用例的执行效率，往往测试用例中步骤不断重复执行，验证点却不同，而且测试设计的冗余性造成了效率的低下；
- 是否针对需求跟踪矩阵，覆盖了所有软件需求；
- 是否完全遵守了软件需求的规定；

项目组内部评审的参与人员主要有项目经理、开发团队，必要时产品部门和市场部门也会参与评审。评审角度不同，评审的侧重点也不同，主要有以下几个方面：

- 收集客户需求的人员注重测试用例是否符合业务逻辑；
- 分析软件需求规格的人注重测试用例是否与软件需求规格要求一致；
- 开发负责人会注重测试用例中对程序的要求是否合理。

下面列举了常见的测试用例评审检查项以供参考：

- 《需求规格说明书》是否评审并建立了基线；
- 是否按照测试计划时间完成测试用例编写；
- 需求变更是否进行了相应调整；
- 测试用例是否按照公司定义的模板编写；
- 测试用例是否覆盖了《需求规格说明书》；
- 测试用例编号是否和需求对应；
- 非功能测试需求或不可测试需求是否在测试用例中列出并说明；
- 测试用例设计是否包含了正面、反面用例；
- 是否清楚地填写了每个测试用例的测试特性、步骤、预期结果；
- 步骤/输入数据部分是否清晰，是否具备可操作性；
- 测试用例是否包含测试数据、测试数据的生成办法或者输入的相关描述；
- 测试用例是否包含边界值、等价类分析、因果图、错误推测等测试用例设计方法；
- 重点需求用例设计至少要有三种设计方法；
- 每个测试用例是否都阐述预期结果和评估该结果的方法；
- 需要进行打印的表格是否存在打印位置、表格名称、指定数据库表名或文件位置，表格和数据格式是否有说明或附件；
- 用例覆盖率是否达到相应质量标准。

测试用例的评审一般有两个时间点：一是在用例的初步设计完成之后进行评审；二是在整个详细用例全部完成之后进行二次评审。如果项目时间比较紧张，应尽可能保证对用例设计进行评审，以提前发现其中的不足之处。

4.2.4　软件测试流程管理

软件测试是融合整个软件开发生命周期的一个完整过程。为了有效实现软件测试各个层面的测试目标，需要和软件开发过程一样，定义一个正式而完整的软件测试流程，用以指导和管理软件测试的各项活动及提高测试效率和测试质量，同时帮助改进软件开发过程和测试过程。软件测试相关的流程有很多，不同类型的软件公司和团队都可能制定适应各自实际需要的测试流程。下面主要介绍软件测试的一般流程和敏捷测试流程。

1. 软件测试的一般流程

软件测试的一般流程主要分为：计划与设计阶段、实施测试阶段和总结阶段。下面将详细介绍前两个阶段：

1）计划与设计阶段

在测试计划与设计阶段，测试经理和测试团队开始介入软件产品的研发计划。通常，测试经理通过与开发经理和项目经理开会的形式获得项目启动的相关信息，进而对项目的可测试性、测试范围、测试策略、测试方法、产品质量要求和时间人力等资源进行预估，然后和测试团队成员一起讨论并完成测试计划。同时，开发经理和项目经理要完成开发计划，然后测试团队和开发团队分别对开发计划和测试计划进行审阅并签字确认。该阶段的主要流程如下：

（1）测试计划和测试设计。测试计划和测试设计都是前期测试人员要介入的重要环节，有了需求规格说明书后，应该开始进行测试设计。测试设计侧重的是将测试计划阶段制定的测试需求分解、确定测试方法和策略、细化为若干个可执行的测试过程，并为每个测试过程选择适当的测试用例。测试计划和设计流程图如图 4-2 所示。

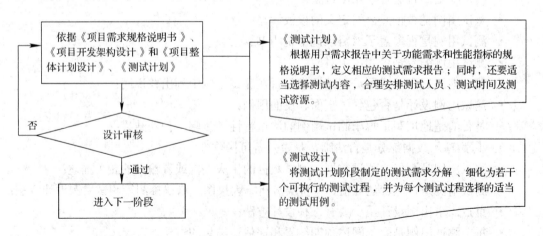

图 4-2　测试计划和设计流程图

（2）测试项目确认。在有了产品功能说明书、测试需求等信息后，应确认测试项目。该阶段的简单流程图如图 4-3 所示。

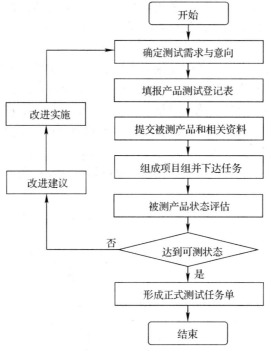

图 4-3　测试项目确认流程图

　　在测试项目确认后，测试团队就可以开始设计测试用例。测试用例的设计要从不同角度展开。

　　2) 实施测试阶段

　　实施测试阶段也就是软件测试的执行，一般包括以下四个常见的环节：

- 执行测试用例；
- 记录原始测试数据；
- 记录和报告缺陷；
- 对所发现的缺陷进行跟踪、管理和监控。

　　测试实施阶段也有流程图可以体现其主要环节和内容，图 4-4 所示就是一个测试实施流程图实例。在测试实施流程图中，结束或终止是一个重要环节。需要注意的有以下两点：

　　· 正常终止：所有测试过程按预期方式执行至结束。如果测试正常结束，则核实测试结果。

　　· 异常或提前结束：测试过程没有按预期方式执行或没有完全执行。当测试异常终止时，测试结果可能不可信。在执行任何其他测试活动前，应确定并排除引起异常或提前终止的原因，然后重新执行测试。如果测试异常终止，恢复暂停的测试。

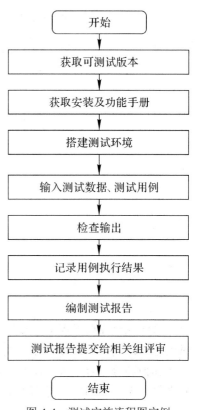

图 4-4　测试实施流程图实例

　　实施测试阶段的主要活动是开发和执行测试用例。开发和执行测试用例需要根据测试计划的规定有计划有步骤的执行。这个阶段测试活动的工作量大，沟通成本最大，发现的缺陷最多。

　　实施测试阶段的另一个重要工作是提交测试报告。每次根据测试计划执行完一次测试活动后，都应提交完整准确的测试报告，测试报告主要包括：软件产品的版本号、测试人员和时间、被执行的测试用例、测试结果、新发现的缺陷、验证被修复的缺陷的结果。

　　在实施测试阶段，具体的测试都要按照要求和流程进行，下面列举几个具体测试流程。

　　(1) 系统测试。它是指将已经确认的软件、计算机硬件、外设、网络等其他元素结合在一起进行系统的各种组装测试和确认测试。系统测试的流程图如图 4-5 所示。

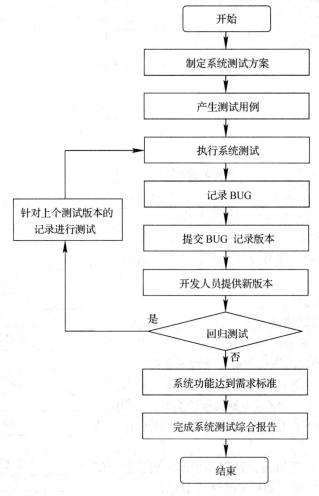

图 4-5　系统测试流程图

　　系统测试需要考虑的主要环节有：缺陷报告、新测试版本、回归测试等步骤。系统测试流程帮助测试人员按照流程规定将经过集成测试的软件作为计算机系统的一部分，与系统中其他部分结合起来，在实际运行环境中对计算机系统进行一系列严格有效的测试，以发现软件潜在的问题，进而保证系统正常运行。

　　(2) 自动化测试。自动化测试实施流程是描述软件功能自动化测试过程中的步骤、内容与方法，明确各阶段的职责、活动与产出物。自动化测试流程如图 4-6 所示。

　　• 制定测试计划。制定过程与普通的测试计划过程一致，只是在内容上增加了对项目实施自动化测试所需的资源、测试范围和测试进度的描述。

　　• 设计自动化测试用例。根据《测试计划》、《软件需求规格说明书》、《系统测试用例》设计出针对自动化测试的测试用例。

　　• 编写自动化脚本设计说明书。根据《软件需求规格说明书》、《自动化测试用例》、《系统原型》、《系统设计说明书》编写《自动化脚本设计说明书》。

　　• 编写测试脚本。根据《软件需求规格说明书》、《自动化测试用例》、《系统原型》、《自动化脚本设计说明书》，录制、调试、编写各个功能点的自动化测试脚本，并添加检查点和进行参数化。

　　• 设计测试数据。根据《软件需求规格说明书》、《自动化测试用例》设计出对各个功能点和相关业务规则进行测试的输入数据和预期输出，填写对应的数据文件。

　　• 搭建测试环境。根据《自动化测试用例》，执行自动化脚本，对系统进行自动化测试，测试结果会自动记录到日志文件中。

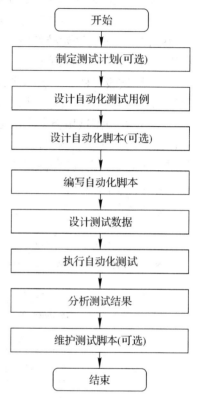

图 4-6　自动化测试流程图

　　• 分析测试结果。对测试结果文件中的报告错误的记录进行分析，如果确实是由被测系统的缺陷导致，则提交缺陷报告。对自动化测试的结果进行总结，分析系统存在的问题，并提交《测试报告》。

　　• 测试脚本维护。如果系统发生变更，应对自动化测试脚本和相关文档进行维护，以适应变更后的系统。

2. 敏捷测试流程

　　近年来，敏捷开发的实践被越来越多的企业采纳，敏捷测试的流程也成为很多业界专家研究的重点。

　　1) 敏捷开发

　　敏捷开发模型主要适用于需求可能快速变化、开发周期短、发布频率快的软件项目。这类项目往往不等用户需求完全确定就已经开始着手进行研发，发布周期通常不超过四周甚至更短，然后再根据用户反馈调整用户需求，并开发下一个版本。

　　2) 敏捷测试

　　敏捷测试是适应敏捷开发而采用的新的测试流程、方法和实践，对传统的测试流程有所裁剪。例如，减少测试计划、测试用例设计等工作的比重，增加与产品设计人员、开发人员的交流和协作。

　　3) 敏捷测试的特点

　　敏捷测试也有着与传统测试不同的特点，主要体现在以下三个方面：

• 全程参与。敏捷测试更注重持续的对软件产品进行反馈。由于敏捷开发中迭代周期短，测试工程师应尽早开始测试。从项目需求分析开始，测试工程师就参与讨论，研究用户心理和用户行为，并站在用户的角度对需求提出建设性意见。在设计阶段，对产品设计进行评审，同时开始准备用户案例，作为后续阶段的铺垫。在实现功能阶段随时对新功能进行测试并执行回归测试。

• 轻量级文档。在敏捷测试中，测试人员全程参与项目的研发。在每个迭代周期，只写出一页纸的测试计划，用于描述测试策略、测试范围和主要使用的测试方法。

• 轻量级测试用例。在敏捷测试中，测试用例的概念被淡化，直接根据用户用例并辅以探索性测试开展测试。即使使用测试用例的形式，也采用粒度较大的测试用例，并尽量用少量的测试用例覆盖更多的功能。

4) 敏捷测试流程

敏捷测试流程如图 4-7 所示。

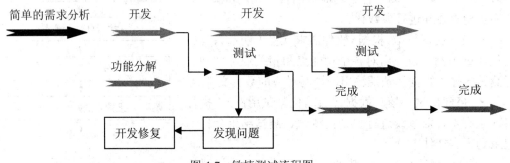

图 4-7　敏捷测试流程图

敏捷测试流程主要分为以下两个阶段：

第一阶段：需求制定得很模糊，但整体框架确定。产品对其中某一功能模块能确认，开发人员开始对确认的功能编码，开发人员编码的过程中，测试进行功能分解，因为根据模糊的需求很难写出具体的用例，所以，只能尽量对功能进行分析得细些并标注需要验证的内容。

第二阶段：开发完成后交给测试人员进行测试，开发人员继续开发新功能，当测试人员发现了问题，就会从开发团队中抽调一个人解决发现的问题，但开发进度并没有因为测试而停止。

在这个流程中弱化了文档，强调了各个人员的沟通。通过这种迭代的方式，三个月的项目可能只需两个月或两个半月就能完成。但这种方式并不完美，假如一个项目的功能需求分析阶段存在错误，那么错误会一直存在因为敏捷测试是一个迭代渐进的过程。

4.2.5　软件测试执行管理

软件测试执行环节是所有测试活动中最基本也是软件测试任务中最能体现最终结果和质量的环节。测试的执行是充满创意的活动，因为在设计和执行测试的过程中都需要测试人员运用自己的理论和技术知识，理解测试计划、范围、案例的预期结果和要求。测试执行管理是基于整个测试执行过程展开的。

软件测试执行阶段是在软件测试计划的基础上，按照事先预定的测试计划、设计的测试用例、自动化测试运行、测试完成标准等进行具体操作的过程，并报告结果。这就是软件测试执行管理的基本目标。要做好软件测试执行管理，必须了解测试执行的内容、主要环节、影响因素等基本知识。

1．测试执行的内容

测试执行包括手动测试和自动化测试。常见的测试执行是测试环境搭建之后，运行已有的自动化测试脚本，并手动测试自动化测试未覆盖的测试用例或任何需要测试的场景。测试执行的内容是决定怎样执行测试和测试什么。

2．测试执行的流程

测试执行包括很多环节，相互之间存在依赖关系。

测试执行阶段的主要输入有：

- 测试计划；
- 测试需求；
- 测试设计规格说明；
- 测试用例。

测试执行的主要测试活动有：

- 创建测试数据；
- 编写测试规程规格说明；
- 开发测试自动化脚本；
- 根据测试规程规格说明创建测试套件；
- 搭建并验证测试环境；
- 执行测试用例，包括手工和自动化执行；
- 记录测试执行的过程和结果；
- 实际测试结果和期望结果的比较；
- 提交缺陷报告；
- 确认测试和回归测试。

在测试执行中，测试人员按照测试规程和测试用例中的步骤进行测试，并将实际结果和期望结果进行比较。如果实际结果和期望结果不符，那么测试人员需要提交缺陷报告，且测试执行过程中的测试状态和测试结果必须妥善进行记录。

3．测试执行的关键信息

要管理和监督测试的执行，测试人员应在测试执行之前了解并掌握以下信息：

- 测试入口准则：允许软件系统进入软件测试执行阶段所必需的条件。
- 测试出口准则：允许软件系统结束测试执行阶段所必须具备的条件。
- 测试执行进度：测试计划中规定了测试执行的起始时间和结束时间，明确了测试人员每天应完成的测试任务。
- 测试方法：测试计划中明确定义了测试执行采用的主要方法；同时，测试方法中也定义了测试关注的主要测试类型。
- 执行结果记录手段：记录手段规定了如何记录测试执行过程和结果。

- 测试监控：主要定义了如何监控测试执行的过程和责任人。另外，也定义了监控手段。
- 测试职责：测试人员负责测试的领域、内容以及相关的测试用例数据等。
- 测试用例：了解测试用例设计的目的、测试的对象、测试判断的依据、测试人员负责的测试用例的内容、测试用例执行的方式。
- 测试环境：测试人员在测试执行准备的时候，需要了解测试设计规格说明、测试用例规格说明和测试规程规格说明，并掌握测试要求的环境以及如何搭建测试环境。
- 测试数据的准备：测试执行准备中，测试数据的准备是一个工作量很大而且技术要求很高的活动。因此，如何准备大量的测试数据及如何准备高质量的测试数据以满足测试的需求，这是测试执行准备活动的关键。

4．影响测试执行的因素

测试执行进度计划是进行测试执行进度控制的基础。在进行测试执行进度计划制定时，需要考虑哪些因素会影响测试执行活动，以及如何针对不同类型的测试人员进行测试执行进度计划的调整。

1) 影响软件测试执行的因素

对软件测试执行影响最大的主要有以下几个方面：

(1) 测试计划。测试计划是测试策划过程的一份记录，要完成好测试执行任务，必须要理解和明确预先制定的软件测试计划。

(2) 测试环境的准备。测试人员需要搭建和维护测试环境，保证测试执行环境和管理环境可用。

(3) 测试实现。测试的实现是开发和排序测试规程、创建测试数据、准备测试工具及编写自动化测试脚本的过程。业界常用测试实现和测试执行这两个基本概念描述测试的具体执行。

2) 影响制度测试执行进度计划的因素

在制定测试执行进度计划的时候，至少需要考虑以下因素：

(1) 过程成熟度。影响测试执行进度计划制定的第一因素是团队的过程成熟度，包括开发过程的成熟度和测试过程的成熟度。开发过程的成熟度直接决定了开发产品的质量，测试过程的成熟度决定了主要的测试活动和测试阶段。

(2) 测试时间。测试时间是制定测试执行进度计划的基础。

(3) 测试的规模。在制定测试执行进度计划的时候，需要详细考虑测试对象的规模。测试对象的规模是进行测试工作量估算的基础。

(4) 测试资源。测试资源的范围很广，包括测试人力、测试仪表、测试平台等资源。测试执行活动需要有合适的测试人员完成，根据组织内已经定义的相关度量或者项目组成员的经验值和估算测试规模大小来确定需要的测试人员数目；测试执行过程对测试平台数目和已有测试平台数目有要求，假如测试平台数目无法满足测试执行的要求，需要在测试执行进度计划中体现。

(5) 产品的质量。项目产品包括开发文档、测试文档、软件代码。产品的质量会影响测试执行的效率和有效性。

5. 测试执行控制

测试执行控制活动应贯穿于整个测试执行过程，也包括软件执行过程。将项目测试执行状态和其他测试执行进度信息与制定的测试计划进行比较，以发现其中的偏差和问题，并采取相应的手段对测试执行活动进行控制，从而使测试执行活动能够按照测试计划进行。测试执行控制阶段的主要测试活动有：

- 按预定的计划执行测试：熟悉和理解测试计划，按预定的目标执行测试计划、运行自动化测试脚本和执行测试用例。
- 确定测试执行范围和风险：确定测试执行的主要范围和风险，并且根据风险分析的结果确定测试执行的重点和优先级。
- 确定测试执行目的：在测试计划阶段明确测试执行的目的，从而确定采用的测试方法和相应的测试执行资源分配。
- 确定测试执行方法：针对测试执行目的和测试级别的不同，需要确定不同的测试执行技术和测试方法。
- 确定测试执行资源：测试计划中规定的测试所需的资源对测试执行非常关键。
- 确定测试执行的进度：根据整个软件项目的进度和测试执行的范围，安排整个测试执行活动的进度以及每个测试执行活动相关的人力资源分配。
- 确定测试执行入口准则和出口准则：在测试计划中需要确定测试执行入口准则、测试执行出口准则、测试挂起准则和测试恢复准则。
- 监控和记录测试执行过程：监控测试执行过程的信息包括计划测试进度和实际测试进度的标记、测试覆盖率和测试出口准则、测试挂起准则的满足程度等。
- 度量和分析测试结果：根据测试执行过程得到的度量数据对测试执行过程、测试质量和产品质量进行分析，并根据分析结果采取合适的措施和应对计划。
- 修正测试执行计划：根据测试分析结果以及测试执行监控过程中得到的信息，依需要对测试执行相关活动进行修正。
- 做出决定：根据测试和分析的结果做出相应的决定，包括重新启动测试执行、测试执行结束、测试挂起、测试相关的变更、测试应对计划实施等。

测试执行控制活动要根据收集的和报告的测试信息采取相应的应对措施。这些措施可以针对任何测试活动，也可以针对任何软件开发生命周期中的其他活动。

6. 测试执行的结束

当确定测试结束后，应收集主要的输出成果，并且交给相应人员归档，这些活动称为结束活动。测试结束活动主要包括以下四个方面：

(1) 确保所有测试工作全部完成。

(2) 移交测试工作产品。

(3) 总结经验教训。记录开发过程和测试过程中所有的经验和教训，并且将经验和教训文档化。

(4) 在配置管理系统中归档所有的结果、记录报表和其他文档及交付物。

上述测试结束活动非常重要，然而在实际测试过程中却常被遗漏。因此，应将测试结束活动明确写入测试计划中。

4.3　软件测试管理工具

软件测试管理工具是指用于管理整个测试流程的工具，其主要功能有测试计划的管理、测试用例的管理、缺陷跟踪、测试报告管理等，一般贯穿于整个软件测试生命周期。较好地利用测试管理工具，可以使测试管理工作事半功倍，达到出人意料的效果。下面介绍几种常用的测试管理工具。

4.3.1　TestDirector

TestDirector 是全球最大的软件测试工具提供商 Mercury Interactive 公司生产的企业级测试管理工具，也是业界第一个基于 Web 的测试管理系统。它在一个整体的应用系统中集成了测试管理的各个部分，包括需求管理、测试计划管理、测试用例管理和缺陷管理，适用于对测试执行和缺陷的跟踪。

1. TestDirector 的特点

TestDirector 是一个集中实施、分布式使用的专业项目测试管理平台软件，具有以下特点：

• TestDirector 提供了与 Mercury Interactive 公司的测试工具(WinRunner, LoadRunner, QuickTest Professional, Astra QuickTest, QuickTest Professional for MySAP.com Windows Client, Astra LoadTest, XRunner, Visual API and Visual API-XP)、第三方或者自主开发的测试工具、需求和配置管理工具、建模工具的整合功能。TestDirector 能够与这些测试工具进行无缝链接，为用户提供全套解决方案用于自动化的应用测试。

• TestDirector 提供了强大的图表统计功能，便于提高测试工作质量和管理测试团队。

• TestDirector 能系统地控制整个测试过程，并创建整个测试工作流程的框架和基础，使整个测试管理过程变得更为简单和有组织。

• TestDirector 能够维护一个测试工程数据库，并且能够覆盖应用程序功能性的各个方面。在工程中的每一个测试点都对应着一个指定的测试需求，TestDirector 提供了直观且有效的方式用于计划和执行测试集、收集测试结果并分析数据。

• TestDirector 还专门提供了一个完善的缺陷跟踪系统，它能够跟踪缺陷从产生到最终被解决的全过程。TestDirector 通过与用户的邮件系统相关联，实现缺陷跟踪的相关信息被整个应用开发组、QA、客户支持、负责信息系统的人员所共享。

• TestDirector 会指导用户进行需求定义、测试计划、测试执行和缺陷跟踪，即指导完成整个测试过程的各个阶段。TestDirector 通过整合所有的任务到应用程序测试中，确保用户的客户收到更高质量的产品。

2. TestDirector 的管理功能

TestDirector 具有以下管理功能：

(1) 测试需求管理。TestDirector 的测试需求管理功能可以让测试人员根据应用需求自动生成测试用例，并提供一个直观机制将需求和测试用例、测试结果和报告的错误联系起来，从而确保完全的测试覆盖率。

(2) 测试计划。TestDirector 的 Test Plan Manager 在测试计划期间，为测试小组提供一个关键要点和 Web 界面来协调团队间的沟通。Test Plan Manager 能够指导测试人员如何将应用需求转化为具体的测试计划。这种直观的结构能帮助测试人员定义如何测试应用软件，从而能明确任务和责任。Test Plan Manager 提供了多种方式来建立完整的测试计划。可以从草图上建立一份计划，或根据使用 Require-ments Manager 定义的应用需求，通过 Test Plan Wizard 快捷地生成一份测试计划。如果已经将计划信息处理成文件形式，可以再利用这些信息。将这些信息导入到 Test Plan Manager，它会把各种类型的测试汇总在一个可折叠式目录树内，可以在一个目录下查询到所有的测试计划。Test Plan Manager 还能进一步帮助测试人员完善测试设计，以文件形式描述每一个测试步骤，包括对每一项测试、用户反应的顺序、检查点和预期的结果。

(3) 安排和执行测试。在测试计划建立后，TestDirector 的测试管理为测试日程制订提供基于 Web 的框架。SmartScheduler 能根据测试计划中创立的指标对运行着的测试执行监控。SmartScheduler 能在短时间内，在更少的机器上完成更多测试。如果使用 WinRunner、Astra QuickTest 或 LoadRunner 自动运行功能或负载测试，无论成功与否，软件都会自动将测试信息汇集并传送到 TestDirector 的数据存储中心。同样，人工测试也以这种方式运行。

(4) 缺陷管理。当测试完成后，项目经理必须解读测试数据并将获得的信息用于工作中，当发现存在错误时，还要指定相关人员及时纠正。TestDirector 的缺陷管理工具直接贯穿作用于测试的全过程，以提供管理系统端到端的缺陷跟踪——从最初的问题发现到错误修改再到修改结果检验。由于同一项目组成员经常分布于不同地方，TestDirector 的基于浏览器特征的出错管理能让多个用户都能通过 Web 查询出错跟踪情况。测试人员只需进入一个 URL，就可以汇报和更新错误，过滤整理错误列表并作出趋势分析。

(5) 用户权限管理。TestDirector 可以建立用户权限管理。TestDirector 的用户权限管理类似 Windows 操作系统下的权限管理，将不同的用户分成组，每一组用户都拥有属于自己的权限设置。

(6) 集中式项目信息管理。TestDirector 采用集中式的项目信息管理方式，安装在应用评测中心的服务器上，其后台采用集中式的数据库，所有的关于项目的信息都按照树状目录方式存储在管理数据库中，只有被赋予权限的用户，才可以登录、查询和修改。

(7) 分布式访问。TestDirector 将测试过程流水化，从测试需求管理、测试计划、测试日程安排、测试执行到出错后的错误跟踪，仅在一个基于浏览器的应用中便可完成。基于 Web 的测试管理系统提供了协同合作的环境和中央数据库。TestDirector 的完全基于 Web 的用户，拥有可定制的用户界面和访问权限；TestDirector 完全基于 Web 的服务器管理、用户组和权限管理，能够实现测试管理软件的远程配置和控制。

(8) 图形化和报表输出。TestDirector 输出的常规化的图表和报告，能够在测试的任一环节帮助对数据信息进行分析。TestDirector 以标准的 HTML 或 Word 形式提供一种生成和发送正式测试报告的简单方式。测试分析数据还可以输入到行业标准化的报告工具中，如 Excel、ReportSmith、CrystalReports 和其他类型的第三方工具。

3. TestDirector 的测试管理过程

TestDirector 的测试过程包括以下四个阶段：

(1) Specify Requirements(需求定义)：分析应用程序并确定测试需求。该阶段可进一步分解为以下四个环节：

① Define Testing Scope(定义测试范围)：检查应用程序文档，并确定测试范围——测试目的、目标和策略。

② Create Requirements(创建需求)：将需求说明书中的所有需求转化为测试需求。

③ Detail Requirements(描述需求)：详细描述每一个需求，包括含义、作者的信息，并给需求分配一个优先级。

④ Analyze Requirements(分析需求)：生成各种测试报告和统计图表，分析和评估这些需求能否达到设定的测试目标。

(2) Plan Tests(测试计划)：基于测试需求，建立测试计划。制定测试计划流程可以分解为以下七个环节：

① Define Testing Strategy(定义测试策略)：定义具体的测试策略。

② Define Test Subject(定义测试主题)：将应用程序基于模块和功能进行划分，并对应到各个测试单元或主题，然后构建测试计划树。

③ Define Tests(定义测试)：为每一个模块定义测试用例。

④ Create Requirements Coverage(创建需求覆盖)：将每一个测试与测试需求进行连接。

⑤ Design Test Steps(设计测试步骤)：对于每一个测试，先决定要进行的测试类型(手动测试和自动测试)，若准备进行手动测试,需要为其在测试计划树上添加相应的测试步骤。测试步骤描述测试的详细操作、检查点和每个测试的预期结果。

⑥ Automate Tests(自动测试)：对于要进行自动测试的部分，利用测试工具创建测试脚本。

⑦ Analyze Test Plan(分析测试计划)：借助自动生成的测试报告和统计图表分析和评估测试计划。

(3) Execute Tests(执行测试)：创建测试用例并执行。执行测试阶段可分解为以下四个环节：

① Create Test Sets(创建测试集)：创建测试集，并确定每个测试集都包括了哪些测试。

② Schedule Runs(确定进度表)：为测试执行制定时间表，并为测试人员分配任务。

③ Run Tests(运行测试)：运行测试集。

④ Analyze Test Results(分析测试结果)：借助自动生成的报表和统计图表来分析测试执行的结果。

(4) Track Defects(缺陷跟踪)：缺陷跟踪和管理，并生成测试报告和各种测试统计图表。该阶段可分解为以下五个环节：

① Add Defects(添加缺陷)：报告程序测试中发现的新的缺陷。在测试过程中的任何阶段，质量保证人员、开发者、项目经理和最终用户都能添加缺陷。

② Review New Defects(检查新缺陷)：检查新的缺陷，并确定哪些缺陷应该被修复。

③ Repair Open Defects(修复打开状态的缺陷)：修复那些决定要修复的缺陷。

④ Test New Build(测试新构建)：测试应用程序的新构建，重复上面的过程，直到缺陷被修复。

⑤ Analyze Defect Data(分析缺陷数据)：产生报告和图表帮助分析缺陷修复过程，并帮助决定发布该产品的时间。

4．TestDirector 的安装

以 TestDirector8.0 为例，主要介绍该软件安装前后的配置，而安装步骤根据安装向导一步步进行设置就可以了。

1) 安装前的环境配置

· TestDirector 的 Web 服务器为 IIS，必须得先安装 IIS 环境

· TestDirector 的后台数据库默认为 Access，也可以选择使用 Sybase、MS-SQL Server oracle。

· TestDirector 也支持邮件服务，可以选择安装邮件服务或者暂时不安装。如果需要安装则在安装前做好邮件服务器的相关配置即可。

2) 安装事项

在安装时，要对系统进行一些安装设置，这里对一些关键设置进行简单解释，如下：

· 数据库连接设置。设置数据库连接时，Access 为默认必选，可以选择另外一种合适的数据库作为 TestDirector 的连接数据库，该数据库可以在创建 TestDirector 项目时选择。

· 虚拟目录设置。其中，虚拟目录 TDBIN 将保存 TestDirector 的一些运行文件。

安装 TestDirector 时，系统资源消耗比较大，容易造成安装失败或错误，所以应尽量不要进行其他的系统操作，等待安装完成。

3) 安装后配置

(1) 汉化。在安装目录"TDBIN/Install/"下，存放的是一些为连接服务器的客户端加载的系统文件。其中，文件 tdclientui80.xco 会自动加载到客户端的"C:\Program Files\Common Files\Mercury Interactive\TD2000_80"目录下，并生成 tdclientui80.ocx 文件。

由于 Mercury 并未发行官方的汉化包，所以采用第三方的资源包进行汉化。汉化方式是把得到的汉化资源文件 dclientui80.xco 粘贴到服务器目录"TDBIN/Install/"下，覆盖掉原文件即可。

对于访问过服务器的客户端，由于在下次连接时不再加载更新后的数据，所以必须得删除客户端目录"C:\Program Files\Common Files\Mercury Interactive\TD2000_80"下 tdclientui80.ocx 文件，使再次访问时自动加载汉化后的新组件。

也可以通过覆盖客户端目录"C:\Program Files\Common Files\Mercury Interactive\ TD2000_80"下的文件 tdclientui80.ocx 达到汉化的目的。

(2) 设置 MS-SQL 的数据库连接。对数据库的"客户端网络实用工具"进行配置，选择协议为 Named Pipes 与 TCP/IP，别名设置最好选择本机计算机名。对数据库的安全性设置——身份验证，设置为 SQL Server 或 WINDOWS。设置后，在后台 PING 连接数据库，如果成功，则可正常创建该类数据库的项目。

(3) TestDirector 系统信息修改。在目录"C:\Program Files\Common Files\Mercury Interactive\"下的 DomsInfo 文件夹中保存有 TestDirector 系统的关键信息，包括 TestDirector 系统配置信息的数据库文件 doms.mdb。该数据库文件已默认被加密，密码为 tdtdtd。在 Templates 文件夹中的文件为初始化生成的项目模板文件，包括 TestDir.mdb，该文件为生成项目的初始数据库表。这样的话，就可以在每次创建项目时初始化出我们想要的预定好的数据库表和相关数据。就可以避免每次创建项目时重复手工定义字段了，可以定制自己

的项目数据库模板。如遗忘 ADMIN 的密码时，可以通过往 doms.mdb 的 ADMIN 表中的 ADMIN_PSWD 字段写入"456711"，登录时输入密码"test"即可进入。

5. TestDirector 的使用

以 TestDirector 软件包中自带的演示项目——TestDirector_Demo 为例说明其使用过程，使用步骤如下：

(1) 打开 IE，在地址栏中输入"http://[服务器地址]/TDBIN/default.html"，就可以打开 TestDirector 的主页面。首次使用 TestDirector 会提示安装 TestDirector 的插件，选择"是"，才能使用 TestDirector。

(2) 在弹出的页面中，点击页面左边的链接列表中的"TestDirector"链接，进入 TestDirector 登录页面。

(3) 在 TestDirector 登录页面中，显示默认的工程项目为 TestDirector_Demo，直接单击"Login"按钮，进入测试流程管理的主界面。这里共显示四个标签：REQUIREMENTS(需求管理)、TEST PLAN(测试计划)、TEST LAB(测试执行)、DEFFCTS(缺陷跟踪)，默认显示"缺陷跟踪"标签。

(4) REQUIREMENTS。测试管理第一步是分析应用程序并确定测试需求。在需求管理模块中，所有需求都是用需求树表示的，可以对需求树中的需求进行归类和排序，或自动生成需求报告和统计图表。需求管理模块可以实现自动与测试计划相关联，并将需求树中的需求自动导出到测试计划中。用 TestDirector 实现需求管理，主要分新建需求、需求转换和需求统计三个步骤。

(5) TEST PLAN。基于已定义的测试需求，创建相应的测试计划。在测试计划中，需要创建测试项，并为每个测试项编写测试用例，包括操作步骤、输入数据、期望结果等。还可以在测试计划与需求之间建立连接。该模块中包括以下四个标签页：

• Design Steps Tab：设计步骤标签页，一个测试列表，描述怎样去执行测试计划树中当前所选中的测试。

• Test Script Tab：测试脚本标签页，测试计划树中当前所选中的测试的 TSL 测试脚本。

• Attachments Tab：附件标签页，附件列表。

• Reqs Coverage Tab：需求覆盖标签页，测试计划树上当前所选中测试对应的需求列表。

创建测试计划树的步骤如下：

① 创建测试计划树。点击"New Folder"按钮，或选择"Planning→New Folder"，新建文件夹对话框将被打开。在"Folder Name"框中为新的主题输入一个名称，并点击"OK"。

② 增加新测试。在测试计划树上选择一个主题文件夹。点击"New Test"按钮，或选择"Planning→New Test"，创建新测试对话框将被打开。

③ 设计测试步骤。在测试计划树上选择一个测试，并点击"Design Steps"标签页。点击"New Step"按钮或右键点击步骤标签页并选择"New Step"，设计步骤编辑器被打开。测试计划模块的 Step Name 框中将显示一个步骤名称，默认名称为测试步骤的序列号(假如第一次为一个测试添加步骤，默认测试名称为 Step 1)，可以在框中输入不同的名字来改变这个名称。然后，为测试步骤输入 Description 和 Expected Result。点击"New Step"按钮

可增加另外的步骤，紧接着的序列号将显示在 Step Name 框中。最后选择"Close"按钮关闭设计步骤编辑器。

(6) TEST LAB。测试执行模块就是对测试计划模块中静态测试项的执行过程。在执行过程中，需要为测试项创建测试集进行测试，一个测试集可以包括多个测试项。通过点击"Test Lab"标签页进入测试执行模块，创建测试集并执行测试。步骤如下：

① 创建测试集。点击"New Test Set"按钮，或选择"Test Sets→New Test Set"，新建测试集对话框被打开。在 Test Set Name 框中为新的测试集输入一个名称，在 Description 框中为测试集输入描述信息，点击"OK"创建测试集。测试集名称将会被添加到测试集列表中。

② 添加测试到测试集。首先，从测试集列表中选择一个测试集。然后，在 Execution Grid 标签页或 Execution Flow 标签页中点击"Select Tests"按钮，选择一个文件夹或测试添加到测试集，并点击"Add Tests to Test Set"按钮。

(7) DEFECTS。缺陷管理操作主要为添加缺陷、确定缺陷修复属性、修复打开的缺陷和分析缺陷数据。

① 添加缺陷。点击缺陷管理界面的"Add defect"按钮，弹出记录 BUG 信息的窗口，在添加缺陷的对话框中，输入 BUG 的详细信息：发现 BUG 的人员、发现 BUG 的日期、BUG 的严重性、BUG 的优先级、发现 BUG 程序的版本等。将 BUG 的信息录制完成后，点击"Submit"按钮，就可以完成 BUG 的提交。完成提交后，TestDirector 的缺陷管理中就会出现一条新的 BUG。

② 打开 BUG。双击一条 BUG，就可以打开这条 BUG 的详细信息。

③ 修改 BUG 状态。BUG 的六种状态为：New、Open、Fixed、Reopen、Rejected、Closed。在缺陷状态栏中，根据实际情况修改 BUG 的状态。TestDirector 的默认状态为"New"。项目经理检查是否是缺陷，若是，修改优先级并修改状态为"Open"。开发人员修改 BUG 后，将 BUG 状态修改为"Fixed"。如果发现某个处于"Open"状态的 BUG 无法处理，将该 BUG 置"Rejected"状态，并在 Description 里说明原因。

4.3.2　Rational ClearQuest TestManager

Rational ClearQuest TestManager(简称 CQTM)是 IBM Rational ClearQuest 产品(简称 CQ)中的一个特性，属于集成到 IBM Rational ClearQuest 中的一个应用包。它继承了测试管理工具 IBM Rational TestManager 的测试管理特性。同时，更有效的结合 ClearQuest 的特性，为测试管理提供了更佳的解决方案。CQTM 定义了测试管理中的测试资产，其中包括：测试计划、测试用例、测试需求、测试配置环境、测试脚本和测试结果等。这些文件夹、文件和数据之间的层次关系是用 ClearQuest 数据库中的记录表示的。数据库中的记录是按照 CQTM 定义的层次结构组织的。在层次结构的贯彻执行中包括以下三个阶段：

• 计划阶段。在该阶段，首先创建资产注册表，再创建测试计划、测试用例、配置的测试用例等记录类型，用以形成测试层次结构；

• 管理阶段。在该阶段创建测试脚本，并与测试用例和配置的测试用例相关联，进行对整个测试的管理，尤其是对测试脚本和测试结果的管理；

• 执行阶段。对在该阶段执行配置的测试用例或测试套件，评审其测试结果，结果如果适当则提交到 CQ 数据库中形成测试日志或者测试套件日志，完成对测试的执行并配合记录结果从而进行结果分析。

1．CQTM 的安装

CQTM 使用前需要先安装，安装方法主要有两种：

(1) 使用 Enterprise Schema 安装。CQTM 软件包已经集成在 Enterprise 模式中，属于开箱即用的模式。用户只要创建属于 Enterprise 模式的数据库，即可获得 CQTM 的特性。

(2) 应用 CQTM 软件安装。在没有集成 CQTM 的模式里，可以应用 CQTM 软件包来获取 CQTM 的特性。登录 ClearQuest Designer，选择检出模式，点击 CQ Designer 中的菜单"软件包 / 软件升级"，选中 CQTM 软件包，如图 4-8 所示。完成升级安装后，在检入模式，升级用户数据库。用户可以在使用该模式的时候，获得 CQTM 的特性。

图 4-8　升级软件包安装图

2．CQTM 所涉及的角色

CQTM 的使用涉及以下的用户角色：

(1) 模式开发者：模式开发者可以把 CQTM 应用包应用到一个已存在的 CQ 模式中，也可以自定义 CQTM 的记录类型在实际中所需要的其他各种字段，为实际测试环境进行 CQ 以及 CQTM 定制相应的设计。

(2) 项目组长：指定某个产品发布所涉及的测试 Build 和迭代阶段。

(3) 测试组长：测试组长的职责是定义测试工作的范围和创建定义测试计划所需的测试资产。测试组长还创建各个测试计划以覆盖所测产品特性，以及包含测试脚本和测试激发因素文档的文件地址。在执行已配置的测试用例或者测试套件后，测试组长可以分析测试结果、对应需求的测试覆盖率及与测试用例相关的缺陷。测试组长通过查询、报告和图表评估测试覆盖率、测试者的工作量以及测试总体进程。

(4) 测试者：测试者创建测试用例、配置环境、已配置的测试用例和测试套件等记录。测试者还可以使用受支持的 Rational 测试工具为每一个测试用例开发测试脚本。测试者还会执行已配置的测试用例和测试套件，并审查测试结果，然后提交测试结果到 CQ 数据库中。

(5) ClearQuest 管理者：如果测试项目之前使用过 Rational TestManager 管理测试资产，ClearQueat 管理者可以使用 CQTM 提供的迁移工具来迁移数据，ClearQueat 管理者必须安装 IBM Rational ClearQuest 7.0 及更高版本，包括 ClearQuest 客户端或包含 Test Management 插件的 ClearQuest Eclipse 客户端。

　　测试开始之前的准备工作由模式开发者来进行。根据测试的需求，模式开发者设计在测试管理中所需要的 CQ 记录类型、记录类型的各个字段定义以及记录操作的表单。而 CQ 管理者需要对 CQ 所使用的数据库进行管理，包括数据的备份、使用的软件的升级等等。CQ 管理者的工作贯穿测试的各个过程，直到测试结束。模式开发者和 CQ 管理者对整个测试过程的作用在于前期的准备和测试过程中的维护。

　　在实际测试执行中，项目组长需要指定测试产品的开发的迭代阶段以及测试需要使用的 Build。而测试组长则需要创建资产注册表(TMAssetRegistry)、测试计划(TMTestPlan)和测试用例记录(TMTestCase)，从而使测试者可以根据这些记录进行测试。测试者则创建配置的测试用例(TMConfiguratedTestCase)和测试套件(TMTestSuite)记录，并在测试结束后提交测试结果。测试组长在测试完成后根据测试结果生成报告和图表，从而完成测试工作。

3．CQTM 在测试管理的生命周期中的具体应用

　　在测试的过程中，主要参与的角色包括项目组长、测试组长和测试者。接下来主要讨论这三个角色在测试过程中如何利用 CQTM 进行测试管理，从而完成整个测试管理的生命周期。接下来讨论的是基本的应用，所有图例都是在 IBM ClearQuest Eclipse 简体中文版客户端中截取。

　　首先，项目组长需要对整个项目进行分析与估计，制定并设计好测试的整体资产。项目组长需要创建测试中的资产注册表，将所有的测试资源指定在该资产注册表下，同时需要指定测试的迭代过程，从而为整个测试的进度做出规划。其中对 TMAssetRegistry 和 TMIteration 的创建，可以通过正常的向导生成，如图 4-9 所示是 TMAssetRegistry 的创建。

　　其次，测试组长的工作主要集中在具体的测试计划、测试用例方面，完整的搭建一套测试体系架构。因此，测试组长需要创建 TMTestPlan、TMTestCase、TMConfiguration、TMConfigurationAttribute 和 TMConfigurationValue 记录，从而规划测试者的测试。在 ClearQuest RCP(Rich Client Platform)客户端的"TestManager－规划"视图中，可以看到各种类型的记录的层次关系，这是对 CQTM 中所有的记录类型之间关系的总结，如图 4-10 所示。

図 4-9　创建 TMAssetRegistry

图 4-10　记录类型的层次结构

TMTestPlan、TMTestCase、TMConfiguration、TMConfigurationAttribute 和 TMConfigura-tionValue 记录的创建可以根据向导进行，与图 4-9 所示的创建过程相仿。也可以在"TestManager‐规划"视图相应的记录上使用右键点击，并在弹出菜单中进行快速创建。需要注意的是创建的顺序，如 TMTestCase 记录的创建必须在 TMTestPlan 记录之后。

测试者需要根据测试组长已经创建的 TMTestPlan、TMTestCase、TMConfiguration、TMConfigurationAttribute 和 TMConfigurationValue 记录，创建 TMConfiguratedTestCase 和 TMTestSuite 记录，然后在测试完成后提交测试结果。TMConfiguratedTestCase 记录的创建前提是存在相应 TMTestCase 和 TMConfiguration 记录。图 4-11 所示就是根据 TMTestCase 记录来添加已配置的测试记录。然后，选择相应的配置记录从而形成 TMConfiguratedTestCase 记录如图 4-12 所示。

图 4-11　添加配置记录

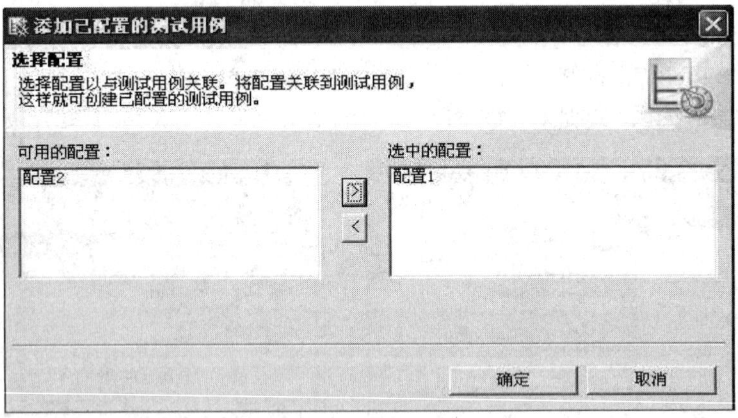

图 4-12　绑定配置

如果测试者并不使用其他 Rational 测试工具：Rational Functional Tester、Rational Manual Tester 以及 Rational Performance Tester 编写测试脚本，也不将 TMTestCase 或 TMConfigurated -TestCase 与测试脚本绑定，而只是进行手工测试，则需要测试者自行创建测试日志也即 TMTestLog 记录，从而在 CQTM 中记录测试结果。如果测试者使用其他 Rational 测试工具，则在测试工具执行脚本后，由测试工具自动产生测试日志。通过 TMCon-figuratedTestCase 创建 TMTestLog 记录如图 4-13 所示。创建 TMTestLog 记录所需要填写的内容如图 4-14 所示。

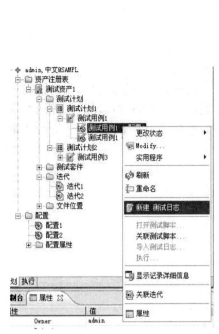

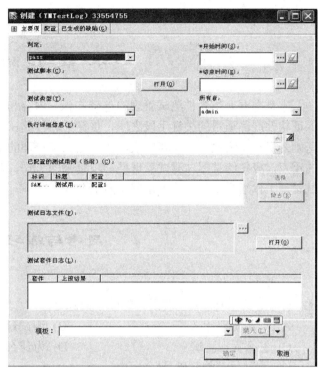

图 4-13　创建 TMTestLog 记录　　　　　　图 4-14　填写 TMTestLog 内容

对于测试者，如果当前的 TMConfiguratedTestCase 记录的测试结果是失败的，则需要使用 ClearQuest 的缺陷管理的功能完成缺陷提交。这一提交的功能需要手工操作，无论 TMConfiguratedTestCase 记录是否与其他 Rational 的测试工具的脚本绑定，对缺陷的提交和添加都如图 4-15 所示。

图 4-15　创建缺陷

在测试者完成测试之后，测试组长根据结果生成报告和图表并提交给项目组长，从而完成测试工作。

本 章 小 结

　　本章主要介绍软件测试管理的基础知识、内容和比较常用的管理工具。软件测试作为保证软件产品质量的关键手段之一，贯穿于软件测试整个过程。通过学习软件测试管理的基础知识——内涵、规范和要素，认识到测试管理的重要性。软件测试管理的内容是本章的重点，应熟练掌握。测试管理是一项复杂的工作，较好地利用测试管理工具，可以使测试管理工作事半功倍，达到出其不意的效果。

思考与练习

　　1. 选择题

　　(1) 测试管理策略主要回答的两个问题是(　　)。

　　A) 测试管理什么　　　　　　　　　B) 测试管理的任务是什么

　　C) 怎么管理测试　　　　　　　　　D) 为什么进行测试管理

　　(2) 测试管理的基础是(　　)。

　　A) 软件测试质量管理　　　　　　　B) 软件测试文档管理

　　C) 软件测试需求管理　　　　　　　D) 软件测试流程管理

　　(3) 优秀的测试团队需要对不同的角色明确定义不同的角色职责，按照测试内容的不同可将测试工程师分为(　　)。

　　A) 功能测试工程师　　　　　　　　B) 过程测试工程师

　　C) 性能测试工程师　　　　　　　　D) 安全测试工程师

　　(4) 测试文档的管理主要注重的两个方面是(　　)。

　　A) 测试计划的评审　　　　　　　　B) 测试对象的评审

　　C) 测试内容的评审　　　　　　　　D) 测试用例的评审

　　(5) 测试执行的内容是(　　)。

　　A) 决定怎样执行测试　　　　　　　B) 为什么进行测试

　　C) 测试什么　　　　　　　　　　　D) 怎么管理测试文档

　　2. 填空题

　　(1) 软件测试管理就是对每一种具体测试任务、流程、体系、结果、＿＿＿＿＿＿等进行具体监督和管理。

　　(2) 软件测试管理系统主要由测试规划、测试设计、测试实施、＿＿＿＿＿＿、＿＿＿＿＿＿、＿＿＿＿＿＿等六个相互关联、相互作用的过程组成。

　　(3) 软件测试需求管理的内容常见的有变更管理、文档版本管理＿＿＿＿＿＿、＿＿＿＿＿＿等四个方面。

　　(4) 软件测试团队最基本的测试任务包括建立测试计划、设计测试用例、搭建测试环境、_____、_____、_____。

(5) 软件测试的一般流程主要分为计划和设计阶段、_____和_____阶段。

3. 问答题

(1) 叙述测试管理的内容和范围。

(2) 什么是软件测试需求管理？软件测试需求管理的内容包括哪些？

(3) 在测试团队管理中，软件测试组织有哪些角色？职责分别是什么？

(4) 常用的测试文档包括哪些？

(5) 软件测试的一般流程包括哪几个阶段？每个阶段的基本任务是什么？

(7) 敏捷测试具有哪些特点？敏捷测试流程包括哪几个阶段？

(8) 软件测试执行的内容包括哪些？影响测试执行的因素有哪些？

第 5 章　软件功能测试

　　功能测试(Functional Testing)，也称为行为测试(Behavioral Testing)，是根据产品特性、操作描述和用户方案测试一个产品的特性和可操作行为，以确定它们满足设计需求。功能测试是为了确保程序以期望的方式运行而按功能要求对软件进行的测试，通过对一个系统的所有的特性和功能进行测试确保其符合需求和规范。

　　功能测试是系统测试中最基本的测试，它不考虑软件内部的实现逻辑，主要根据产品的需求规格说明书和测试需求列表验证产品的功能实现是否符合产品的需求规格。

　　功能测试是为了检验以下几个问题：是否有不正确或遗漏了的功能？功能实现是否满足用户需求和设计的隐藏需求？能否正确的输入输出？功能的交互性如何？

5.1　软件功能测试需求

　　简单来讲，测试需求就是指：什么是我们所要测试的？测试需求是对测试目标进行的概括。根据测试需求，可以了解测试时所应测试的功能点有哪些方面，也可以编写出测试用例以覆盖所有的测试需求。

5.1.1　软件需求分析

　　软件需求分析是一个项目的开端，也是项目实施最重要的关键点。相关机构的分析结果表明，软件产品存在的不完整性、不正确性等问题中，80%以上是需求分析错误所导致的，而且由于需求分析错误造成根本性的功能问题尤为突出。因此，一个项目的成功软件需求分析是关键的一步。

　　软件需求分析就是细化软件计划期间建立的软件可行性分析，分析各种可能的解法，并且分配给各个软件元素。软件需求分析所要做的工作是深入描述软件的功能和性能，确定软件设计的限制和软件同其他系统元素的接口细节，以及定义软件的其他有效性需求。

　　需求分析是软件定义阶段中的最后一步，确定系统必须完成哪些工作，也就是对目标系统提出完整、准确、清晰、具体的要求。

　　软件需求包括三个不同的层次——业务需求、用户需求和功能需求。

　　业务需求(business requirement)反映了组织机构或客户对系统、产品高层次的目标要求，在项目视图与范围文档中予以说明。

　　用户需求(user requirement) 文档描述了用户使用产品必须要完成的任务，在使用实例(use case)文档或方案脚本(scenario)说明中予以说明。

　　功能需求(functional requirement)定义了开发人员必须实现的软件功能，使得用户能完成他们的任务，从而满足业务需求。

作为补充，软件需求规格说明还应包括非功能需求，它描述了系统展现给用户的行为和执行的操作等。它包括产品必须遵从的标准、规范和合约、外部界面的具体细节、性能要求、设计或实现的约束条件及质量属性。所谓约束是指对开发人员在软件产品设计和构造上的限制。质量属性通过多种角度对产品的特点进行描述，从而反映产品功能。多角度描述产品对用户和开发人员都极为重要。值得注意的一点是，需求并未包括设计细节、实现细节、项目计划信息或测试信息。需求与这些没有关系，它关注的是充分说明用户究竟想开发什么。

软件系统开发最为困难的部分就是准确说明要开发什么。最为困难的概念性工作便是编写出详细技术需求，包括所有面向用户、面向机器和其他软件系统的接口。如果前期需求分析不透彻，一旦出错将会给系统开发带来有极大的损害，并且以后再对它进行修改也极为困难，容易导致项目失败。

5.1.2　软件测试需求分析

无论对于开发还是测试，一个全面精准有预见性的设计是保证项目顺利进行的前提。实际项目操作中，测试过程通常会存在以下两个问题：

(1) 产品质量维度关注的不全面，测试类型不完整。

(2) 测试规格设计较为随意，测试分解分配比较随意。

这两个问题导致测试过程中，经常会出现需求遗漏、测试设计遗漏的问题。因此，一份详细精准的测试需求分析有利于这些问题的解决。

1. 测试需求的定义

软件需求定义的是产品要实现的功能，而对测试需求这个名词业界并没有权威的定义，多数人认为测试需求定义测试的范围(即主要解决测什么、测到什么程度的问题)。换句话说，测试需求是测试人员依据初期功能需求，评估需要测试的功能点都有什么、每个功能点需要什么类型的测试、每个功能点测试到什么程度算是通过，这样可初步评估出测试的规模、复杂程度和风险，同时可以初步预估出哪个环节需要从事研发的同事提供测试接口。

测试需求设计的愈加详细精准，代表对待测试的软件和各种测试手段了解的愈深，但是这往往要求测试需求的设计者拥有一定的测试经验。

2. 测试需求的特性

通过分析而制定的测试需求应满足一定的特性要求：

(1) 制定的测试需求项必须是可核实的，即必须有可观察、可评测的结果，无法核实的需求不是测试需求。

(2) 测试需求应指明满足需求的正常前置条件，同时也要指明不满足需求时的出错条件。

(3) 测试需求不涉及具体的测试数据，测试数据的设计是测试设计环节应解决的问题。

3. 测试需求分析的流程

测试需求分析过程包括需求采集、需求分析和需求评审三个环节，如图 5-1 所示。其中，测试需求采集的输入是需求规格说明书，测试需求分析的输入是测试要点分析、功能交互分析、质量特性分析和测试类型分析，而需求评审的输入是测试需求。测试需求分析的输出包括：原始测试需求表、测试需求跟踪矩阵和评审结论。

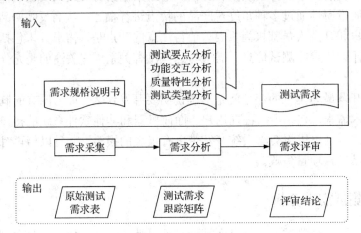

图 5-1　测试需求分析流程

需求采集是将软件开发需求中的那些具有可测试性的需求或特性提取出来，形成原始测试需求。

测试需求最直接的来源是软件需求规格说明书。当然有些时候还要考虑业界协议规范和测试经验库。对于已有旧版本的软件测试，还需要考虑继承性的测试需求。对以上内容进行梳理，形成原始测试需求表，列表的内容包括需求标识、原始测试需求描述、信息来源等。

测试人员需要对开发需求进行整理，首先需要确认软件需求的正确性，其次保证软件需求的可测试性。所谓的可测试指的是"存在一个可明确预知的结果，可用某种方法对这个明确的结果进行判断、验证"。原则上，所有的软件需求都应该是可测试的，因为如果测试人员对需求无法准确理解(即无法得出明确的结果)，那么开发人员同样也无法对这一条需求准确理解。需要保证每一个测试需求只包含一项测试内容，因此一条软件需求通常可能对应多条测试需求。

在提取的原始测试需求中，可能存在重复和冗余。可以通过以下方法整理原始测试需求：
(1) 删除：删除原始测试需求表中重复的、冗余的含有包含关系的原始测试需求描述。
(2) 细化：对太简略的原始测试需求描述进行细化。
(3) 合并：如果存在类似的原始测试需求，在整理时需要对其进行合并。
测试需求的采集示例如表 5-1 所示：

表 5-1　软件测试需求采集示例

来源编号	测试原始需求编号	测试原始需求描述	开发特性	需求标识	需求描述	需求优先级	测试规格分析的工程方法
DR001	EMAIL-001	能够支持电子邮件的收发	Email	OR_MKT.00010	能够支持电子邮件的收发		

5.2　软件功能测试过程

要了解和掌握软件功能测试的方法，首先要了解软件功能测试的过程。无论采用何种软件过程开发模型，功能测试的过程都有相似的流程，具体流程如图 5-2 所示。

功能测试前期准备包括功能测试工具的选择以及环境的准备。

功能测试计划制定基本上是在系统的需求定义完成后，且开始进行系统设计时进行制定。该测试计划主要是为后续测试工作提供指导。在完成该测试计划时，侧重阐述在后续测试实施过程中具体什么人在什么时候做什么事情。

功能测试设计与开发是指测试用例的开发。测试用例文档主要描述具体的测试步骤，在这个过程中运用具体的测试技术，如等价类划分法、边界值分析法等方法来进行测试用例的设计。

功能测试执行与缺陷追踪是对功能测试设计的实施以及对测试过程中发现的缺陷进行记录和追踪，并作为开发人员修改缺陷的依据。

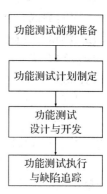

图 5-2　功能测试过程

5.2.1　功能测试的前期准备

测试软件之前，首先要搭建软件运行所需的环境，即测试环境。软件测试环境就是软件运行的平台，包括硬件、软件、网络、数据和测试工具五个方面，具体如下：

- 硬件环境：指台式机、笔记本电脑、服务器、各种 PDA 终端等。例如：要测试一款软件，是在台式机上测试还是在笔记本电脑上测试？如果在台式机上测试，那么 CPU 采用什么样的配置？因为不同的机器配置，必然导致不同的反应速度。因此，测试一款软件时一定要考虑硬件配置。
- 软件环境：指的是软件运行的操作系统。比如软件运行的时候都有环境要求，用来测试软件的兼容性。
- 网络环境：指的是选择什么样的网络体系结构，具体来讲是选择 C/S 结构还是选择 B/S 结构，是在局域网里测试还是在广域网里测试？不同的网络类型，具有不同的传输速度，都会在一定程度上影响软件功能的实现。因此，测试一款软件时必须要考虑软件所面临的网络环境。
- 数据：指的是测试数据的准备。测试数据的准备要考虑数据的量和真实性，要尽可能地获取大量的真实数据，包括正确和错误的数据。即便无法获得真实数据，也要准备大量的模拟数据。
- 测试工具：目前自动化的功能测试工具有很多，要根据测试需求和实际需求进行选择。

搭建软件测试环境要注意尽量模拟用户的真实使用环境，且测试环境中尽量不要安装其他与被测软件无关的软件，还要尽量与开发环境独立，也就是说在测试环境中不应该有开发环境。

5.2.2 功能测试的计划制定

功能测试计划工作的目标要从建立文档转移到建立过程，从编写测试计划转移到计划测试任务，重点不是编写而是计划。功能测试计划的格式可由测试组自己来定义，但内容上应包括范围、时间和成本三个方面的内容。由于不确定的因素较多，通常时间和成本要略大于实际的估计值。功能测试计划包含的基本内容有：

(1) 测试团队人员及分工。要确定当测试中出现缺陷界定、测试环境准备等问题时能找到相应的测试人员。

(2) 测试环境配置。它主要说明测试要求的硬件条件、网络环境、外部设备等，同时要说明被测系统的访问地址、访问权限、使用的测试数据等方面的计划和准备。

(3) 测试内容。测试策略和测试方法，如果只做系统测试，那就要写清楚不做集成测试；如果需要集成测试，就需要写明白集成顺序。另外，如果需要进行性能、文档等其他测试，也要在这个计划中写明。虽然这个计划一般都是针对功能测试，但如果有其他测试，也要写出来并安排时间，且相应测试的相关计划等也需要指明。

(4) 测试结束标志。测试不可能是完全测试，要允许有缺陷存留在系统里，同时测试要满足一定的覆盖率。

5.2.3 测试设计与开发

在完成上述测试前期准备和测试计划制定后，接下来的主要工作就是功能测试的设计与开发。测试设计的目标有：

(1) 组织性：正确的计划应组织好测试用例，以便全体测试人员和其他项目小组成员可以有效地审查和使用。

(2) 重复性：测试设计应保证可以重复使用测试用例。

(3) 跟踪：由于统计通过率和测试覆盖率的需要，要对测试过程进行跟踪。

(4) 测试验证：正确的测试设计以及良好的跟踪可以使软件具备可验证性。

测试设计相当于对测试的详细说明，包含以下三个方面的内容：

(1) 测试设计说明：是指提炼测试计划中定义的测试方法，明确指出设计包含的特性及相关测试。测试设计说明的目的是组织和描述具体需要的测试。在进行测试设计时并不需要给出具体的案例或者执行测试的步骤，而只是给出测试用例集的目录。

(2) 测试用例说明：是指为特定的目的而设计的一组测试输入、执行条件和预期的结果。测试用例是执行测试的最小实体，是测试设计的一个场景，是软件在这个场景下能够正常运行并达到程序设计目标的执行结果。测试用例是交给测试人员进行测试的具体案例数据，要求描述非常细致。测试用例可以用文档方式进行描述，也可以使用表格描述，选择什么样的表达方式要根据具体的需求确定。

(3) 测试规程说明：是指为实现相关测试设计而操作软件系统和具体测试用例的全部步骤，并详细定义测试用例的每一步操作。

按照 ANSI/IEEE 829 标准完成的测试设计非常详细，从而减少了测试的随意性，可以使测试很好地重复，而且使得无经验的测试人员按照预定想法执行测试。但编写繁琐的测试用例会花费很多精力和时间，容易造成测试推迟、项目推迟，甚至无法完成测试，而且繁琐的测试用例缺乏灵活性。测试设计的详略程度需要根据项目的要求而定，一般情况下对于关键、大型的项目需要编写详细的测试设计，而对于小型项目则无需编制繁琐的测试设计。

5.2.4　测试执行与缺陷跟踪

在完成测试设计工作之后，所要进行的工作就是测试的执行。在测试执行过程中发现的与测试用例预期结果不符的即认定为软件缺陷。

为了修复软件缺陷，要对测试中发现的问题进行详细的描述。描述不清楚或不作描述，将造成测试无效。描述缺陷通常会花费很多的时间，所以在工程实践中多采用缺陷跟踪系统对缺陷进行跟踪和管理。使用工具对缺陷进行跟踪管理的优势有：

(1) 编写良好的、标准统一的缺陷报告，比形式随意的邮件、对话、留言条的效果要好得多。

(2) 便于统计和分析。

(3) 方便排定优先级以决定缺陷的修复顺序。

(4) 可以在软件生命周期内跟踪缺陷的修改情况，防止遗漏。

(5) 可以方便地把未解决的问题及早通知到技术支持人员，便于协同开展工作。

缺陷描述一般包括以下三个方面：

(1) 概要描述：简洁描述，切中要害。使用一两句话来描述缺陷，且在描述中不应该包含任何猜测的内容。

(2) 再现步骤：对于如何再现缺陷提供准确描述。再现步骤要求简明但完全，用词要准确。该信息作为开发人员进行缺陷修复的第一步。如果错误要经过多步才可能出现，就有不再重现的可能性。同时，改变环境可能使问题不再重现，例如从测试环境转到开发环境。一般认为，验证错误需要重复三次或四次，并且错误重现至少两次。此外，再现步骤描述中应包含不能重现的情况描述这样的描述才能更加可靠。

(3) 隔离尝试：说明为了影响程序行为，测试人员尝试了哪些改变，并描述这些改变对系统有何影响。此外，描述人员可以解释做某种隔离尝试的理由，可以包含猜测。

5.3　功能测试自动化

5.3.1　手工测试与自动化测试

手工测试和自动化测试是功能测试过程中常常采用的两种测试方法，也是很多测试人员争相讨论的两种测试方法。

通过工具记录或编写脚本的方式模拟手工测试的过程，并通过回放或运行脚本来执行测试用例，从而代替人工对系统的功能进行验证，这就是功能测试方法中的自动化测试。通过自动化测试可以有效地提高测试的工作效率，帮助测试人员从反复的或者繁杂的操作中解脱出来。实现机器的自动执行，可以带来两个直接的好处：一是提高执行速度，之前需要一天才能完成的测试任务，实现自动化后甚至可以在几分钟内完成；二是避免人为错误，繁杂的劳动容易使人产生操作错误，实现自动化可以提高精确度，可以起到一劳永逸的效果，使测试人员能将更多的精力放在发现新的 BUG 上。

尽管和自动化测试相比，手工测试有不可避免的缺陷，但也有其不可替代的地方。因为人具有很强的判断能力，而工具相对机械、缺乏思维能力。手工测试不可替代的地方至少包括以下几点：

(1) 测试用例的设计：测试人员的经验和对错误的猜测能力是工具不可替代的。

(2) 界面和用户体验测试：人类的审美观和心理体验是工具不可模拟的。

(3) 正确性的检查：人们对是非的判断、逻辑推理能力是工具不可替代的。

但自动化测试凭借计算机的计算能力，可以重复地、不厌其烦地对数据进行精确、大量的测试工作。因此，自动化测试比较适宜需要重复执行机械化的界面操作、计算、数值比对、搜索等方面。

自动化过程并不是智能的，核心仍然是人。从功能测试自动化过程来看，人在前期的工作量是比较大的。自动化测试项目也像普通的软件开发项目一样有编码阶段，该阶段主要是通过编写测试脚本实现所涉及的自动化测试用例。自动化测试的核心工作是自动化脚本的设计。

5.3.2　功能测试自动化工具简介

不是所有的测试项目都适合开展自动化测试。自动化测试只有在多次运行后，才能体现出自动化的优势。只有不断地运行自动化测试，才能有效预防缺陷，减少测试人员的工作量。如果一个项目是短期的，并且是一次性的开发项目，则不适宜开展自动化测试。另外，也不适宜在一个进度非常紧迫的项目中开展自动化测试。这是因为自动化测试需要测试人员开发测试脚本，同时需要开发人员的配合，以提供更好的可测程序，还有可能需要对被测软件进行改造，以适应自动化测试的基本要求。如果在一个已经处于进度延误状态的项目中开展自动化测试，则很可能带来相反的效果。

假如已经确认项目适合做自动化测试，那么接下来要做的就是选择测试工具。为了保证在测试团队中成功地应用某款测试工具，尤其对于大型商业工具的应用，应该首先进行工具的选型，通过分析实际情况，确定选用范围。对选用范围内的几款测试工具进行试用。根据试用的反馈效果最终决定采用哪款测试工具。在大规模使用工具之前，还应该对测试人员进行全面培训。培训后，正式在项目中应用测试工具，制定相应的测试工具使用策略，并把工具融入测试工作中。

自动化功能测试工具可基于 GUI 层面进行测试，也可以基于代码层面进行测试。只要可实现自动化执行测试用例，自动化检查测试数据，可以替代人工进行测试步骤的执行，从而验证应用程序是否满足特定功能的测试工具，都可称为自动化功能测试工具。

下面介绍几款常见的自动化功能测试工具：

(1) QTP/UFT：全名 HP QuickTest Professional software，是一种自动测试工具。使用 QTP 的目的是执行重复的手动测试，主要用于回归测试和同一软件的新版本测试。因此，在测试前要考虑好如何对应用程序进行测试，例如要测试的功能、操作步骤、输入数据和期望的输出数据等。QuickTest 针对的是 GUI 应用程序，包括传统的 Windows 应用程序以及现在越来越流行的 Web 应用。它可以覆盖绝大多数的软件开发技术，简单高效，并具备测试用例可重用的特点，包括创建测试、插入检查点、检验数据、增强测试、运行测试、分析结果和维护测试等方面。QTP11.5 发布后，QTP 改名为 UFT(Unified Functional Testing)，支持多脚本编辑调试、PDF 检查点、持续集成系统、手机测试等。

(2) WinRunner：Mercury Interactive 公司的 WinRunner 是一种企业级的功能测试工具，用于检测应用程序是否能够达到预期的功能及正常运行。通过自动录制、检测和回放用户的应用操作，WinRunner 能够有效地帮助测试人员对复杂的企业级应用的不同发布版本进行测试，提高测试人员的工作效率和质量，确保跨平台的、复杂的企业级应用无故障发布及长期稳定运行。企业级应用可能包括 Web 应用系统、ERP 系统、CRM 系统等等。这些系统在发布之前、升级之后都要进行测试，以确保所有功能都正常、没有任何错误。如何有效地测试不断升级更新且不同环境的应用系统，是每个公司都会面临的问题。

(3) Rational Robot：它是业界最顶尖的功能测试工具，可以在测试人员学习高级脚本技术之前帮助其进行成功的测试。它集成在 IBM Rational Test Manager 中，通过它测试人员可以计划、组织、执行、管理和报告所有测试活动，包括报告手动测试。这种测试和管理的双重功能是自动化测试的理想开始。

(4) AdventNet QEngine：它是一个应用广泛且独立于平台的自动化软件测试工具，可用于 Web 功能测试、Web 性能测试、Java 应用功能测试、Java API 测试、SOAP 测试、回归测试和 Java 应用性能测试。支持对使用 HTML、JSP、ASP、.NET、PHP、JavaScript/VBScript、XML、SOAP、WSDL、e-commerce、传统客户端/服务器模式等开发的应用程序进行测试。此工具用 Java 语言开发，因此便于移植和提供多平台支持。

(5) SilkTest：它是业界领先的、用于对企业级应用进行功能测试的产品，可用于测试 Web、Java 或是传统的 C/S 结构。SilkTest 提供了许多功能，使用户能够高效率地进行软件自动化测试。这些功能包括：测试的计划和管理；直接的数据库访问及校验；灵活、强大的 4Test 脚本语言；内置的恢复系统(Recovery System)；使用同一套脚本进行跨平台、跨浏览器和技术测试的能力。

(6) QA Run：QA Run 的测试实现方式是通过鼠标移动、键盘点击操作被测应用，进而得到相应的测试脚本，可对该脚本进行编辑和调试。在记录的过程中，可针对被测应用中所包含的功能点建立基线值，换言之，就是在插入检查点的同时建立期望值。在这里，检查点是目标系统的一个特殊方面在一特定点的期望状态。通常，检查点在 QA Run 提示目标系统执行一系列事件之后被执行。检查点用于确定实际结果与期望结果是否相同。

(7) Test Partner：它是一个自动化的功能测试工具，专为测试基于微软、Java 和 Web 技术的复杂应用而设计。它使测试人员和开发人员都可以使用可视的脚本编制和自动向导来生成可重复的测试。用户可以调用 VBA 的所有功能，并进行任何水平层次和细节的测试。TestPartner 的脚本开发采用通用的、分层的方式进行。没有编程知识的测试人员也可以通过 TestPartner 的可视化导航器快速创建测试并执行。通过可视的导航器录制并回放测试，每一个测试都以树状结构进行展示，以清楚地显现测试通过应用的路径。

(8) UIAutomation：这个是微软提供的 UI 自动化框架，当然生产它的初衷并不仅仅是为了自动化测试，它的任务是让更多的开发或者应用可以调用 Windows 的 UI 控件。不过，它还是可以用于自动化测试的，因为之前微软就有类似的工具，而这个是重新设计的 UI 操作类框架，其目的是为了兼容支持 Windows 系列操作系统(xp，vista，server2003)的 UI 自动化操作，以及为了天然支持 WPF。当然其设计与通常的自动化工具不一样，比如：没有把控件支持的方法绑定在控件对象本身，没有提供专门的鼠标/键盘事件，但是却提供了特定控件对象的事件响应监听及处理方法的定制。

(9) Selenium：大多数人应该都知道这个工具，现在它也是大多数互联网公司在使用的测试框架；Selenium 仅支持 Web 的 UI 级别测试，但是其优点在于：

- 支持多种语言编写测试脚本，比如：Java、Python、Ruby、Perl 等，这也就意味着其后的支持类库也是很多的。
- 支持多浏览器，如：IE，FF，Safari，Chrome 等。
- 支持多平台，如：Windows、Linux、Mac、Android、Iphone 等。
- 支持分布式执行，一套测试用例可以同时分布到不同的测试机上执行，而且还可以进行任务细化，比如：针对 Linux 执行系统只分配 Linux 下需要执行的用例。此外还有录制工具支持，简单地说，Web 类测试基本上是首选，不过对 Flash 的支持好像不是太好。

所有的测试工具均可分为基于 Windows 的和基于 Web 的，也有个别特殊的。按提供功能的方式分，其中部分叫工具，另外的部分叫框架；按用途分有的提供自动化功能，有的支持自动化用例的执行，有提供测试环境的部署；按被测试对象分有 Web、Windows；按产品的开发语言分有针对不同语言的，如.NET、Java 等。

掌握和了解这么多工具是为了能在以后的自动化实施过程中用于支持策略的制定，比如新接收了一个测试项目需要进行自动化测试，那么需要考虑哪些点？使用哪个工具？有哪些工具可以作为备选？那么自然就要对常用自动化工具有一个初步的了解，同时对影响自动化过程的其他因素也要有一定的掌握。大体可以从以下几个方面来考虑：

(1) 考虑被测试产品的类型，如 B/S、C/S、web service、SOAP、SDK 或者 API。

(2) 考虑是否支持录制，可以录制有利于开发效率的提高。

(3) 考虑工具的价格，通常首选开源或免费产品。

(4) 考虑工具扩展性，可能某类工具可以支持现在的业务需求，但日后需求有变化的话，是否有很好的扩展性，以支持被测产品的新特性，如 Flex，Flash，Wpf 等。

(5) 考虑工具的支持性，即后期的升级及版本更新的特性，不要选用即将淘汰的工具。

(6) 考虑工具的广泛性，即考虑这个工具在外部的流行程度，这样有利于以后的人才招聘，即使有问题也有较活跃的社区可以求助。

(7) 考虑工具的成熟性，即这个工具不能还是 Beta 版本，需要有一个较稳定的版本，而且估计较长时间内不会有大版本的更迭。

(8) 考虑工具的可开发性，即工具是否提供插件接口用于自定义基础类库和识别机制。

(9) 考虑工具的易用性，即是否有强大的后台支持，如是否有 Windows、.NET、Java 类库支持。

(10) 考虑工具的适应性，即是否容易将工具封装，是否可以很容易将工具嵌入或引入到其他的框架中，比如：是否容易将功能框架引入到执行框架中。

(11) 考虑工具的针对性，即如果有专门的针对性工具可选，自然比那些综合性很强的工具的适用性要高得多。

最后，自动化是任重而道远的，真正难解决的还是那些实际的应用和实施，不同的项目有不同的测试需求、场景需求、环境需求，需要进行综合考虑。最终的结果是要提交一个可交付的、易维护的、高效率的、较稳定的测试构建，不是仅仅了解测试工具就能办到的，还有很长的路要走。

5.4　功能测试自动化工具 UFT

最近几年，功能测试自动化工具取得了长足的进步，并逐步得到了应用和普及，在软件功能测试领域发挥着应有的作用。各软件企业纷纷展开自动化测试项目，自动化测试工具作为开展自动化测试项目不可或缺的一部分，是每个实施自动化测试的测试团队需要认真选择和合理应用的一项内容。

HP 的 UFT 是功能测试自动化工具中的佼佼者。它是一款很好的软件，极容易上手和使用，测试流程和思路也很清晰，拥有先进的关键字驱动测试能力和强大的测试脚本开发能力。另外它还可以和 HP 其他的一些自动化工具，比如 Loadrunner、QC，有机地结合起来使用，堪称完美。HP UFT 软件提供直观的可视化用户体验，将手动、自动化和基于框架的测试整合到一个 IDE 中，从而实现测试自动化。 这一涵盖范围广泛的解决方案可显著降低功能测试流程的成本和复杂性，同时促成持续的高质量。

UFT 以 VBScript 为内嵌语言，支持功能测试和回归测试自动化，可用于软件应用程序和环境的测试。UFT 不仅支持测试人员通过专业的捕获技术直接从应用程序屏幕中捕获流程来构建测试用例，还支持测试人员通过集成的脚本和调试环境访问内在测试对象的方法和属性。UFT 包括创建测试、检验数据、增强测试、运行测试脚本、分析测试结果和维护测试等六个基本的功能。

UFT 支持在大多数的操作系统平台和测试环境下安装，并且只需通过有限的设置就可以开始使用。

在默认的情况下，UFT 支持对标准的 Windows 应用程序、Web 应用程序和 ActiveX 控件等三种类型的应用程序进行自动化测试。在相关插件的支持下，UFT 还可以进行 Java 应用程序、Delphi 应用程序、.NET 应用程序、Oracle 应用程序等等共计 13 种类型应用程序的自动化测试。

5.4.1　UFT 的安装

下面以在 Windows 操作系统上安装 UFT12.01 为例介绍 UFT 的安装。HP 的 UFT 支持 30 天的试用，所以从 HP 的官方网站可以直接获取 UFT 的安装包。在获取到安装包后就可以运行安装包中的安装程序了，启动 UFT 安装的界面如图 5-3 所示。

单击"Unified Functional Testing 安装"启动安装程序。在正式安装 UFT 之前，UFT 会检查机器上是否已经存在它所需要的前置软件，如果不存在，UFT 会自动进行安装。在安装完前置软件之后，会进入如图 5-4 所示的 UFT 安装向导界面。

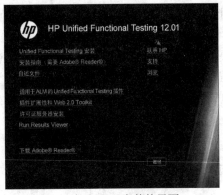

图 5-3　启动 UFT 安装的界面

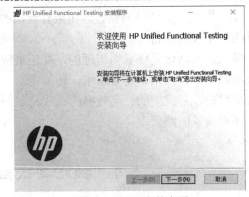

图 5-4　UFT 安装向导

单击"下一步"按钮进入如图 5-5 所示的 UFT 安装协议界面。

勾选"我接受许可协议中的条款(A)"，并根据需要勾选"创建桌面和开始菜单快捷方式"。然后选择安装语言，并单击"下一步"，进入如图 5-6 所示的 UFT 插件安装和安装路径选择界面。

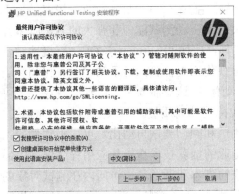

图 5-5　UFT 安装协议界面

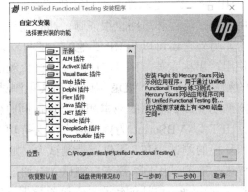

图 5-6　UFT 插件安装和安装路径选择界面

UFT 默认会安装一些插件，比如 ActiveX、VB 和 Web 插件，测试人员可以根据自己的测试项目中，应用程序所采用的开发语言和控件的类型来选择相应的插件进行安装。同时，要确认 UFT 的安装路径。在做好上述选择之后，单击"下一步"，进入如图 5-7 所示的 UFT 环境配置安装界面。

单击"安装"按钮后进入最后的安装界面，如图 5-8 所示。

图 5-7　UFT 环境配置安装界面

图 5-8　UFT 的最后安装界面

上一步骤可能要花费一段时间，安装结束后会进入如图 5-9 所示的界面。

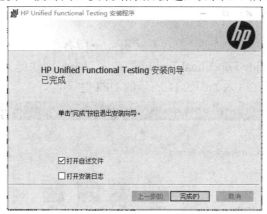

图 5-9　UFT 安装完成界面

单击"完成"按钮，结束 UFT 的安装。

5.4.2　UFT 的插件管理

在启动 UFT 之后，可以看到如图 5-10 所示的对话框界面，这是 UFT 的插件管理器，每次启动前都需要选择对应的插件才能进行测试。

插件管理界面显示已安装的插件，不同的用户在安装 UFT 时所选择安装的插件的数目是不相同的。UFT 默认支持 ActiveX、VB 和 Web 插件，如果安装了其他类型的插件，也将在列表中进行罗列。选择插件是为了能够成功识别对应插件的测试对象控件，即插件的选择和被测对象控件有关。

对于 UFT 应用最广泛的 Web 网页测试来说，测试时与测试项目具体采用的编程语言没有多大的关系。但是，对于 Windows 桌面程序来说，插件的选择和开发语言是密切相关的。

针对使用 Java、C++ 和 .NET 等语言开发的程序，UFT 都有与之相对应的插件，分别用于测试用相应的语言开发的 Windows 桌面应用程序。

为了提高测试性能，建议在实际测试时只加载与具体项目相关的插件即可。

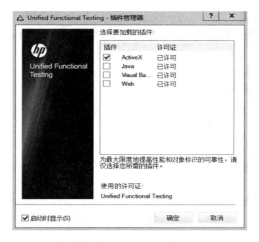

图 5-10　插件管理界面

5.4.3 UFT 的启动界面

安装好 UFT 之后，可以通过选择菜单 "开始→所有程序→HP Software→HP Unified Functional Testing→Unifide Functional Testing" 或者双击桌面快捷方式来启动 UFT。

在选择完插件之后，进入如图 5-11 所示的 UFT 主界面。

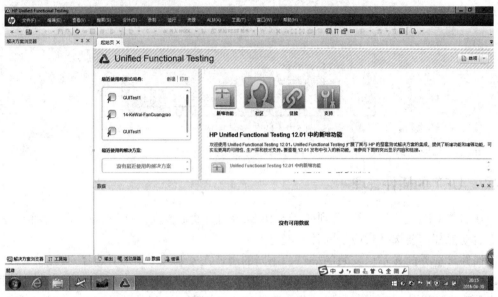

图 5-11　UFT 主界面

在 UFT 主界面，可以通过选择菜单 "文件→新建" 或者单击 UFT 快捷菜单上的按钮 来新建一个测试，也可以通过选择菜单 "文件→打开" 或者单击 UFT 快捷菜单上的按钮 来打开一个已有的测试，新建测试界面如图 5-12 所示。新建测试时需要选择测试的类型、输入测试的名称和测试的保存位置，按要求设置完成相应项后，单击 "创建" 按钮即可完成一个测试项目的新建工作。

图 5-12　新建测试界面

新建测试项目成功或者打开已经存在的测试项目后，都会进入测试流程界面，如图
5-13 所示。在这个界面，以流程图的形式给出测试的执行流程。

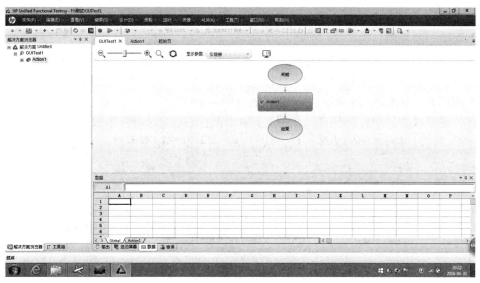

图 5-13　测试流程界面

同时，观察 UFT 的快捷菜单，可以看到 UFT 的快捷菜单上的一些按钮从不可用的灰
色状态变成可用状态。

5.4.4　UFT 的帮助文档

对于初学者来说，通过帮助文档学习和使用 UFT 是最佳方法。可以通过单击菜单"帮
助→HP Unified Functional Testing 帮助"或者在使用 UFT 的任意时刻利用快捷键 F1 来打
开联机帮助，如图 5-14 所示。

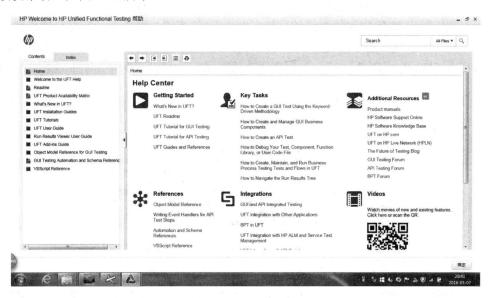

图 5-14　UFT 的帮助

5.4.5　UFT 的视图

UFT 支持两种视图，一种是关键字视图，一种是专家视图。不同的开发人员可以选择使用不同类型的视图。

关键字视图是一种图形化的视图，由类似表格的视图组成，如图 5-15 所示。测试中的每个步骤对应关键字视图中的一行，且每一行由易于修改的单个部分组成，每一列表示步骤的不同部分，显示的列会随着用户选择的不同而不同。

在关键字视图第一行的任意一个位置，单击鼠标右键，即可弹出如图 5-16 所示的项选择对话框。可以根据需要勾选各个项，从而决定在关键字视图中显示的列。

图 5-15　关键字视图　　　　　　　　　　　　　　　　图 5-16　项选择对话框

在关键字视图中选择"项"和"操作"，然后按要求输入信息，便可以创建和修改测试。每个步骤完成后都会自动生成文档，该文档用可以理解的语言简单地描述各个测试步骤。

专家视图也叫脚本视图，对于关键字视图中的每个步骤，都对应专家视图中一行 VBScript 脚本，与图 5-15 所示同等功能的专家视图如图 5-17 所示。如果在关键字视图中选择一个特定的行，然后切换到专家视图，光标将位于相应的脚本行中。

专家视图属于 UFT 中比较高级的功能，对于 UFT 来说，绝大部分的复杂操作都无法在关键字视图中实现。在专家视图中，测试人员可以直接修改测试脚本代码。UFT 的核心编程语言是 VBScript，熟悉 VBScript 编程语言的测试人员可以在专家视图中设计复杂的测试脚本。

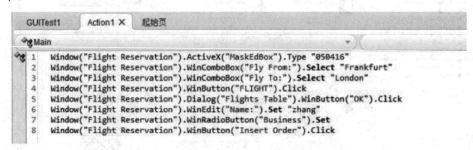

图 5-17　专家视图

专家视图和关键字视图之间可以相互切换。可以通过 UFT 快捷菜单上的按钮 ☰ 实现在专家视图和关键字视图之间的切换。也可以通过操作菜单项来切换两种视图，通过"查看→关键字视图"可以选择关键字视图,通过"查看→编辑器"可以选择专家视图。

5.4.6 UFT 测试脚本的录制

使用 UFT 进行自动化测试,首先就要录制测试脚本并创建一个基本测试。测试在 UFT 工作流的初始阶段是自动实现的。实现测试的自动化,就是要记录用户的操作并播放记录的操作以确认成功回放。

UFT 有专门的录制工具,测试人员通过模拟用户的操作,类似于执行手工测试的测试步骤一样操作被测试应用程序的界面,并利用 UFT 的对象识别、鼠标和键盘的监控机制就可以完成测试脚本的录制。

在进行脚本录制之前,首先要确认测试环境是否准备就绪,主要包括:

(1) 是否已经打开了 UFT,并根据应用程序选择相应的插件,脚本录制人员是否对 UFT 的操作界面十分熟悉。

(2) 测试人员是否熟悉被测应用系统的工作流程,熟练掌握手工测试的步骤。

(3) 是否关闭所有与被测试程序不相关的程序窗口。

UFT 在安装时会同时安装 UFT 自带的样例程序,样例程序包括一个 Windows 程序和一个 Web 程序。Windows 样例程序名为 Flight Reservation,它是一个机票预订系统,登录到该系统之后,可以看到系统的主界面如图 5-18 所示。

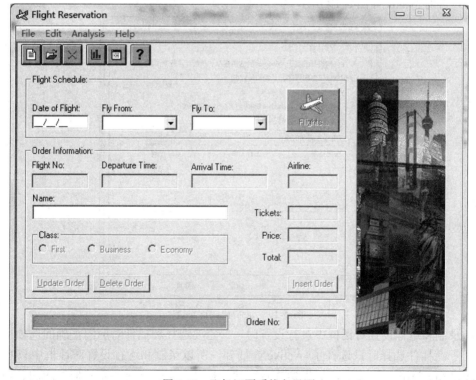

图 5-18 飞机订票系统主界面

该系统可以完成新建订单、打开已存在的订单和传真订单等主要功能。本节主要介绍该系统的新建订单业务功能。该系统新建订单功能的业务流程是:在如图 5-18 所示的飞机订票系统主界面中，录入航班日期、选择起飞/到达城市、选择航班、录入乘客姓名、输入订票张数和席别，然后单击"插入订单"按钮，即完成新建订单业务。

下面将以该样例程序的新建订单业务为例，介绍利用 UFT 进行测试脚本的录制过程。

1. 启动 UFT，选择需要的插件

被测的样例程序是标准的 Windows 桌面程序，程序中所涉及的大部分是 ActiveX 控件，所以在插件管理界面应勾选 ActiveX，而其他不相关的插件则不需要勾选，单击"确定"按钮即可完成此项设置，并进入 UFT 的主界面。

2. 新建测试

在 UFT 主界面，可以通过选择菜单"文件→新建"或者单击 UFT 快捷菜单上的按钮 ✳ 来新建一个测试，也可以通过选择菜单"文件→打开"或者单击 UFT 快捷菜单上的按钮 🖫 来打开一个已有的测试。新建测试需要选择测试的类型、输入测试的名称和测试的保存位置，设置完成后，单击"创建"按钮即可完成测试项目的新建工作。新建测试项目成功或者打开已经存在的测试项目后，都会进入测试流程界面，此时可以看到 UFT 的快捷菜单上的一些按钮从不可用的灰色状态变成可用状态。

3. 录制和运行设置

在新建的测试中，单击工具栏上的 ◉ 按钮或者选择菜单"录制→录制"，将弹出录制和运行设置对话框，如图 5-19 所示。

图 5-19　录制和运行设置

在录制和运行设置对话框中进行设置时，一定要选择和插件对应的正确的选项卡。本例中由于在插件选择时只选择了 ActiveX 插件，所以录制和运行设置对话框中只有一个 Windows Application 选项卡，如果勾选有其他的插件，则会同时显示其他对应的选项卡。

在录制和运行设置对话框中，有两种选择被录制程序的方法：

第一种是选择"在任何打开的基于 Windows 的应用程序上录制并运行测试(R)"，此时在录制过程中 UFT 将会记录下对所有 Windows 应用程序所做的操作。这样在录制的过程

中就可能录制了多余的测试步骤，可以根据需要进行删除。

第二种是选择"仅在以下应用程序上录制和运行(E)："，这种方法可以对指定的应用程序进行录制，这样就可以避免录制多余的界面操作。而第二种选择对应的有三种选项：

(1) UFT 打开的应用程序。仅录制和运行由 UFT 打开的应用程序。

(2) 通过桌面(由 Windows Shell)打开的应用程序。仅录制和运行那些通过桌面启动或者通过"开始"菜单打开的应用程序。

(3) 下面指定的应用程序。仅录制和运行添加到列表中的应用程序，可以通过 ⊞ 按钮来添加应用程序的存放路径。

4. 记录业务流程

在完成录制和运行设置对话框的相关设置后，单击"确定"按钮便可开始录制。此时，会出现一个小型的工具条，如图 5-20 所示。

图 5-20　录制工具条

用户在被测试应用程序上执行的相应操作，会被 UFT 录制下来。在录制过程中，录制工具条左上角的"正在录制*"后面的括号中的数字会随着步骤的增加而增加。流程结束时，单击录制工具条上的 ▣ 按钮即可停止录制。停止录制后，UFT 会在专家视图中生成测试脚本，而在关键字视图中对应生成的是测试步骤。

测试录制完成后，需要将测试保存到适当的位置。在 UFT 主界面中，单击工具条上的按钮 💾 或者选择菜单"文件→保存*"即可完成测试的保存工作。测试的名字和保存路径是在新建测试时设定的。如果想改变测试的保存位置或测试的名字，则可以选择菜单"文件→将*另存为"打开另存为对话框，如图 5-21 所示。确认保存路径和填写需要保存的文件名，单击"保存"按钮即可另存为一个测试。

保存完成后，测试文件夹会自动创建，并且所有与测试相关的文件都会保存在以测试名命名的文件夹下，如图 5-22 所示。

图 5-21　另存为对话框

图 5-22　测试目录结构

为了节省计算机的空间，UFT 还支持将测试脚本导出为压缩文件，这样更方便测试脚本的传递。导出测试脚本是通过选择菜单"文件→导出测试"来实现，此时会有一个提醒界面，如图 5-23 所示。选择"是"后将出现导出到 Zip 文件对话框，如图 5-24 所示。

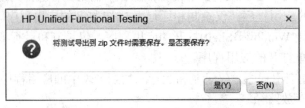

图 5-23　导出提醒界面

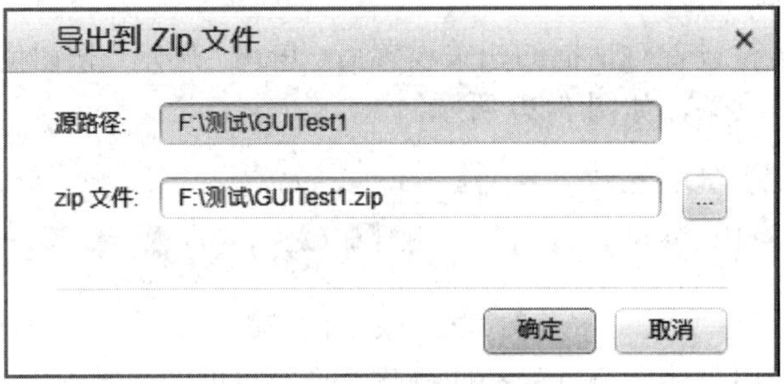

图 5-24　将测试导出为压缩文件

导入测试脚本是通过选择菜单"文件→导入测试"来实现，此时将出现导入到 Zip 文件对话框，如图 5-25 所示。选择压缩文件的保存路径和解压后测试的保存路径，单击"确定"即可完成将压缩文件导入为测试脚本的工作。

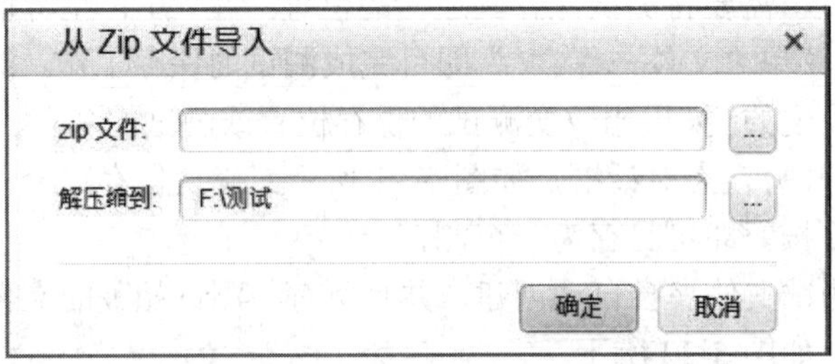

图 5-25　将压缩文件导入为测试脚本

5.4.7　UFT 测试脚本的编辑

录制完测试脚本后，要根据需要对脚本作相应的编辑，比如调整或添加/删除测试步骤、编辑测试逻辑、插入检查点、添加测试输出信息、添加注释等。

1. 测试对象的管理

基于 GUI 的自动化测试主要是围绕界面控件元素开展的，例如文本框、列表框、控制按钮等。软件用户通常都是通过这些控件与程序进行交互。因此，编辑测试脚本的第一步就是识别对象。

UFT 模拟人的手工操作过程中会记录所操作的对象以及操作的顺序，然后在回放的时候按记录的顺序对记录的对象进行操作。在这个模拟回放的过程中，最重要的就是对界面对象的识别。

UFT 中有两种对象：测试对象(Test Object，TO)和运行时对象(Runtime Object，RO)。前者是 UFT 中定义的一些类，用来代表被测应用中的各种对象；而后者是实际的被测应用对象，是测试执行的过程中，与 TO 关联的对象。

在 UFT 中，使用对象存储库管理 UFT 中的对象。一个测试中记录的所有的对象和对象的属性都被保存在对象库中。测试对象可以被存储在两种对象库中：共享对象库和本地对象库。默认情况下，测试对象被保存在本地对象库中。对象库是测试中使用的测试对象的存储库，是 UFT 自动化测试中最重要的一个资源。

打开对象存储库窗口是通过选择菜单"资源→对象存储库…"来实现。对象存储库窗口如图 5-26 所示，窗口的左侧以树形的结构显示了本次测试的测试对象，如果有检查点和输出对象也会在图中显示出来。当在左侧选择一个测试对象时，窗口的右侧将显示该对象的详细属性。

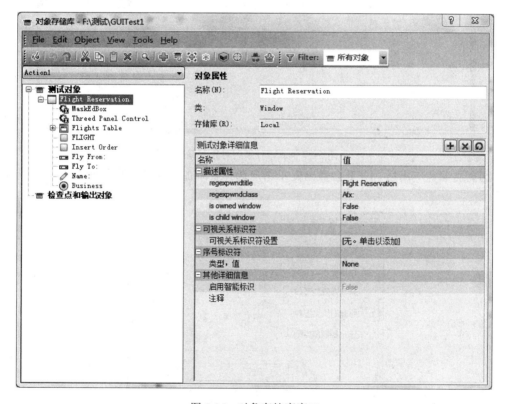

图 5-26　对象存储库窗口

创建对象库时，建议只保存本次测试所需要的对象，并且对测试对象的逻辑名称进行修改，这样有助于对象库的维护和使用时对象的选择。UFT 的对象库支持以下几种操作：

1) 添加对象

添加对象到对象库可以通过菜单"Object→Add Objects to Local…"或者直接单击对象存储库界面的❖按钮，然后单击需要添加的对象即可(此时一定要保证需要添加的对象所在的程序界面处于可用状态)，例如添加样例程序的登录窗口到对象库，具体操作如图 5-27 所示。

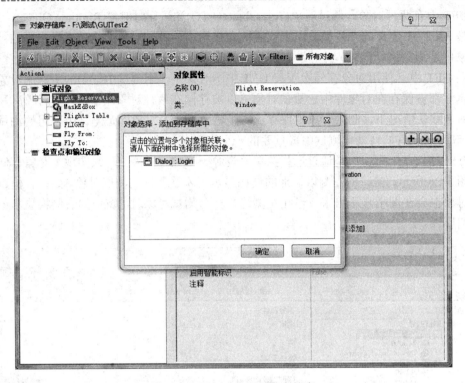

图 5-27　添加对象到对象存储库

选择对象并单击后，UFT 会弹出提示用户选择要添加对象的类型的对话框，如图 5-28 所示。

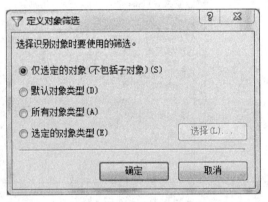

图 5-28　对象类型选择

根据实际需要选定一个选项，单击"确定"按钮后，即可完成一个对象的添加，之后就可以在对象存储库中看到新添加的对象。

2) 对象的定位与高亮显示

当一个测试的对象存储库中存储了很多对象时，我们可能无法快速地找到应用程序中的对象在对象存储库中的位置，此时可以利用对象的定位功能寻找。在对象存储库的工具栏中单击图标 ⊕ 或者选择对象存储库界面菜单"View→Locate in Repository"，此时光标会变成手型指针，然后单击应用程序中的一个对象，弹出对象选择对话框，单击"确定"按钮即可。此时，选中的对象就会在对象存储库中高亮显示出来。

反过来，如果我们想快速地知道对象存储库中的某个对象和应用程序中的哪个对象对应，此时可以利用对象的高亮显示功能。首先在对象存储库左侧的树形结构中选择一个对象，然后在对象存储库的工具栏中单击图标█或者选择对象存储库界面菜单"View→Highlight in Application"，那么该对象将会在应用程序中高亮显示。

3) 编辑与修改对象属性

UFT 的对象存储库不仅支持对象属性的查看功能，同时也支持对象属性的编辑与修改功能。当需要对对象的属性进行编辑和修改时，在对象存储库左侧的树形结构中选择一个对象，那么在对象存储库界面的右侧将显示该对象的信息。其中，名称一栏给出的是该对象的逻辑名，UFT 在记录测试时就是通过逻辑名来引用对象的。开始时，这个逻辑名是UFT 为对象分配的名字，可以在名称右侧的文本框中直接输入新的逻辑名来修改对象的逻辑名。同时在对象属性的下面列举了该测试对象的详细信息，可以在这里直接修改对象的属性。如果想为对象增加新的属性，可以单击测试对象详细信息右侧的█图标。另外，在关键字视图下也可以很轻松地实现对象属性的编辑与修改。

4) 更新对象

随着软件的更新，在应用程序中的一些对象的特性会发生变化。如果不对对象的属性进行及时更新，则会出现对象不能正确识别的现象，可以通过对对象进行更新来解决这个问题。首先在对象存储库中选择要更新的对象，然后单击按钮█或者单击对象存储库界面菜单"Object→Update from Application"，接下来在应用程序(此时一定要保证对象所在的程序界面处于可用状态)中选择对应的对象，之后出现对象选择对话框，单击"确定"就完成了对选中对象的属性的更新。

5) 删除对象

有时在对象存储库中会存储多余的对象，这时候应该将其删除。首先在对象存储库左侧的树形结构中选择要删除的对象，然后单击图标█或者单击对象存储库界面菜单"Edit→Delete"或者单击鼠标右键选择 Delete，在确认对话框中单击"是"即可完成一个对象的删除工作。

6) 共享对象库

测试对象可以被存储在两种对象库中：共享对象库和本地对象库。默认情况下，测试对象都是保存在本地对象库中。这些测试对象会关联一个指定的操作，使其他的操作都不能使用这些对象。而共享对象库包含能够在多个操作中使用的测试对象。通过将共享对象库与操作关联，可使该库中的测试对象可用于操作中。关于共享对象库的操作请参考相关资料。

2. 关键字驱动测试

测试脚本录制完成后，如果需要在测试中增加测试步骤，可以使用关键字驱动测试的方法。关键字驱动测试是 UFT 支持的一种开发自动化测试脚本的方法。这种脚本开发方法比较简单直观，测试人员比较容易掌握。关键字驱动测试的方法比较适合那些没有编码基础的测试人员，因为它几乎不需要了解任何的编程语言，只需要熟练关键字视图的使用方法即可。关键字视图中是通过添加或修改执行步骤命令、操作值等参数的方法，实现

UFT 自动生成脚本语句，开发人员看到的只是参数值。

关键字是由 UFT 的设计人员事先设计好的，用来描述测试过程和测试逻辑的语言因子。每个关键字对应功能的具体实现是通过调用并执行后台对应的脚本来完成的。在 UFT 中关键字主要有三类：被操作对象(Item)、操作(Operation)和值(Value)。

步骤生成器可以帮助测试人员在关键字视图中快速轻松地添加一些步骤。利用步骤生成器可以在测试或组件中添加三种类型的步骤，分别是：测试对象方法和属性，实用程序对象方法和属性，对库函数、VBScript 函数和内部脚本函数的调用。可根据实际情况进行选择。

可以从关键字视图或专家视图中打开步骤生成器，也可以从活动屏幕中打开步骤生成器。要从关键字视图或专家视图中打开步骤生成器，需要执行以下的操作：在录制或编辑时，单击要插入的新步骤后面紧跟的步骤，然后选择菜单"设计→步骤生成器"或者右键单击该步骤后选择"插入步骤→步骤生成器"。步骤生成器界面如图 5-29 所示。在活动屏幕中打开步骤生成器请参考相关资料。

图 5-29　步骤生成器

3. 使用 UFT 的专家视图

测试脚本录制完成后，如果需要在测试中增加测试步骤，也可以使用专家视图的方法。为了提高编写测试脚本的效率，通用的做法是先录制基础的测试脚本，然后在关键字视图中修改测试的对象和属性，当涉及高级的功能时，再去专家视图中修改源代码。

专家视图也叫脚本视图，属于 UFT 中比较高级的功能选项。在该视图中，测试人员可以直接修改或添加测试脚本的代码，以增强测试脚本的功能。测试步骤在专家视图中显示为 VBScript 语句，专家视图中的每一行 VBScript 语句都代表测试或组件中的一个步骤。专家视图显示的步骤及对象与关键字视图相同，只是格式不同。在关键字视图中，UFT 显示每个步骤的信息，并在基于图标的表中显示对象层次，而在专家视图中，UFT 将每个步骤显示为一行 VBScript 语句。

关键字视图和专家视图使用的是同一套对象库。在专家视图中，有 3 种基于 UFT 的对象库编写代码的方式：

1）利用步骤生成器

在专家视图中，也可以利用步骤生成器生成测试脚本。在专家视图中，将光标移动到紧跟新插入脚本的后一行脚本的最前面，打开步骤生成器，之后的操作和在关键字视图中插入新步骤的操作是一样的，最终就可以在专家视图中产生一行脚本。

2）完成单词

在专家视图中编辑测试脚本时，UFT 编辑前具有自动补齐的功能，它有效地简化了测试人员编写代码过程中的拼写问题。测试人员不必再去死记硬背一些单词的拼写，也不会因为编写错误而苦恼，可以更方便地对测试进行编辑。可以通过在 UFT 的菜单栏选择"编辑→格式→完成单词"或者快捷键 Ctrl + Space(但要注意此组合键经常被操作系统作为中英文输入法之间的切换，要使用此快捷键首先要选择其他的方法实现中英文输入法之间的切换)即可使用 UFT 的单词补齐功能。例如要在专家视图中插入如下的一行代码"Dialog("Login").WinEdit("Password:").Set"mercury""(在登录界面输入密码)，可以按照如下步骤进行：

① 输入"Dialog("，因为此时对象存储库中只有一个对话框，所以后面自动补齐为 Dialog("Login"。

② 输入")."，之后会出现如图 5-30 所示的提示信息。该提示信息列举了当前对象可进行的操作及其子对象，在这里选择 WinEdit。

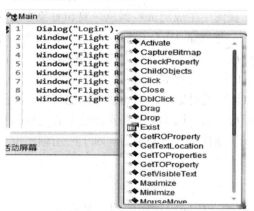

图 5-30　完成单词功能提示信息一

③ 输入"("，出现如图 5-31 所示的提示信息。该提示信息列举了当前对象库中所有的此种类型的对象的名字，在这里选择 Password。

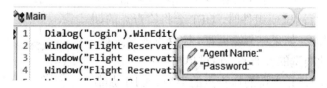

图 5-31　完成单词功能提示信息二

④ 输入")."，出现如图 5-32 所示的提示信息，该提示信息列举了当前对象可以进行

的所有操作。

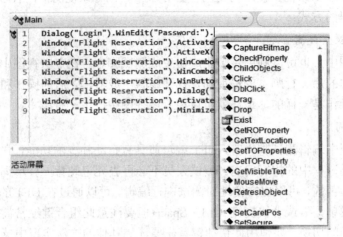

图 5-32 完成单词功能提示信息三

⑤ 选择"Set",之后输入"1234556",就可以顺利地完成一条代码的输入工作。

3) 拖动对象

将对象存储库里的对象拖动到专家视图里即可快速生成代码。UFT 的代码拖动功能使得脚本开发更方便快捷。但在实际应用中会发现,往往代码拖动自动生成的方法不是我们所需要的方法,我们还需要手工删除该方法后再生成新的方法。

4. 描述性编程

在关键字视图和专家视图中生成测试步骤总是要和对象库里的对象关联起来,测试脚本回放过程中对象的识别全是依靠 UFT 提供的对象库来完成,而当对象库中的对象被无意删除时,脚本将无法回放。此时,可以利用描述性编程的方式,将对象的属性和属性值均存放在脚本中,通过 UFT 调用脚本中相应对象的属性及属性值来识别被测应用程序中的对象,而不必再依赖 UFT 的对象库。描述性编程把需要识别的对象的属性及属性值从对象库中迁移到了脚本里面,通过脚本中的特殊语法格式完成对象的识别。由于描述性编程不需要经过录制,所以描述性编程更加灵活。对于应用程序中不能捕获的对象也可以使用描述性编程。

5. 检查点

检查点是可以验证被测试的应用程序的功能是否达到预期的一种描述,将指定属性的当前值和期望值进行比较,以判断当前程序的功能是否正常。添加检查点时,UFT会在关键字视图中增加一行同时在专家视图中增加一条检查点语句。当运行测试或组件时,UFT 会将检查点的期望值和当前值作比较,如果结果不匹配,检查点就会失败。

UFT 支持多种类型的检查点,通过单击菜单"设计→检查点"可以查看 UFT 支持的检查点的类型。UFT 加载的插件不同,所对应的检查点的类型有少许区别,如图5-33 所示是加载 ActiveX 插件时检查点的类型。

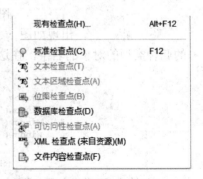

图 5-33 检查点的类型

检查点的类型有以下几类：

(1) 标准检查点：标准检查点用于检查应用程序或网页对象的属性值。标准检查点可以检查各种对象的状态，如按钮、单选按钮、组合框、列表框等对象的状态。例如，可以检查在选择单选按钮之后它是否处于激活状态，或者检查可编辑字段的值。标准检查点在所有的加载项环境中都可以使用。

(2) 文本检查点：文本检查点用于检查文本字符串是否显示在应用程序或网页的适当位置。例如，假设要在应用程序或网页上显示如下文字："开往春天的列车"，可以创建一个文本检查点，检查词语"春天"是否显示在"开往"和"的列车"之间。

(3) 文本区域检查点：只有在基于 Windows 的应用程序上录制测试或组件时才能添加文本区域检查点。UFT 运行测试或组件时，会根据配置的设置检查已定义区域内是否有选定的文本。

(4) 位图检查点：位图检查点用于检查位图格式的网页或应用程序区域，可以检查网页或应用程序的任何部分是否能按预期显示。例如，假设有一个网站，可以显示用户指定的城市的地图，且该地图具有缩放功能，可以使用位图检查点检查在单击放大地图的控制键后地图是否能正确的放大。

(5) 数据库检查点：数据库检查点用于检查应用程序访问数据库内容的情况。例如，在添加了某条记录以后，可以使用数据库检查点来检查记录是否被正确地添加到了数据库指定的表中。在所有环境中都支持数据库检查点的使用。

(6) 可访问性检查点：可以添加可访问性检查点，以帮助快速标识网站中不符合"W3C(World Wide Web Consortium) Web 内容可访问性规则"的区域。

(7) XML 检查点：XML 检查点用于检查 XML 文件中 XML 文档的数据内容，或检查 Page 和 Frame 中 XML 文档的数据内容。

(8) 文件内容检查点。

(9) 自定义检查点：UFT 的自定义检查点是使用内部的 VBScript 语句来验证运行值和期望结果是否一致。

可以在录制会话过程中或在编辑测试或组件时添加检查点。通常在录制初始测试或组件之后，可以更方便地定义检查点。添加检查点的方法有多种，在录制或编辑时添加检查点的步骤如下：

(1) 使用"插入"菜单上的命令，或者单击"测试"工具栏上的"插入检查点"按钮旁边的箭头，将显示与关键字视图的选定步骤相关的检查点选项的菜单。

(2) 右键单击关键字视图中要添加检查点的步骤，然后选择"插入标准检查点"。

(3) 右键单击 Active Screen 中的任意对象，然后选择"插入标准检查点"。可使用该选项为 Active Screen 中的任意对象创建检查点(即使该对象不是关键字视图中任一步骤的组成部分)。

6. 同步点

如果不希望 UFT 在应用程序中的对象达到某种状态前执行某个步骤或检查点，则应该插入一个同步点，以指示 UFT 暂停测试或组件，直至对象属性达到指定值(或者直至超过指定的超时时间)。

在录制时，单击菜单项"设计→同步点"，然后单击需要插入同步点的对象，将弹出如图 5-34 所示的对话框。

在确认是要添加同步点的对象后，单击"确定"按钮，将打开如图 5-35 所示的添加同步点对话框。

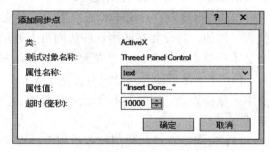

图 5-34　同步点对象选择　　　　　　　　　图 5-35　添加同步点

在属性名称中选择要检查的对象的属性，在属性值中填入对象的属性值，在超时中选择超时等待时间(单位是毫秒)，之后单击"确定"按钮，即可成功添加一个同步点。此时，在专家视图上可以看到增加了一行同步点的语句，如图 5-36 所示。

图 5-36　添加同步点后

7. 参数化

通过参数化的方式，可从外部数据源或数据产生器中读取测试数据，从而扩大测试的覆盖面，提高测试的灵活性。例如，通过 Flight 样例程序可以进行航班预定，航班预定时需要提供航班路线，Flight 程序会根据用户选择的航班路线返回可用的航班，从而实现航班预定。如果想验证是否所有的路线都能成功运行就需要录制大量的查询，比较费时，但是利用参数化就可以有效地解决这个问题。在 UFT 中，可以使用多种方式对测试脚本进行参数化。

UFT 提供了以下四种类型的参数：

(1) 数据表参数。通过数据表参数可以创建使用不同数据多次运行的数据驱动的测试。在每次重复(或者循环)运行中，UFT 可以使用数据表中不同的数值。UFT 提供两种数据表：全局数据表和操作数据表，全局数据表是全局变量，表中有多少行，在程序回放时就要回放几次，而操作数据表是局部变量，默认情况下，程序只回放一次，而在每次操作循环内使用表中不同的数据。

(2) 环境变量参数。环境变量参数是可通过测试访问的变量。在测试运行的整个过程中，无论循环次数是多少，环境变量的值始终保持不变，除非在脚本中以编程的方式更改变量的值。在 UFT 中有两种类型的环境变量：内置和用户定义。用户既可定义内部环境变量也可定义外部环境变量。

(3) 随机数字参数。通过随机数字参数可以插入随机数字作为测试或组件的值。例如，要检查应用程序对大小机票订单的处理方式，可以让 UFT 生成一个随机数字，然后将其插入"票数"编辑字段。

(4) 测试、操作或组件参数。通过测试、操作或组件参数可以使用从其他测试或组件中传递过来的值，或者使用来自测试中其他操作的值。为了在特定操作内使用某个值，必须将该值通过测试的操作层次结构向下传递到所需的操作。然后，可以使用该参数值对测试或组件中的步骤参数化。对于重复使用的测试用例，可以将其转化成公共用例，适当参数化后可以被其他测试用例调用。

在关键字视图中，选择需要参数化的步骤，点击该步骤"值"项后面的 ⟷ 按钮，即可打开"值配置选项"对话框，如图 5-37 所示。通过选择参数类型就可以分别实现数据表参数、环境变量参数和随机数字参数三种不同类型的参数化。

图 5-37　值配置选项对话框

关于测试、操作或组件参数的设置方法将在操作模块后作介绍。

8. 操作模块

在 UFT 中，可以将测试划分为操作模块(Action)，Action 相对于测试脚本文件，可以使用 Action 来划分和组织测试流程。例如，可以把一些公用的操作放到同一个 Action 中，以便重用；也可以对 Action 进行切分，实现测试脚本的模块化和细分化。

UFT 提供的 Action 共分为以下三种类型：一是非重用型，只能被存储它的测试调用，且只能被调用一次；二是重用型，可以多次被存储它的测试或别的测试调用；三是外部型，一个存储在别的测试中的可重用型 Action。

1) Action 的调用

在 UFT 中，Action 的调用行为一共有三种。如果想在一个测试中增加一个 Action，可以在关键字视图或专家视图中选择某个测试步骤，之后选择菜单"设计"，此时可以看到 Action 操作的三种调用操作，如图 5-38 所示。也可以在测试流程界面选择某个步骤后，单击鼠标右键进行调用操作的选择。

Action 操作的三种调用操作的区别如下：

① 调用新操作：其实就是新建一个 Action，这是一个空的 Action，新建成功后需要执行添加对象库、编辑脚本等操作。

图 5-38　调用操作类型选择

② 调用操作副本：执行该操作会将一个已经存在的外部操作复制过来，包括对象库、代码等。

③ 调用现有操作：当选择此项时，新插入的 Action 是以原有 Action 的只读格式嵌入，不能进行修改。

2) Action 的切分

在一个新建测试项目中，往往只有一个名字为"Action"的 Action。如果一个测试项目的测试脚本比较复杂、流程比较长，可以对 Action 进行切分，以实现测试脚本的模块化和细分化。下面介绍一种将一个测试脚本切分成多个 Action 的方法。

比如已经录制了实现 UFT 自带的 Windows 样例程序的登录、新建订单和退出业务的脚本，下面介绍如何将这个脚本切分成名字分别为 LogIn、New-Order 和 LogOut 的三个 Action，步骤如下：

第一步，将 Action 重命名为 LogIn。方法是：在测试流程界面，鼠标右键单击 Action，选择"操作属性"，打开如图 5-39 所示的"操作属性"对话框，将常规选项卡中的名称选项改成"LogIn"，单击"确定"按钮即可完成操作。

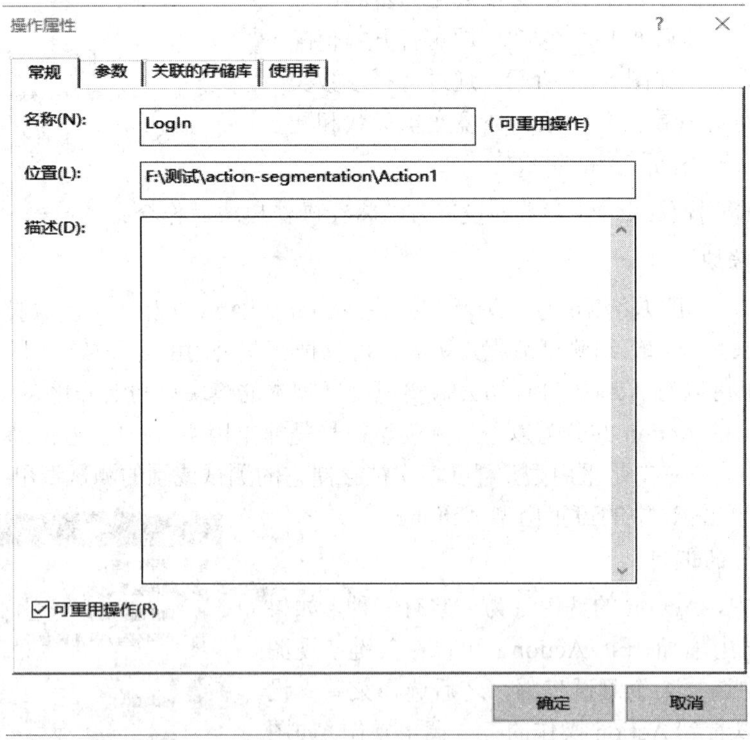

图 5-39　操作属性对话框

第二步，在 LogIn 操作的后面添加一个 Action 并命名为 New-Order。方法是：在测试流程界面，单击鼠标右键并选择"调用新操作"，打开如图 5-40 所示的"插入对新操作的调用"对话框，将名称选项设置为"New-Order"，插入位置选择"位于测试结尾"，单击"确定"按钮即可完成操作。

第三步，采用与第二步相同的方法，在 New-Order 操作的后面添加一个 Action 并命名为 LogOut。该步骤设置完成后，测试流程界面的测试流程如图 5-41 所示。

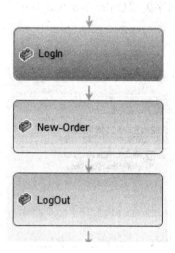

图 5-40　"插入对新操作的调用"对话框　　　　　　图 5-41　测试流程图

第四步，分别为上述 3 个 Action 录制业务流程脚本。

以上只是介绍了实现上述要求的一种方法，其他设置方法在这里不再赘述。

3) Action 之间参数的传递

UFT 的各个 Action 之间可以利用数据表很方便地进行参数的传递。下面仍然以 UFT 自带的 Windows 样例程序为例，介绍怎样在两个 Action 之间传递参数。具体的设想是：首先登录系统，然后新建一个订单并产生订单编号，最后通过传递该订单编号查询这条订单。实现步骤如下：

第一步，新建一个测试项目，并切分成 4 个 Action：Login、New-Order、Open-Order 和 Logout。Login 的业务流程为：输入用户名和密码，登录系统。New-Order 的业务流程为：输入订单日期、起始地点，选择航班，输入订购人名称以及数量，选择类别，单击"insert"产生订单，系统会自动生成订单编号。Open-Order 的业务流程为：利用订单编号打开一个订单。Logout 的业务流程为：退出系统。

第二步，在专家视图下，在 New-Order 脚本代码的最后一行后单击鼠标，在活动屏幕中鼠标右键单击 Order No 后面的文本框，选择"插入输出值"，如图 5-42 所示，之后将打开如图 5-43 所示的"输出值对象选择"对话框。

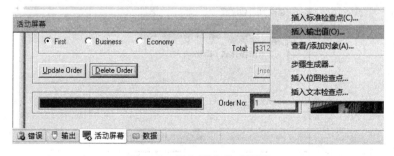

图 5-42　插入输出值对话框

单击"确定"按钮，将打开如图 5-44 所示的"输出值属性"对话框。在该对话框中选择"text"属性，将出现配置项中所示的内容，分别指出输出的类型为数据表，数据表的名字为"Order_No_text_out1"，保存位置为全局表。

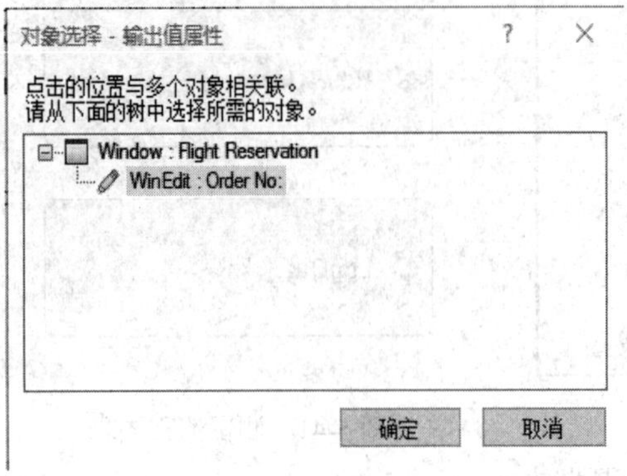

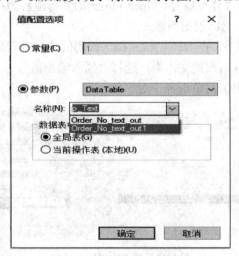

图 5-43　"输出值对象选择"对话框 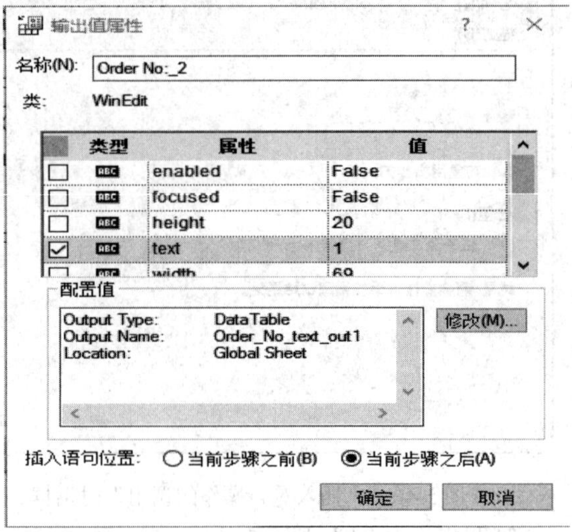　　　　　图 5-44　"输出值属性"对话框

设置完成后，在 New-Order 脚本代码的最后将生成如下的一行代码：

```
Window("Flight Reservation").WinEdit("Order No:").Output CheckPoint("Order No:_2")
```

这行代码的主要意思是将订单号输出到全局表中。

第三步，在关键字视图下，对 Open-Order 的订单号进行参数化，选择全局表中的"Order_No_text_out1"为参数值，如图 5-45 所示。将产生一行如下所示的代码：

```
Window("Flight Reservation").Dialog("Open Order").WinEdit("Edit").Set
DataTable("Order_No_text_out1", dtGlobalSheet)
```

这行代码的意思是：从全局表的"Order_No_text_out1"列获取数据作为订单号。

至此，在完成上述三个步骤后就实现了利用全局表在两个 Action 之间进行参数的传递。

图 5-45　订单号参数化值配置

5.4.8　UFT 测试脚本的调试和运行

在 UFT 脚本有语法错误或者测试资源丢失的情况下，错误信息会显示在 UFT 的错误面板中，如图 5-46 所示。

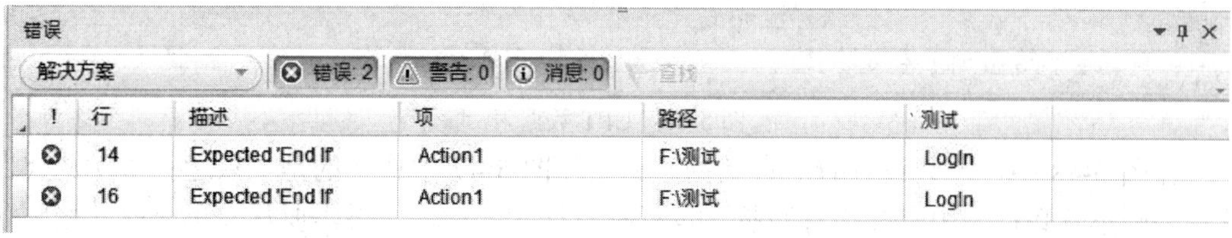

!	行	描述	项	路径	测试
⊗	14	Expected 'End If	Action1	F:\测试	LogIn
⊗	16	Expected 'End If	Action1	F:\测试	LogIn

错误　　　　　　　　　　　　　　　　　　　　　　　　　　　▼ 廿 ×
解决方案　　　　▼ | ⊗ 错误:2 | ⚠ 警告:0 | ⓘ 消息:0 | 查找

图 5-46　错误提示信息

按照错误提示信息对测试脚本进行修改并且语法检查通过后，可以直接运行测试脚本，也可以设置断点对脚本进行调试。

运行测试脚本即测试脚本的回放，UFT 根据脚本中记录下来的对象操作的顺序进行回放。UFT 从脚本中读取到该对象，并根据对象的层次和名称到对象库中寻找相同名称的测试对象，并获得该测试对象的属性，然后根据这个测试对象的属性，在运行的网页或应用程序中进行匹配，寻找运行对象。如果匹配成功，再根据脚本中记录的该对象的方法、动作和参数值运行该对象；如果不能匹配，那么在超出了等待时间后 UFT 会报错。

单击工具栏上的 ▶ 按钮或者直接使用快捷键 F 或者单击菜单"运行→运行"都可以进行脚本的回放。

下面简单介绍一下 UFT 回放的相关设置。对回放的设置主要有两处：

1) 测试设置

单击菜单"文件→设置"，可打开测试设置对话框，在对话框的左侧选择"运行"选项，如图 5-47 所示。

图 5-47　测试设置对话框

① 数据表迭代。UFT 自带有数据表，可以在运行时进行迭代设置，如图 5-48 所示。

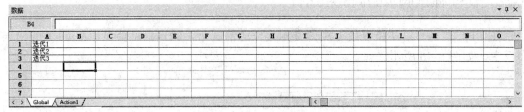

图 5-48　UFT 数据表

在图 5-48 中，一共设置有三行数据。如果在图 5-47 中选择的是"只运行一次迭代"选项，则不管数据表中有多少行数据，运行都只迭代一次，如果需要从表里获取数据则获取第一行的数据。如果选择的是"在所有行上运行"选项，则数据表有多少行数据，运行就迭代几次，每次运行的时候如果需要从表里获取数据则顺序获取相应行的数据。如果选择"从行运行到行"选项，则运行时会提取其中选择的行进行迭代。

② 运行会话期间发生错误时。该选项用来设置运行发生错误时 UFT 的响应。通过下拉菜单可以选择对应的方法，如图 5-49 所示。

图 5-49　运行时对错误的响应方法

③ 对象同步超时。同步延长时间设置。该设置可以保证在程序响应时间慢的情况下，UFT 会在设置的时间内等待程序的响应。

2) 选项设置

单击菜单"工具→选项"即可打开选项设置对话框，选择"GUI 测试"，然后选择"测试运行"选项，如图 5-50 所示。

图 5-50　工具选项的回放设置

　　该设置中最重要的部分是运行模式设置，一共有两种模式：普通模式和快速模式。在普通模式下有对运行时间的设置，时间单位是毫秒。这个时间是脚本回放时两个步骤之间的停顿时间，这样有助于测试人员对测试进行调试。在快速模式下，脚本回放过程中不会有任何的停顿。

5.4.9　UFT 测试结果分析

　　自动化测试非常关键的一步就是运行测试并查看测试结果。测试人员可以根据测试结果判断测试是否通过，也可以了解测试的一些相关信息。

　　测试运行之后，可以通过 HP Run Results Viewer(运行结果查看器)查看运行结果。默认情况下，运行结果查看器会自动地与 UFT 一起安装，且测试运行后运行结果查看器会自动打开。运行结果查看器包含多个面板，每个面板显示指定类型的信息。运行结果查看器中包含测试过程中每个步骤的说明，如果一个测试包含迭代则显示每次迭代的信息。运行结果查看器会根据测试的行为对测试结果进行分组。运行结果查看器界面如图 5-51 所示。

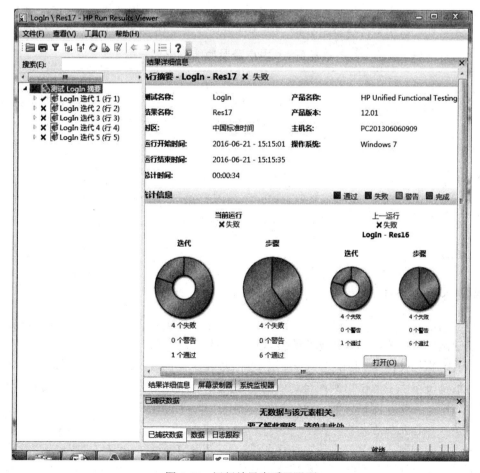

图 5-51　运行结果查看器界面

　　默认情况下，运行结果查看器左边的面板中显示的是运行结果树，右边面板显示的是测试结果汇总。运行结果树可以依次展开，如果想查看某个步骤的详细信息，只需要在运行结果树中选中该步骤，在运行结果查看器的右边就会给出对应步骤的详细信息。

5.5　功能测试自动化实践

功能测试，顾名思义，就是对被测系统的各项功能进行测试，检查系统的功能是否能满足用户的需求。本节仍然以 UFT 自带的 Flight Reservation 样例程序为被测软件，但由于篇幅的限制，本节将以该样例程序的"登录"功能模块为例进行功能测试。

5.5.1　功能测试需求分析与提取

登录功能模块是 Flight Reservation 样例程序中使用频率比较高的一个功能模块，要想使用该系统必须首先登录该系统。功能测试需求就是将每个要测试的功能项描述出来，描述语言要简洁、清楚，且要覆盖每个功能项的正确性要求和容错性要求。比如，要测试用户的登录功能，既要测试合法的用户是否能够成功登录，又要测试非法用户是否不能成功登录，还要测试系统是否有容错处理。新建订单功能需求如表 5-2 所示。

表 5-2　用户登录功能需求

功　能	需求标识	测 试 需 求	来　源
登录功能	FR-LogIn-01	登录系统的流程：输入合法的用户名和密码，单击登录按钮即可登录系统 用户名不能为空 密码不能为空 必须为合法的用户名和密码才可登录到系统 对于非法输入，系统应该有相应的错误提示和容错处理	需求说明书

5.5.2　设计测试用例

在测试活动中，测试用例的设计是测试工作的核心内容，是开发脚本、执行测试并发现测试缺陷的重要依据。测试用例的质量对于测试的覆盖率、测试执行的效率、发现缺陷的数量具有指导性作用。测试用例的模板多种多样，不同的公司所采用的模板也不尽相同，并且一般情况下手工测试用例和自动化测试用例所用的模板也有些差别。一个测试用例通常包含名称、标识、测试说明、前提条件、测试步骤、预期结果、实际结果、用例状态、设计人员和执行人员等元素。

由于篇幅限制，本节只讨论自动化测试，且 Flight Reservation 样例程序的登录功能比较适合做自动化测试。系统的登录功能业务比较简单，只需要在登录页面输入用户名和密码，然后提交登录信息，查看系统的响应是否正确。系统的登录界面如图 5-52 所示。

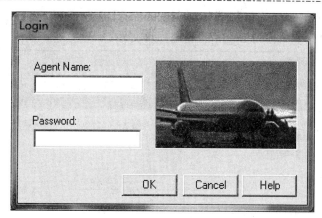

图 5-52　Flight Reservation 系统的登录界面

在测试登录功能时，需要考虑以下两个方面：一方面是登录信息合法的情况下，测试登录提交操作是否正确；另一方面是登录信息非法的情况下，系统是否有容错性。登录业务的相关测试用例如表 5-3 所示。

表 5-3　登录业务的自动化测试用例

测试目的	对登录业务功能的正确性和容错性进行自动化测试			
前提与约束	至少存在一组可以登录到系统的用户名和密码			
测试步骤	打开软件，输入用户名和密码，单击"OK"按钮			
测试说明	用户名	密码	期望结果	实际结果
合法用户信息登录	mercury	mercury	登录成功，进入 Flight Reservation 系统	
用户名和密码都为空			提示用户名或密码不能为空	
用户名为空，密码不为空		mercury	提示用户名或密码不能为空	
用户名不为空，密码为空	mercury		提示用户名或密码不能为空	
错误的用户信息登录	Zhang	111111	提示用户名和密码错误	
测试执行人			测试日期	

在表 5-3 中，一共列出五条登录业务的测试用例，其中只有第一条是正确性测试的测试用例，后面四条都是容错性测试的测试用例。

5.5.3　开发测试脚本

本节主要依据上节设计的登录业务的自动化测试用例，进行登录业务脚本的开发，以检测 Flight Reservation 系统的登录业务功能的正确性和容错性。在登录业务测试脚本的开发过程中，首先录制一个基础的脚本，之后对登录脚本进行编辑和强化，使脚本可以按照测试的需要运行。

1. 新建测试项目

新建一个测试项目，在 UFT 的新建测试对话框中，在"选择类型"中选择"GUI 测试"，在"名称"中输入"LogIn"，设置好测试的保存路径，如图 5-53 所示，然后单击"创建"按钮即可创建一个名称为 LogIn 的测试项目文件。

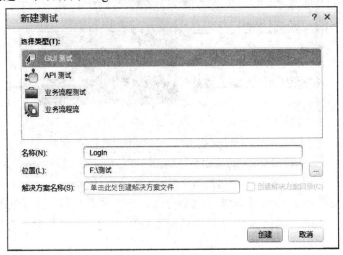

图 5-53　测试项目的创建

2. 录制前的设置

打开"录制和运行设置"对话框，在该对话框中选择"仅在以下应用程序上录制和运行(E)"下的"下面指定的应用程序(B)"，通过后面的按钮 + 添加 Flight Reservation 应用程序的保存路径，然后单击"确定"按钮。进行上述操作以后的"录制和运行设置"对话框界面如图 5-54 所示。

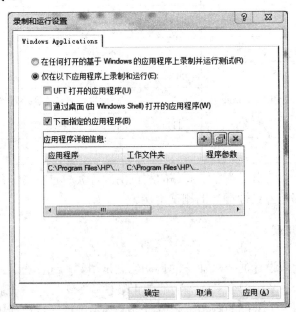

图 5-54　项目录制前的设置

3. 录制脚本

经过上一步的设置，单击 UFT 的"录制"按钮，将会自动打开 Flight Reservation 应用程序的登录页面，并开始脚本的录制。在 Flight Reservation 应用程序登录页面的用户名一栏输入"mercury"，密码一栏输入"mercury"，单击"OK"按钮，进入应用程序主页面。单击 UFT 录制工具条上的按钮 ▣ 结束脚本的录制工作。录制结束后，生成的脚本如下：

1　　Dialog("Login").WinEdit("Agent Name:").Set "mercury"

2　　Dialog("Login").WinEdit("Password:").SetSecure"57677b8e3c76b7efee8067053e46af4f6c59a9b2"

3　　Dialog("Login").WinButton("OK").Click

脚本第 1 行的含义：在"Login"对话框的"Agent Name:"文本框中输入字符串明文值"mercury"。

脚本第 2 行的含义：在"Login"对话框的"Password:"文本框中输入密文值。

脚本第 3 行的含义：单击"Login"对话框的"OK"按钮。

4．编辑和强化脚本

通过插入检查点、使用参数、添加控制语句等方式增强脚本的功能。从而使测试脚本满足测试需要。

(1) 将密码的密文改为明文。将密码从密文形式改成明文形式是为了方便后面继续对脚本进行强化，比较快捷的方法是在关键字视图中修改，具体步骤如下：

① 将 UFT 切换到关键字视图。

② 在"Password:"行，将"操作"值改为"Set"，单击"值"列的配置按钮 ⟨⟩，打开"值配置选项"对话框，选中"常量"单选按钮，在其对应的文本框中输入常量值"mercury"，单击"确定"按钮。修改后的结果如图 5-55 所示。

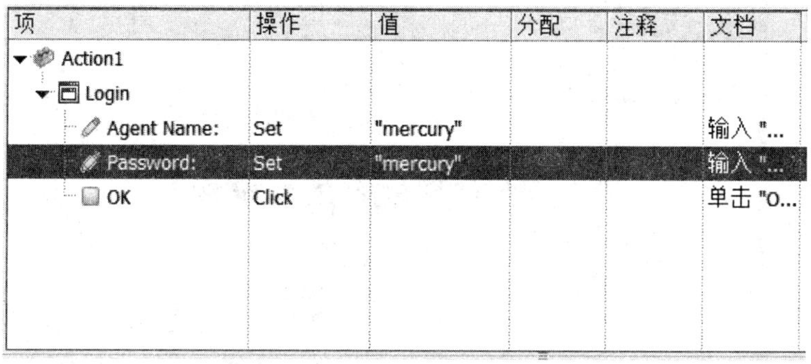

项	操作	值	分配	注释	文档
▼ 🎯 Action1					
▼ 🗔 Login					
✏ Agent Name:	Set	"mercury"			输入 "...
✏ Password:	Set	"mercury"			输入 "...
🗆 OK	Click				单击 "O...

图 5-55　密码修改后的结果

③ 重新切换到专家视图，可以看到第 2 行脚本中密码不再是以密文形式显示而是以明文形式显示：

Dialog("Login").WinEdit("Password:").Set "mercury"

(2) 添加检查点。为了验证是否正确地登录到系统，需要在单击"OK"按钮之后插入检查点。根据被测试软件的测试点，如果正确登录系统，将会打开 Flight Reservation 应用程序的新建订单功能页面，所以这里更适合插入自定义检查点，以判断单击"OK"按钮后新建订单功能页面是否存在，并以此判断是否正确登录到系统。具体操作步骤如下：

① 打开对象存储库，单击对象存储库界面的 ➕ 按钮，单击应用程序的新建订单页面，将"Flight Reservation"窗体对象添加到对象存储库，添加完成后如图 5-56 所示。

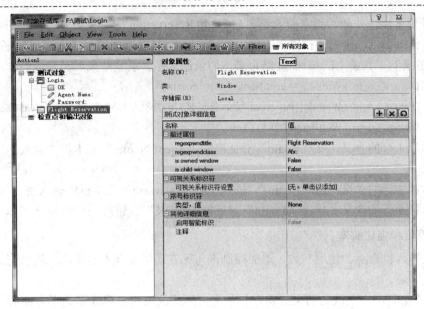

图 5-56 添加 Flight Reserration 窗体对象到对象存储库

② 在专家视图中的脚本代码的最后添加一行代码，单击 UFT 菜单项"编辑→代码段→If…Then(T)"插入一行代码，如图 5-57 所示。用同样的方法在"End If"之前插入"Else(E)"语句。

图 5-57 插入代码界面

③ 将步骤②中的代码语句补充完整，代码如下所示：

If Window("Flight Reservation").Exist(5) **Then**

    Reporter.ReportEvent micPass,"登录", "登录成功"

    Else

    Reporter.ReportEvent micFail,"登录","登录失败"

    End If

这段代码的意思是：如果"Flight Reservation"窗体存在则登录成功，否则登录失败。在这里使用了 Exist(n)方法，该方法的含义是检测某个测试对象是否存在，参数 n 表示最多可等待 n 秒，即若被检测的对象在 n 秒内未出现，那么就判定该对象不存在。同时，这段代码中也使用了 Reporter 对象，它的作用是往测试结果中发送信息。在这里使用了该对象的 ReportEvent 方法，该方法具体的语法格式为：Reporter.ReportEvent Eventstatus, ReportStepName, Details[,ImageFilePath]，其中 Eventstatus 表示报告的状态，包括 micPass(成功)、micFail(失败)、micDone(完成)和 micWarning(警告)4 种状态，这 4 种状态也可以分别用 0、1、2 和 3 来表示；ReportStepName 表示在报告中报告步骤的具体名称；Details 表示对报告的详细描述；最后一项 ImageFilePath 是可选项，主要是在报告中显示 BMP、PNG、JPEG、GIF 等格式的图片。这段代码完成了自定义检查点的插入，自定义检查点是通过使用内部 VBScript 语句来验证运行值和期望结果是否一致。自定义检查点使用条件语句对检查点进行判定，并将判定结果输出到 Run Results 中。

5. 用户名和密码参数化

登录业务共设计有 5 个测试用例，实际上就是 5 组不同的测试数据重复执行相同的测试脚本，这可以通过参数化技术来实现。在这里采用数据表参数化，将用户名和密码的参数值分别存入数据表的 "UserName" 和 "Password" 两列中，具体操作步骤如下：

(1) 在关键字视图中，单击用户名的 "值" 列中的 🔁 按钮，进入 "值配置选项" 对话框。在该对话框中选择 "参数" 单选项，参数类型选择 "Data Table"，参数名输入 "UserName"，数据表选择 "全局表"，如图 5-58 所示。

同样的方法，将密码也参数化，参数名为 "Password"。完成该设置后，在登录业务的全局表中分别建立了 "UserName" 列和 "Password" 列，如图 5-59 所示。

图 5-58　参数化过程

图 5-59　参数化后数据表样式

参数化后，脚本中的两行代码变成如下形式：

```
Dialog("Login").WinEdit("Agent Name:").Set DataTable("UserName", dtGlobalSheet)
Dialog("Login").WinEdit("Password:").Set DataTable("Password", dtGlobalSheet)
```

可以手动地在表中增加测试数据，本次设计的 5 个测试用例所涉及的数据可以分别添加到表中。

(2) 设置脚本执行的次数。由于测试数据不止一组，所以需要设置脚本的循环执行次数，以保证每组数据都能够被执行到。具体设置方法是：单击菜单 "文件→设置"，打开测试设置对话框，选择 "运行" 选项卡，将数据表执行的迭代方式选择为 "在所有行上运行"。通过该设置就可以实现 UFT 循环执行所有行的参数。

6. 添加测试步骤

经过以上设置后，对脚本进行回放，会发现当 UFT 执行完第一行参数后就报错，如图 5-60 所示。

图 5-60　运行错误提示信息

这是因为第二次执行参数时，Flight Reservation 应用程序的登录页面并没有打开，所以就无法完成脚本的执行。因此，为了使多行参数能自动执行下去，需要在脚本的第一行增加打开登录页面的代码，具体代码如下：

```
SystemUtil.Run "C:\Program Files\HP\Unified Functional Testing\samples\flight\app\flight4a.exe"
```

上述代码的意思是利用 SystemUtil 对象的 Run 方法打开被测试的软件，Run 后面的一串代表的是应用程序的名称。因为在脚本中使用 Run 方法打开软件，所以在脚本回放时就不需要再选择"下面指定的程序"。需要更改相关设置，设置方法是：打开"录制和运行设置"对话框，选择"UFT 打开的应用程序"，具体如图 5-61 所示。

再次运行测试脚本，发现这次在执行到第三行参数时报错，并且执行第二行参数的时候执行结果显示的是登录成功。出现这些错误的原因是：第一，执行完第一行参数时，新建订单页面处于打开状态，所以在执行第二行的时候显示登录成功；第二，执行完第二行参数时，登录窗口仍处于打开状态，而在执行第三行参数时又重新打开登录窗口，所以对象就无法识别了。为解决以上问题，首先应该在对象存储库中加入以下对象：登录窗体的"Cancel"按钮、登录错误提示窗体及其子对象，加入新对象后对象存储库中对象存储情况如图 5-62 所示。

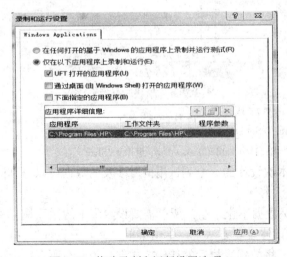

图 5-61　修改录制和运行设置选项

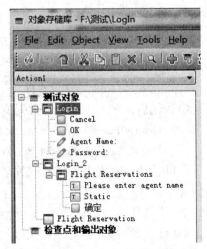

图 5-62　添加完对象后

接下来修改测试脚本，修改后的测试脚本如下所示：

```
If    Window("Flight Reservation").Exist(5)          Then
        Reporter.ReportEvent micPass,"登录","登录成功"
        Window("Flight Reservation").Close
    Else
        Reporter.ReportEvent micFail,"登录","登录失败"
        Dialog("Login_2").Dialog("Flight Reservations").WinButton("确定").Click
        Dialog("Login").WinButton("Cancel").Click
    End If
```

7. 设置 UFT 自动捕捉错误提示信息

当非法用户信息登录系统时，需要 UFT 自动捕捉错误提示信息，并在测试结果中输出。捕捉错误提示信息的脚本代码如下：

```
Dim err_message
    err_message=Dialog("Login_2").Dialog("Flight Reservations").Static("Please enter agent name").GetROProperty("text")
        Reporter.ReportEvent micFail,"登录失败","错误提示信息为:"&err_message
```

8. 为脚本添加注释

通常要为脚本添加必要的注释，以增加脚本的可维护性、可读性和重用性。添加注释后的脚本如下：

```
'脚本功能：Flight Reservation 系统的登录操作
'脚本说明：
'    (1) 对登录名和密码进行了参数化
'    (2) 启用了自定义检查点
'作者：XXXX
'日期：2016.6.21
'打开软件
SystemUtil.Run "C:\Program Files\HP\Unified Functional Testing\samples\flight\app\flight4a.exe"
'在用户名文本框中输入用户名，用户名已参数化，参数化变量为 UserName
Dialog("Login").WinEdit("Agent Name:").Set DataTable("UserName", dtGlobalSheet)
'在密码文本框中输入密码，密码已参数化，参数化变量为 Password
Dialog("Login").WinEdit("Password:").Set DataTable("Password", dtGlobalSheet)
'单击 OK 按钮
Dialog("Login").WinButton("OK").Click
'判定 Flight Reservation 窗体是否存在
If Window("Flight Reservation").Exist(5) Then
'将正确的登录信息输出到测试结果报告中
    Reporter.ReportEvent micPass,"登录","登录成功"
'关闭 Flight Reservation 窗体
```

```
        Window("Flight Reservation").Close
    Else
    '定义错误提示信息变量
        Dim err_message
    '获取错误提示信息
        err_message=Dialog("Login_2").Dialog("Flight Reservations").Static("Please enter agent name").
GetROProperty("text")
        '将错误提示信息输出到测试结果报告中
        Reporter.ReportEvent micFail,"登录失败","错误提示信息为:"&err_message
    '点击确定按钮,关闭错误提示信息对话框
        Dialog("Login_2").Dialog("Flight Reservations").WinButton("确定").Click
    '点击 Cancel 按钮,关闭登录对话框
        Dialog("Login").WinButton("Cancel").Click
    End If
```

5.5.4　调试和运行测试脚本

　　脚本修改完成后,需要将登录业务脚本回放一遍,检查脚本的运行是否与预期一致。当脚本回放成功后,默认情况下会弹出测试报告。运行结果的整体情况如图 5-63 所示。

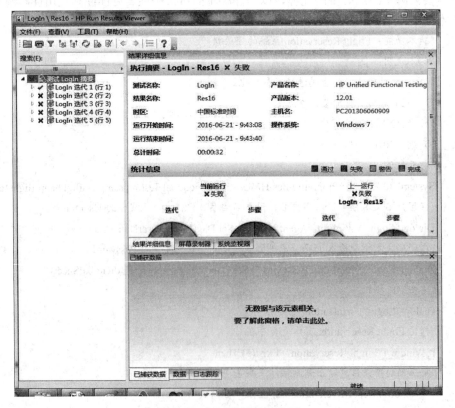

图 5-63　运行结果整体情况

5.5.5　测试结果分析

从测试结果来看，5 组测试数据共迭代运行了 5 次。其中第 1 组数据是合法的用户信息，登录成功了，后 4 组是非法用户信息，登录失败了。具体的执行结果如图 5-64 至图 5-68 所示。

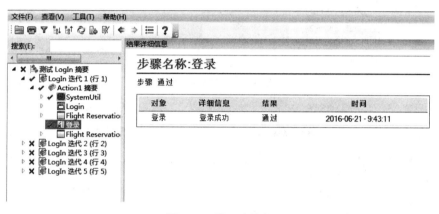

图 5-64　第一次迭代

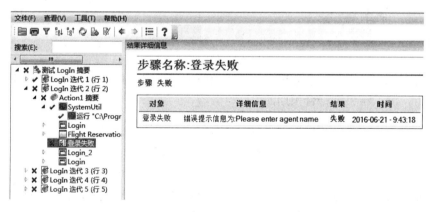

图 5-65　第二次迭代

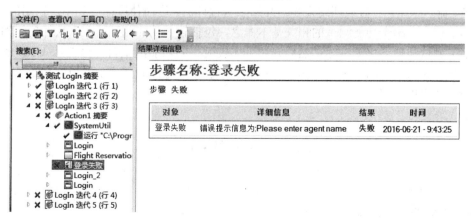

图 5-66　第三次迭代

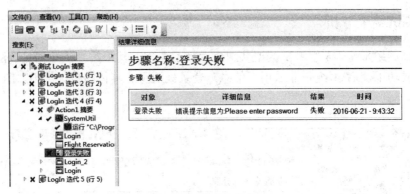

图 5-67　第四次迭代

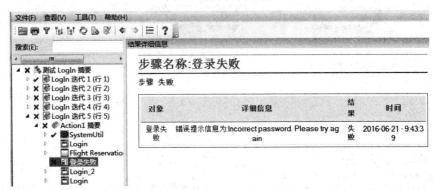

图 5-68　第五次迭代

　　通过对测试报告进行仔细分析，登录失败时的错误提示信息可以在测试报告中看到。总体上来看，测试结果是符合预期的。

本 章 小 结

　　功能测试又称黑盒测试或数据驱动测试，只需考虑需要测试的软件的各个功能，不需要考虑整个软件的内部结构及代码。一般从软件产品的界面、架构出发，按照需求编写测试用例、输入数据，再对预期结果和实际结果进行评测，进而使产品达到用户使用的要求。

　　本章首先介绍了功能测试的相关基本概念，包括软件功能测试需求、软件功能测试过程、手工测试和自动化测试等；然后介绍了比较流行的功能测试自动化工具 UFT 的具体使用方法；最后以 UFT 自带的样例程序 Flight Reservations 的登录功能为例介绍了自动化测试的具体实现流程。

思考与练习

1. 单项选择题

(1) 测试需求分析过程包括哪三个环节？(　　)

A) 需求采集-需求分析-需求评审　　　　　　B) 需求采集-需求评审-需求确认

C) 需求分析-需求设计-需求评审　　　　　　D) 需求分析-需求评审-需求确认

(2) 系统测试人员在填写软件缺陷报告时，下面哪一项是不需要填写的信息？(　　)

A) 分类信息(严重等级、优先级、缺陷类型)　　　B) 由谁报告这个缺陷

C) 重现这个缺陷的步骤　　　　　　　　　　　D) 这个缺陷是如何解决的

(3) 适合做自动化测试的项目有(　　)。

A) 系统业务逻辑和交互过于复杂的项目　　　　　　B)周期短或一次性的项目

C) 软件不稳定，且用户界面和功能频繁变化的项目　　D)增量式开发、持续集成项目

(4) UFT 支持的编码语言是(　　)。

A) C　　　　　　　B) VB　　　　　　C) VBScript　　　　D) JavaScript

(5) 启动 UFT 后，会弹出加载插件(add-in)对话框，对插件的选择描述正确的是(　　)。

A) 插件的选择和被测对象控件没有关系，可随意选择加载

B) 不加载任何插件，也可以正常的进行自动测试工作

C) 加载的插件不能识别对象控件时，可在打开的 UFT 菜单中直接进行设置

D) 能够成功识别对应插件的测试对象控件

2. 简答题

(1) 启动 UFT 时，加载插件的目的是什么？

(2) 简述什么是自定义检查点及其使用步骤。

(3) 简述什么是关键字，什么是关键字驱动测试。

(4) 使用步骤生成器定义新步骤的过程是什么？

3. 上机练习题

(1) 被测程序：UFT 自带的 Flight 样本程序。

(2) 测试脚本要求：

① 使用 Systemutil.Run 打开程序。

② 将 Login、New Order、Open Order、Logout 四个操作分为 4 个 Action，并分别命名为 01_Login、02_New Order、03_Open Order、04_Logout。

③ 将 Action: 02_New Order 操作中需要的数据 Fly From、Fly To、Name、Tickets 进行参数化，并为每个变量设置 3 个数据值。

④ 将 Action: 02_New Order 操作中得到的 Order No.作为输出参数输出到数据表。

⑤ 在 Action: 03_Open Order 中将数据表里的 Order No.作为输入参数，并在 Open Order 操作中设置检查点，检查该 Order No.中生成的 Date of Flight、Fly From、Fly To、Name 等信息是否与 02_New Order 中的输入值一致，并将检查结果打印在 Report 中。

⑥ 关闭程序。

(3) 导出运行脚本 Report 的 PDF。

(4) 交付产物：脚本要求①～⑥的内容；Report PDF(测试运行结果)。

第6章 软件性能测试

本章首先介绍性能测试的概念、目标和方法，然后通过组建性能测试团队、制定性能测试计划、设计性能测试方案、搭建性能测试环境、执行性能测试、分析性能测试结果等内容详细介绍软件性能测试过程，最后介绍常用的性能测试工具及其实践，通过实际案例，对测试过程进行验证。

6.1 软件性能测试基础

随着计算机网络应用的普及和软件行业的发展，软件系统已逐渐应用于人们生活的各个领域，对工业、农业、交通、商业、教育、金融、医疗、娱乐等领域产生了巨大影响。大型应用软件在不同应用环境的迅速普及，使软件性能的重要性日益凸现。软件性能不好不仅影响工作效率，浪费大量宝贵时间，还会造成系统崩溃瘫痪甚至数据丢失。软件性能已经成为衡量软件产品质量的一个重要标准。

软件系统开发至今已经从单机应用时代过渡到 Web 应用系统占主导地位的时代，而且，近年来随着物联网、"互联网+"、移动通信、大数据等技术的兴起，极大地促进了 Web系统的快速发展和广泛应用，同时带来数据量和并发用户访问量的迅猛增加，进而出现软件执行速度慢、处理能力下降、应用系统反应迟缓、服务失效等现象。同时，现代新技术使应用系统规模不断扩大，体系结构和运行方式日趋复杂且多样化，软件仅在功能上符合要求已经不能满足用户的实际需要，还要检验和测试整个软件系统是否达到了性能和可靠性的预期目标，如响应时间、资源利用率、吞吐量、并发用户数、点击率等，这些都对Web 系统的性能提出了挑战。近年来，由于软件性能问题造成严重影响的案例很多，下面简单介绍发生在我国的几个经典案例。

案例1 12306 火车票网上订票系统

国内 12306 铁道部火车票网上订票系统历时两年研发成功，耗资 3 亿元人民币，于 2011年 6 月 12 日投入运行。2012 年 1 月 8 日春运启动，9 日网站点击量超过 14 亿次，系统出现网站崩溃、登录缓慢、无法支付、扣钱不出票等严重问题。2012 年 9 月 20 日，由于正处中秋和"十一"黄金周，网站日点击量达到 14.9 亿次，发售客票超过当年春运最高值，网站再次出现网络拥堵、重复排队等现象。12306 网站发生故障的根本原因在于系统架构规划以及客票发放机制存在缺陷，无法支持如此大并发量的交易。

案例2 2008 北京奥运会售票系统

2007 年 10 月 30 日，北京奥运会门票面向境内公众第二阶段预售正式启动。当日上午，公众提交申请空前踊跃。上午 9 时至 10 时，官方票务网站的浏览量达到了 800 万次，由于瞬间访问数量过大，技术系统应对不畅，造成很多申购者无法及时提交申请，网站于 2007

年 10 月 30 日上午 11 时瘫痪。针对订票系统因瞬间超大访问量而造成拥堵的情况，票务中心负责人表示，由于对广大公众的订票需求估计不足，准备工作存在缺陷，给大家申请购票造成不便，因此暂停第二阶段网上门票销售。

案例 3　券商交易系统

近年来，多个券商交易系统不堪天量交易重负，一度陷入崩溃状态，频频出现客户无法登录、查询失败、报单无法成交、撤单无法执行等故障。如用户无法登录并弹出对话框提示："后台系统繁忙，请稍后再试。"或在查询账户持仓状态时，交易系统显示"温馨提示：您的请求过于频繁，请稍后再试。"据券商交易系统的技术部门分析，早盘市场投资热情较为活跃，短时间内成交量太大，是造成券商交易系统难以承压的原因之一。

6.1.1　性能测试的概念

1. 软件性能

1) 基本概念

软件性能是衡量软件非功能特性的一种重要指标，从广义上来说，它是指一个软件系统的执行效率、资源占用、稳定性、安全性、兼容性、可扩展性、可靠性等等；从狭义上来说，它表明软件系统或构件对时间及时性和资源经济性的要求。其中，时间及时性反映了软件系统运行时的执行效率，通常用系统响应时间或吞吐量来衡量。当用户对系统完成特定功能请求时，系统作出响应所需要的时间(响应时间)越短，或者特定时间内系统能够处理的请求数量(吞吐量)越多，则意味着软件的性能越好。资源经济性是系统存储能力和处理能力的体现，反映了软件系统运行时对各系统资源的利用情况，通常用存储资源占用率、CPU 资源占用率等来衡量。目前，由于计算机硬件设备技术和配置发展迅速，计算机存储能力和处理能力不断提升，使人们对软件性能的要求在时间及时性方面的关注度高于对资源经济性的关注度。

IEEE 对软件性能的描述是：软件性能是软件的固有特性，表现为执行软件某一功能所消耗的时间。

GB/T 16260.1—2006 在对软件工程产品质量的质量模型定义中，将软件质量划分为功能性、可靠性、易用性、效率、维护性、可移植性等 6 大特性。其中，效率就是对于软件性能的要求，即效率定义为：在规定的条件下，相对于所用资源的数量，软件产品可提供适当性能的能力。而且将效率进一步分解为时间特性、资源利用性和效率依从性三个子特性，时间特性描述了在规定条件下，软件产品执行其功能时，提供适当的响应和处理时间以及吞吐率的能力；资源利用性描述了在规定条件下，软件产品执行其功能时，使用合适数量和类别的资源的能力；效率依从性描述了软件产品遵循与效率相关的标准或约定的能力。

2) 软件性能的关注角度

软件性能是应用系统特别是 Web 应用程序成功的一个重要因素，是软件系统执行效率和能力的体现。软件性能不仅与应用系统的软硬件平台、操作系统、服务软件、网络带宽和工作负载等因素有关，还因人们所关注的角度不同而存在差异。下面分别从用户、管理员和软件开发人员三个不同角度来进一步分析和认识软件性能。

(1) 从系统用户角度分析：软件性能就是软件对系统用户操作的响应时间，即当用户实际使用应用系统时，从执行一个功能操作(如在程序界面中点击某个按钮，或发送一条指令，或点击一个连接)开始到系统将相应的运行结果返回给用户所消耗的时间。软件响应时间越短，意味着软件性能越好。

(2) 从系统管理员角度分析：软件性能不仅包括系统的响应时间，还包括为用户提供稳定、持续服务的系统状态信息，如资源利用率、系统可扩展性、系统容量、系统稳定性、系统的可用性和可靠性等方面。系统管理员依据系统的 CPU 利用率、内存使用率、应用服务器和数据库服务器的资源使用状况、系统扩展能力、系统支持的最大用户数、最大业务处理量、数据量变化幅度、系统的性能瓶颈等状态信息，分析如何提高软件性能，以确保应用系统能够稳健可靠地持续提供服务。

(3) 从系统开发人员角度分析：软件性能不仅包括系统用户、系统管理员所关注的内容，还包括制约系统整体性能的内部因素，如系统软件架构、代码结构、算法复杂度、数据库结构等对软件性能的影响，并分析可能造成软件性能瓶颈的因素，通过对系统整体架构和软件内容结构的综合规划与设计，改进和完善应用系统内部因素对软件性能的影响。

3) 软件性能的评价指标

目前，软件性能的评价指标的分类方法很多，根据应用系统所处的环境结构可将其分为 Web 资源性能指标、服务器性能指标、中间件性能指标、数据库性能指标、网络性能指标和其他性能指标。

• Web 资源性能指标：应用系统针对用户请求所作出的响应情况，包括吞吐量、每秒点击次数、每秒响应数、每秒事务数、事务成功总数、事务失败总数、事务通过率等。

• 服务器性能指标：通常涉及 Web 服务器、数据库服务器、中间件服务器的硬件资源相关性能指标和软件参数配置，如服务器的 CPU 处理器、内存、磁盘 I/O 等。

• 中间件性能指标：主要指应用系统中涉及的消息中间件、交易中间件、对象中间件、应用中间件等中间件中使用的参数配置对系统整体性能的影响。

• 数据库性能指标：主要是指访问数据库服务器的占用率、内存使用空间、缓存命中率、每秒用户连接数、每秒死锁数量等。

• 网络性能指标：主要指影响网络性能的网络延迟时间、网络带宽占用率等性能指标。

• 其他性能指标：如用户访问 Web 页面的下载时间、解析时间、连接建立时间、接收时间、验证时间、错误时间等。

此外，还可以运用性能模型对软件的性能进行评价。性能模型提供了由一系列性能指标构成的性能度量标准，主要用来预测响应时间、资源利用率和系统吞吐量。一般而言，典型的性能度量指标有响应时间、系统吞吐量、系统资源利用率、并发用户数目、TPS、点击率、网络流量统计、标准偏差、资源请求队列长度等指标。下面介绍几种常见的软件性能度量指标：

(1) 响应时间。响应时间也称为等待时间，从用户角度看，它是指从客户端发出一个请求到获得服务器返回结果的整个过程所经历的时间，时间单位通常用秒或毫秒来表示。完整的响应时间是应用程序涉及的全部组件对操作响应时间的总和，包括客户端、应用服务器、数据库服务器、网络连接等等。典型 Web 应用系统的请求过程的分解如图 6-1 所示。其中，请求的网络传输时间为 N1 + N2 + N3 + N4；Web 服务器处理时间为 A1 + A3；数据库服务器处理时间为 A2；客户端处理时间为 C1 + C2。但由于客户端处理时间 C1 + C2 不能反映 Web 应用系统自身的性能，因此用户对 Web 应用系统发出请求的响应时间通常用网络传输时间和服务器处理时间来表示，即系统响应时间 = (N1 + N2 + N3 + N4) + (A1 + A2 + A3)。一般来讲，响应时间会随着客户机请求数量的增加而增加，通常系统处于低负载时，响应时间增加的比较缓慢；系统处于高负载时，系统处理请求的服务资源相对缺乏，需排队等候，因此响应时间会急剧增加。

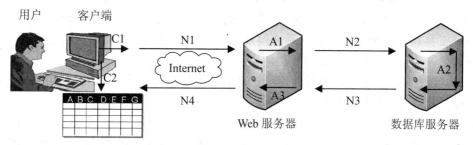

图 6-1　典型 Web 应用系统的请求过程

(2) 吞吐量。吞吐量是指在单位时间内应用系统处理客户请求的数量，常用请求数/秒或页面数/秒表示。软件性能以追求高吞吐量为目标。实际应用中，吞吐量可以用每天的访问者数或每天页面的浏览次数来衡量，也可以用字节数/天或字节数/小时来考察网络流量。该指标测试的是实际的数字，而不是最大的能力，但是它能够说明系统级别的负载能力。一般地，当系统处于轻负荷时，吞吐量会根据客户机请求的数量适当地增加；当客户机的请求数量继续增加时，它会达到峰值点，然后开始下降。因此，在性能测试和性能调优过程中，吞吐量都是一个非常值得重点关注的指标，可以通过分析系统吞吐量来进一步确定 Web 应用系统的软硬件参数，或通过识别性能瓶颈以改进和提高应用和系统性能等。在很多情况下，吞吐量与响应时间都是相关联的，通常具有较长响应时间的站点其吞吐量会较小。

(3) 资源利用率。资源利用率是指系统各资源的使用程度，如服务器的 CPU、内存、磁盘、网络带宽等资源的利用率。通过分析这些数据就可评估系统对资源的要求和可能出现的瓶颈，它是分析系统性能指标进而改善性能的主要依据，常用所占资源的最大可用量的百分比来衡量。通常，资源利用率与用户负载成正比，但是当到达一定数量时，随着用户量持续增长，利用率将保持在一个恒定的值上，此时已经达到资源的最大使用度。当一种资源的利用率的恒定值保持在 100% 时，说明该资源已经成为系统的瓶颈，那么提升这种资源的容量，就可以增加系统的吞吐量并缩短等待时间。

(4) 并发用户数。并发用户数是指在特定时间内系统能够同时处理的用户请求数目。该性能指标直接反映软件系统(服务端)承受最大的并发访问量的能力，通常用并发用户数请求/秒来衡量。实际上，并发用户数刻画的是某一时刻系统同时提交的用户请求数量，仅仅是对系统某个瞬时状态的反映，不能完全体现系统的整体性能。在性能测试过程中，可以使用性能测试工具模拟用户的真实行为和访问系统的用户数，并分析同一时间段内访问被测系统的最大用户数，以便真实反映实际用户访问时系统的性能。

2. 软件性能测试

软件性能测试用于测试软件在系统中的运行性能，它可以发生在各个测试阶段，但只有在系统测试阶段才能检查一个系统的真正性能。目前，业界对于软件性能测试还没有形成统一的定义，不同研究者从不同角度给出了软件性能测试的相关定义。

(1) 从软件工程角度看：软件性能测试是为了检验系统或系统部件是否达到需求规格说明中规定的各类性能指标，并满足一些性能相关的约束和限制条件，它必须对系统或系统部件具有的性能(例如速度、精度、频率)做出规定的要求。

(2) 从软件测试活动角度看：软件性能测试是指通过自动化的测试工具模拟多种正常值、峰值以及异常负载条件，进而对系统的各项性能指标进行测试的活动。

(3) 从软件测试生命周期角度看：软件性能测试是通过模拟真实用户的操作，借助自动化测试工具和性能测试指标验证系统性能是否符合用户预期的需求，以及发现性能瓶颈，报告并评估系统整体性能而进行的测试。

另外，还有研究者认为，软件性能测试是信息的收集和分析过程，并利用收集的数据预测怎样的负载水平将耗尽系统资源。

总之，软件性能测试是为了保证应用程序具有良好的性能，同时考察在不同的用户负载下，Web 对用户请求作出的响应情况，以确保将来系统运行的安全性、可靠性和执行效率。通常，狭义的软件性能测试主要用于描述常规的性能测试，即通过模拟系统运行的业务压力或用户使用场景来验证软件性能指标、分析性能瓶颈、评估系统整体性能、完成系统性能优化等过程，以满足用户对实际系统性能的要求；广义的软件性能测试则是指测试过程中与广义软件性能概念中相关特性的测试的统称，如压力测试、负载测试、强度测试、容量测试、可靠性测试、稳定性测试、健壮性测试、并发(用户)测试、配置测试、疲劳强度测试、大数据量测试、兼容性测试、可扩展性测试等和性能相关的测试。对上述广义软件性能测试所包括的测试可简单描述如下：

(1) 压力测试：通过确定一个系统的瓶颈或者不能接受的性能点，来获得系统能够提供的最大使用极限的测试。

(2) 负载测试：确定在各种工作负载下系统的性能，目标是测试当负载逐渐增加时，系统各项性能指标(如响应时间、内存、负载等)的变化情况。负载测试通过模拟真实环境对软件应用程序和支撑架构进行分析，从而确定系统的真实性能。

(3) 强度测试：确定在系统资源特别少的条件下软件系统的运行情况。

(4) 容量测试：在用户可接受的响应范围内，确定系统可处理同时在线的最大用户数。

(5) 可靠性测试：当系统在一定的业务压力下持续运行一段时间，观察系统是否达到要求的稳定性，此处强调在一定业务压力下持续运行的能力。可靠性测试必须给出一个明确的要求，比如可以施加让 CPU 资源保持在 70%~90%使用率的压力，连续对系统测试 8 个小时，然后根据结果分析系统是否稳定。

(6) 稳定性测试：通过给系统施加一定的业务压力，让系统持续运行一段时间，测试系统在这种条件下能否稳定运行。

(7) 健壮性测试：指对测试软件在异常情况下能正常运行的能力的测试，此处所指的异常情况包括突发故障、过多的用户数以及资源过少等情况。

(8) 并发测试：这一测试过程是一个负载测试和压力测试的过程，即逐渐增加负载，直到系统的瓶颈或者不能接受的性能点，然后通过综合分析交易执行指标和资源监控指标来确定系统并发性能的过程。它重点关注多个用户同时访问同一个应用、模块或者数据时是否存在死锁或者其他性能问题，如内存泄漏、线程锁、资源争用等问题。

(9) 配置测试：通过对被测系统的软硬件环境的调整，了解各种不同环境对性能影响的程度，从而找到测试各项资源的最优分配方案。配置测试主要包括服务器硬件资源配置和中间件、数据库等相关软件的参数配置，是系统调优的重要依据。

(10) 疲劳强度测试：以系统稳定运行情况下能够支持的最大并发用户数或者日常运行用户数持续执行一段时间业务，然后通过综合分析交易执行指标和资源监控指标确定系统能够处理的最大工作强度的过程。

(11) 大数据量测试：侧重点在于数据量的测试，包括独立的数据量测试和综合数据量测试。独立的数据量测试针对某些系统存储，传输、统计、查询等业务进行大数据量测试，而综合数据量测试一般和压力性能测试、负载性能测试、疲劳性能测试相结合。大数据量测试的关键是测试数据的准备，可以利用工具准备测试数据。

(12) 兼容性测试：是指在特定的或不同的硬件、网络环境和操作系统平台上、不同的应用软件之间，验证软件系统能否正常运行，以及能否正确存取原先版本的用户数据所进行的测试。兼容性测试通常可以分为三大类，包括硬件兼容性测试、软件兼容性测试和数据兼容性测试。

6.1.2　性能测试的目标

通过前面章节知识的学习，可以获知软件性能是衡量系统(特别是 Web 应用程序)是否成功的一个重要指标，是软件系统执行效率和能力的体现。对用户来说，性能有时比功能更重要。根据美国 Zona 研究公司的早期调查报告显示：页面的下载时间减少 1 s，用户的放弃率从 30% 下降到 6%～8%，由于性能问题，超过 34% 的用户没有从最初访问的网站购买商品，而其中的 21% 后来从别的网站购买了商品。据估计，网站的性能问题造成全球商务网站每年损失 43.5 亿美元，占总损失的 15%。因此，软件性能测试在软件的质量保证中起着重要的作用。要保证 Web 应用程序达到预期的性能，提升系统综合服务能力，就必须进行性能测试。只有通过性能测试，提高系统的执行效率、健壮性、可靠性和安全性，才能保证产品发布后能够满足用户的性能需求，才有信心将它投入市场。那么软件性能测试的目标是什么？如何才能知道应用系统的性能测试是否达到用户真实环境下的性能需求？

1. 软件性能测试的总体目标

软件性能测试的总体目标在于通过模拟真实负载，确认软件系统是否能达到用户使用需求，并找出可能存在的性能瓶颈或缺陷，然后收集测试结果并分析产生缺陷的原因，提交总结报告，达到改进、优化系统性能的目的，从而保证程序在实际运行中能够提供良好和可靠的服务。

2. 基于任务的软件性能测试目标

通常，可将软件性能测试目标划分为四个目标，即能力验证、规划能力、性能调优和缺陷发现。执行软件性能测试，一般是基于以上 4 个目标的部分或全部。

(1) 能力验证是验证系统在给定的条件下处理性能是否达到设计目标与用户要求，其重点在于验证系统是否具备某种能力，一般采取的描述方式为：某系统能否在条件 A 下具备 B 性能。在日常的性能测试中，以能力验证为目标的测试是最多的。

(2) 规划能力是探测系统在给定的条件下的极限处理能力，即通过系统在不同软硬件环境、配置下的性能表现，总结系统如何才能达到要求的性能指标，一般采取的描述方式为：系统如何才能支持未来用户增长的需要。规划能力和能力验证有相似之处，但还是存在一些不同的地方，能力验证强调的是在某个条件下具备什么样的能力，而规划能力强调的则是未来能力增长的一个需求，着眼于未来系统的规划。

(3) 性能调优是通过测试来调整系统环境的各参数配置，最终使系统性能达到最优的状态。这是一个持续调优的过程，主要调优对象有数据参数、应用服务器、系统的硬件资源等。性能调优对技术、人员、系统配置等都要求较高，实现难度较大。

(4) 缺陷发现是指通过性能测试的手段来发现功能测试难以发现的系统缺陷。

3. 基于应用的软件性能测试目标

中国软件评测中心将性能测试概括为三个方面：应用在客户端的性能测试、应用在网络上的性能测试和应用在服务器端的性能测试。通常情况下，只有将这三方面的测试有效、合理地结合，才可以达到对系统性能全面的分析和对系统性能瓶颈的预测。

(1) 应用在客户端的性能测试。应用在客户端的性能测试的目的是考察客户端应用的性能，测试的入口是客户端。它主要包括并发性能测试、疲劳强度测试、大数据量测试和速度测试等，其中并发性能测试是重点。

(2) 应用在网络上的性能测试。应用在网络上的性能测试重点是利用成熟先进的自动化技术进行网络应用性能监控、网络应用性能分析和网络预测。

(3) 应用在服务器端的性能测试。应用在服务器上的性能测试是重中之重，它实现了服务器设备、服务器操作系统、数据库系统、应用在服务器上性能的全面监控。如何在已有 Web 服务器基础上测试服务器的性能，并从硬件、服务器软件和应用负载 3 个层面上优化和提高性能是当前的研究热点之一，它的关键问题包括选择负载、如何在最短时间内测得当前系统的性能、如何找出应用性能的瓶颈并解决瓶颈问题以及如何配置硬件服务器才能达到最优性价比(即服务器性能对体系结构的要求)。

4. 基于性能指标的软件性能测试目标

在软件测试过程中，也有人将性能测试看作一种"黑盒测试"，其测试的主要目标表现在以下几个方面：

(1) 度量最终用户实际响应时间。查看用户执行业务流程以及系统响应的时间。

(2) 度量系统支持的并发用户数。可以针对两种情况：在系统可以接受的性能水平下，系统支持的最大并发用户数目；在系统崩溃前的临界情况下，系统支持的并发用户数目。

(3) 确定应用系统的瓶颈。运行测试以确定系统的瓶颈，并确定哪些因素导致性能下降，例如文件锁定、资源争用和网络过载等因素。

(4) 检测系统的软硬件配置。检测系统软硬件配置的更改对系统整体性能的影响。其中，硬件如内存、CPU、缓存、适配器、调制解调器等；软件需要了解系统体系结构，并度量不同系统配置下的应用程序响应时间，从而确定在哪一种设置下性能最理想。

(5) 度量系统的可伸缩性。在用户可忍受的范围内可以处理的最大数据量等。

(6) 度量系统资源的利用率。系统在不同用户负载下各种资源的利用情况。

(7) 检查可靠性。确定系统在连续的高工作负载下的稳定性级别。强制系统在短时间内处理大量任务，以模拟系统在一定时期内通常遇到的活动类型。

(8) 查看软硬件升级情况。执行回归测试时，对新旧版本的硬件或软件进行比较，查看软件或硬件升级对响应时间(基准)和可靠性的影响。

6.1.3　常用性能测试方法

对于企业应用程序，有许多性能测试的方法，其中一些方法实行起来要比其他方法困难。所要进行的性能测试的类型取决于想要达到的结果。例如，对于可再现性，基准测试是最好的方法。而要从当前用户负载的角度测试系统的上限，则应该使用容量规划测试。下面将对几种性能测试的方法进行分析研究。

1. 软件性能测试方法

1) 从测试技术角度划分

软件性能测试方法依据测试过程中采用的技术不同，可以分为 4 种：基准测试方法、性能规划测试方法、渗入测试方法和峰谷测试方法。

(1) 基准测试。基准测试是在同一测试环境下，实现对同一类测试对象的某项性能指标的可对比性测试。基准测试的关键在于能获得一致的、可再现的结果，它考察的是在影响系统性能的某种因素变化而其他条件不变的情况下，该因素变化对系统性能的影响。可再现的结果能带来两个好处：减少重新运行测试的次数；提高测试的产品和产生的数字的可信度。

(2) 性能规划测试。对于性能规划类型的测试来说，其目标是确定在特定的环境下给定应用程序的性能可以达到何种程度。此时可重现性就不如在基准测试中那么重要了，因为性能规划测试中通常都会引入随机因子。引入随机因子的目的是尽可能地模拟具有真实用户负载的现实世界应用程序。通常，性能规划测试的具体目标是找出系统在特定的服务器响应时间下支持的最大在线用户数。例如，为了确定如果要以 5 秒或更少的响应时间支持 8000 个在线用户，需要多少个服务器。

(3) 渗入测试。渗入测试是一种比较简单的性能测试。渗入测试所需时间较长，它使用固定数目的并发用户测试系统的总体健壮性。这些测试将会通过内存泄漏、增加的垃圾收集(GC)或系统的其他问题，显示因长时间运行而出现的任何性能降低。测试运行的时间越久，对系统就越了解。运行两次测试是一个好主意：一次测试使用较低的用户负载(应小于系统容量，以防出现执行队列)，另一次测试使用较高的用户负载(以便出现积极的执行队列)。

测试应该运行几天的时间，以便真正了解应用程序的长期健康状况。要确保测试的应用程序尽可能接近现实世界的情况，用户场景也要与现实世界一致，从而测试应用程序的全部特性。确保运行了所有必需的监控工具，以便精确地监测并跟踪问题。

(4) 峰谷测试。峰谷测试兼有容量规划 ramp-up 类型测试和渗入测试的特征。其目标是确定从高负载(例如系统高峰时间的负载)恢复、转为几乎空闲，然后再攀升到高负载、再降低的能力。

实现这种测试的最好方法就是进行一系列的快速 ramp-up 测试，继之为一段时间的平稳状态(取决于业务需求)，然后急剧降低负载，此时可以令系统平息一下，然后再进行快速的 ramp-up；反复重复这个过程，这样可以确定以下事项：第二次高峰是否重现第一次的峰值，其后的每次高峰是等于还是大于第一次的峰值。在测试过程中，系统是否显示了内存或 GC 性能降低的有关迹象。测试运行(不停地重复"峰值/空闲"周期)的时间越长，对系统的长期健康状况就越了解。

2) 从测试逻辑和应用角度划分

依据应用类型和侧重点的不同，目前主要有以下四种软件性能测试方法：虚拟用户方法、WUS 方法、对象驱动方法和目标驱动方法。

(1) 虚拟用户方法。通过模拟真实用户的行为来对被测程序(Application Under Test，AUT)施加负载，以测量 AUT 的性能指标值，如事务的响应时间、服务器的吞吐量等。它以真实用户的商务处理(用户为完成一个商业业务而执行的一系列操作)作为负载的基本组成单位，用虚拟用户来模拟真实用户。负载需求如并发虚拟用户数、商务处理的执行频率等通过人工收集和分析系统使用信息来获得。一些负载测试工具支持该方法，可用较少的硬件资源模拟成千上万个虚拟用户同时访问 AUT，并可模拟不同浏览器类型以及不同网络连接方式的请求，同时可实时监视系统性能指标，帮助测试人员分析测试结果。该方法有成熟的工具支持，比较直观，适合电子商务应用程序的测试，但确定负载的信息要依靠人工收集，准确性不高。

(2) WUS 方法。基于"网站使用签名(Website Usage Signature，WUS)"概念来设计测试场景，强调建立真实的负载。WUS 的提出是为了衡量测试负载和真实负载之间的接近程度，它是一系列能全面刻画负载的参数和测量指标的集合，包括每小时浏览的页面数/点击数、平均访问持续时间、每次访问平均浏览的页面数/点击数以及页面请求分布等。这些参数值可以从日志文件中得到。经常被访问的路径作为负载的组成单位。该方法认为只有当测试中的 WUS 和实际应用中的 WUS 基本相符时，测试才是有效的。该方法的优点是测试负载的数据来源于应用系统的实际运行数据，能反映和代表实际的负载情况；缺点是太依赖于日志文件，不适用于测试新开发的程序。

(3) 对象驱动方法。其基本思想是将 AUT 的行为分解成可测试的对象。对象可以是链接、命令按钮、列表框、消息、图像、可下载的文件、音频等。对象定义的粒度取决于应用程序的复杂性。一个 Web 网页可以用对象来递归定义，性能测试的过程也就变为测试每个对象或某些对象的集合，将这些对象的行为作为负载的组成单位。该方法通过将 AUT 分解为对象，使测试结构化程度高、可重用性好、结果清晰，因而适用于页面组件类型较丰富、业务复杂的应用程序；但由于过于强调局部组件的性能，使得这种方法难以反映用户对性能的实际感受。

(4) 目标驱动方法。它是基于目标的测试方法，核心思想就是使测试的所有执行活动均围绕测试一开始时制定的目标有针对性地进行测试，以减少冗余的测试和无价值的测试。并在此基础上通过模拟用户的行为脚本，来模拟真实用户的操作，进行 Web 性能测试。首先依据需求文档和系统运行过程中产生的日志文件制定测试目标，然后结合虚拟测试方法的原理和用户访问特征，模拟真实用户负载，产生测试报告，分析系统缺陷，最后优化系统性能。

3) 从测试类型角度划分

依据软件性能测试的不同测试类型或目标选择测试方法及测试指标，进而设计测试场景，从这个角度可将软件性能测试方法划分为负载测试、压力测试、容量测试、疲劳强度测试、配置测试、大数据量测试等等。

2. 性能测试方法选取策略

前面介绍了软件性能测试的几种方法，选取何种测试方法取决于业务需求、开发周期和应用程序的生命周期。但是，对于任何情况，在决定进行某一种测试前，都应该问自己一些基本问题。这些问题的答案将会决定哪种测试方法是最好的。

这些问题包括：

- 结果的可重复性需要有多高？
- 测试需要运行和重新运行几次？
- 您处于开放周期的哪个阶段？
- 您的业务需求是什么？
- 您的用户需求是什么？
- 您希望生产中的系统在维护停机时间中可以持续多久？
- 在一个正常的业务日，预期的用户负载是多少？

根据以上问题，测试者经过仔细的测试需求分析后将这些问题的答案与上述性能测试类型相对照，然后选取改进后的测试模型，将测试方法和测试模型进行综合应用，应该就可以制定出测试应用程序的总体性能的完美计划。

6.2 软件性能测试过程

软件性能测试的整个过程应遵循一定的测试流程，通常称这种流程为性能测试过程模型，它是对软件性能测试过程进行指导的方法论。下面介绍几种常见的性能测试过程模型。

1. LoadRunner 性能测试过程模型

LoadRunner 性能测试过程模型来自于软件测试工具厂商 Mercury Interactive 公司，目前该公司已被惠普公司收购。该模型将性能测试过程分为制定测试计划、设计测试方案、创建 VU 脚本、定义测试场景、运行测试场景和分析测试结果共六个步骤，如图 6-2 所示。

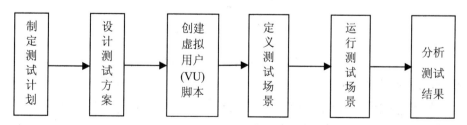

图 6-2　LoadRunner 性能测试过程模型

制定测试计划主要是定义性能测试需求；设计测试方案是对目标软件定义的测试需求设计测试用例；创建 VU 脚本的主要工作是利用脚本发生器为设计的测试用例创建操作脚本；定义测试场景是根据设计的性能测试方案设置测试场景，如用户数量、测试时长、并发策略、监控指标等的设计；运行测试场景是指执行设计好的测试场景，并观察整个测试过程中系统的各种性能指标的变化；分析测试结果是根据收集到的测试数据或图表分析可能存在的性能瓶颈或缺陷，并形成性能测试报告。

LoadRunner 性能测试过程模型涵盖了性能测试工作的大部分内容，但由于该模型过于紧密地与 LoadRunner 工具集成，没有兼顾使用其他工具或用户自行设计工具的需求，同时由于缺乏对测试各阶段的具体行为、方法以及目的的详细描述，因而只能称之为 LoadRunner 性能过程，不是一个具有普遍性的性能测试过程模型，不适合广泛应用与工程实践。

2. Segue 性能测试过程模型

Segue 性能测试过程模型出自 Segue 公司，提供的性能测试过程从确定性能基线开始，通过单用户对应用的访问获取性能取值的基线，然后设定可接受的性能目标响应时间，通过改变并发用户数重复进行测试。根据测试结果进行分析、优化和调整，然后再测试，必要时重新确定基线，直至符合设定的性能目标为止。Segue 性能测试过程模型如图 6-3 所示。

Segue 的性能测试过程模型同样存在过于依赖其测试工具的问题，而且该模型缺乏对测试计划、设计阶段的明确界定，缺少相应工作的具体指导，也难以应用于具体工程实践中。但该过程方法给出了定位性能瓶颈、进行性能优化的思路，在实际工作中可以借鉴这种思路。

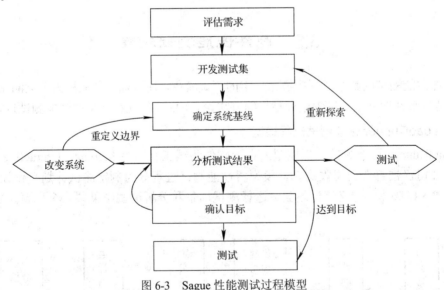

图 6-3　Sague 性能测试过程模型

3. PTGM 性能测试过程模型

PTGM 性能测试过程模型是由段念在《软件性能测试过程详解与案例剖析》一书提出的。该模型是一种性能测试过程通用模型(Performance Test General Model，PTGM)，它将整个性能测试过程分为测试前期准备、测试工具引入、测试计划、测试设计与开发、测试执行与管理以及测试分析六个阶段。该模型中对每个阶段给出了详细的活动指引，具有较强的实践指导意义。但该模型没有对性能指标和性能的影响因素进行界定，也就无法给出具有较强可操作性的测试需求分析过程。

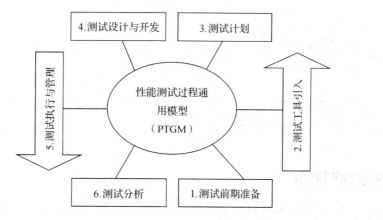

图 6-4　PTGM 性能测试过程模型

4. SPTM 性能测试过程模型

SPTM 性能测试过程模型是由修佳鹏等作者在其编写的《软件性能测试及工具应用》一书中提出的。该模型是结合通用软件性能测试过程模型及性能测试工作经验而提出的一种专门针对系统级性能测试的过程模型(System Performance Test Model，SPTM)，它将性能测试划分为测试流程和支持环境。其中，测试流程包括组建测试团队、制定测试计划、设计测试方案、搭建测试环境、执行性能测试、分析测试结果；支持环境包括评审、沟通、管理和支持四个关键活动。SPTM 性能测试过程模型对每个阶段的具体工作进行了详细说明，如图 6-5 所示。该模型便于在实践中操作，对软件性能测试过程的实施具有很好的指导作用。

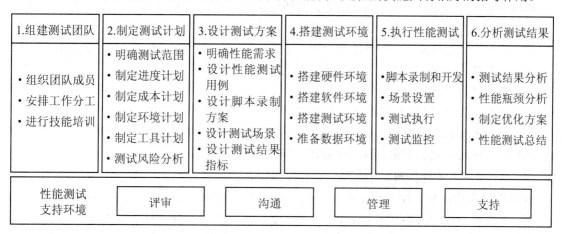

图 6-5　SPTM 性能测试过程模型

鉴于上述各软件性能测试过程模型的优缺点，本文结合软件测试的一般流程，提出软件性能测试过程应遵循的一般测试过程为：测试前期准备、测试需求分析与提取、测试计划与用例、测试设计与开发、测试执行与监管、测试分析与优化、测试报告与评审；软件性能测试的管理与支持环境主要由项目组织与管理、人员沟通与交流、过程监管与控制、测试评审与评价、技术与方法支持等构成。该软件性能测试过程模型如图 6-6 所示。后面将会详细介绍该模型中各阶段的工作内容。

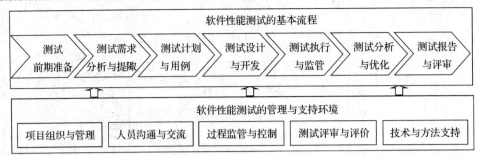

图 6-6　软件性能测试过程模型

6.2.1　测试前期准备

软件性能测试前期准备阶段的主要活动包括验证系统基础功能、组建性能测试团队及了解各类性能测试工具。

(1) 验证系统基础功能。系统基础功能验证是对应用系统的基本功能的测试，以确保当前需要进行性能测试的系统已经具备了性能测试的条件。功能测试是性能测试的前提，必须首先验证应用系统的功能是否完善并能够高效地运行，才能够保证在性能测试过程中不会出现因软件自身功能缺陷引起的性能问题。因此，性能测试一般是在软件系统开发完成后或部署完成之后的测试，而且要求被测对象至少在功能上满足需求，且系统具有一定的稳定性。软件功能完善有助于性能测试的顺利进行，对一个很不稳定或是还处于"半成品"状态的软件系统进行性能测试没有太大的意义。

(2) 组建性能测试团队。性能测试工作极其复杂，需要具有各种专业技能的管理人员和技术人员协调配合才能完成。因此，性能测试开始前，必须根据项目的实际情况组建一支能够胜任性能测试工作的团队，并确定每个成员在团队中的角色，以及落实详细的工作分工。根据实践经验，一个性能测试团队中应该包括：项目测试经理、测试设计角色、测试配置角色、测试开发角色、测试执行角色、测试分析角色和相关支持角色。

除此之外，还应该组织团队成员参加测试技术和产品业务知识培训，使测试人员不仅掌握软件测试技术相关知识，还熟悉与产品相关的业务知识。如果一个软件测试技术专家对产品业务知识一无所知，那么他就只能测试出纯粹的软件缺陷，而忽视与产品业务相关的缺陷，就可能造成测试盲区，使测试效果大打折扣。

(3) 了解各类性能测试工具通常，由于性能测试的专业性，其对于自动化测试工具有着更高的依赖程度。性能测试需要借助自动化测试工具才能够保证测试的准确性和高效率。在性能测试的前期准备工作中，需要了解目前针对性能测试的自动化测试工具都有哪些种类，是商业的还是开源的，适合哪些业务范围，都具有什么特点等。诸如此类问题，需要提前进行了解，为之后具体性能测试工具的选择做好充足的准备。

6.2.2　测试需求分析与提取

测试需求分析是性能测试过程中非常重要的一个环节，性能测试需求分析的好坏直接关系着测试的充分性和测试结果的有效性。测试需求分析主要包括性能测试需求获取、分析、提取以及性能测试指标的评估和确定。

1. 性能测试需求获取

需求分析是个繁杂过程，并不像我们想象的那么简单，特别是性能测试需求获取，它除了需要测试人员非常了解系统的业务知识，还需要测试人员具有深厚的性能测试技术和知识。性能测试需求要从各种招标文档、需求文档、设计文档中，以及与客户、项目组人员沟通交流的信息中获取和分析。可以从以下几个方面来分析性能测试需要的需求信息。

(1) 与客户方沟通和交流。通过与客户方沟通和交流，明确客户方对性能的需求。一般，像金融、电信、银行、医疗器械等企业对性能测试很重视，而且对系统的性能要求非常高，通常能提出明确的性能需求。因此，可以对客户方提出的性能需求信息进行分析、整理。

(2) 根据历史数据分析。如果客户方很难提出明确的性能需求，可以通过搜集客户资料，比如被测试系统试运行中每月、每星期、每天的峰值业务量、用户递增速度、频繁访问的功能模块等，达到间接评估系统的性能需求指标的目的，从而进行性能测试。

(3) 根据前期需求与定位获取。根据前期招标文档、需求文档或项目背景等资料中的系统需求分析与定位，分析确定被测系统的性能需求。另外，也可以与项目需求人员交流进而分析得到系统的性能需求。

(4) 参考历史项目或其他同行业的项目。如果公司之前有类似的项目经验，可以根据项目的规模和对性能测试的要求，综合制定出被测试系统的具体性能需求。

2. 性能测试需求分析

为了能够确定系统测试指标，可以从系统的整体架构(如前端的并发用户数、服务端的系统处理能力和硬件选型等、网络端的网络流量和带宽)、软件结构(系统耗时功能模块、核心功能模块等)、用户访问量、系统业务量与系统处理能力、系统存储能力与数据量等方面综合分析性能测试的特定条件和需求点。

3. 性能测试点的提取

性能测试点的提取应根据获取和分析的性能需求内容，针对发生频率非常高(例如：订票系统的登录、查询和订票等业务，占业务总量 90%以上)、关键程度非常高(如支付功能等)和资源占用非常严重的模块重点提取性能测试要点。此外，性能需求点和测试要点的描述要简洁、准确、一致，性能测试需求指定的条件要清楚、具体。

4. 性能测试指标的评估和确定

性能测试需要有明确的性能指标，用以评估测试结果，并决定测试的终止标准。通常，在确定性能测试指标时，根据性能测试要点确定测试指标有以下几种情况：具有明确的性能测试指标、通过用户提供的信息确定性能指标、通过软件运行日志确定性能指标、通过分析软件特点确定测试指标等。得到被测试系统的性能指标后，还要将性能测试指标交给测试组或项目组负责人，组织相关人员对其进行评审确定，以尽早发现问题并及时纠正，防止影响后续的测试活动。

6.2.3 测试计划与用例

测试计划阶段用于生成指导整个测试执行过程的计划方案，有效的测试计划是测试工作成功的基础。测试计划文档应对测试的背景和原因、测试的目标、测试的内容和范围、测试用例的设计、测试的进度、测试的策略及可能出现的测试风险等内容进行详细的描述，它是指导后续工作的规范性文件。性能测试计划模板中主要包含的内容如下：

(1) 概述：编写目的、项目简介、参考文档；

(2) 变更历史；

(3) 测试目的、范围和目标；

(4) 假设与限制；

(5) 测试资源：成本计划、软硬件环境计划、工具规划、测试团队安排；

(6) 交付物；

(7) 测试启动/暂停/再启动/结束准则；

(8) 测试策略：基准测试、开发测试、递增测试、场景测试；

(9) 测试用例设计；

(10) 测试进度计划；

(11) 测试实施风险分析；

(12) 相关术语。

在测试计划阶段，测试用例的设计是一项非常重要的工作，它是指导后续脚本开发、场景方案设计与执行的依据。性能测试用例模板因实际需求不同而多种多样。通常，一个性能测试用例主要包含测试用例编号、用例名称、测试目的、测试前提与约束、测试性能指标、操作步骤、预期结果、设计人员、设计时间等要素。表 6-1 所示是一个常见的性能测试用例模板。

表 6-1 性能测试用例模板

用例编号		用例名称		
测试目的				
测试性能指标				
前置条件				
测试步骤	操作		集合点	事务名
期望结果				
实际结果				
用例设计人		用例审核人		
测试执行人		测试日期		

6.2.4 测试设计与开发

测试设计是对测试策略的进一步深化，主要对测试执行过程作出规定，并形成测试执行方案。测试设计主要包括测试环境设计、测试数据设计、测试场景设计，其中测试场景又包括功能与用户分布、被测功能执行与验证、监测指标等内容。测试场景设计是测试设计中的主要内容。

1. 测试工具的引入

软件性能测试必须借助一定的辅助工具，这些工具可以外购，也可自主开发。目前，国内外出现了大量的软件性能测试工具，且大多提供丰富的自主开发功能和环境，可以实现多种测试目的。在测试开始前，应根据被测试软件的结构和系统特征，以及成本、人员、进度等因素，选择外购或自主开发测试工具，并做好培训等相关的技术准备。

2. 测试环境设计

测试环境设计主要是确定测试时所使用的硬件、网络、系统软件的环境。测试环境最好与实际的软件运行环境相一致。但在难以实现时，应采用和实际环境相同的架构，设备的配置以略低于实际环境的方式构建模拟环境。系统软件的配置应与实际运行环境完全相同。测试环境设计的基本原则是避免因环境问题影响性能测试结果的准确性。

3. 测试数据设计

测试数据设计主要是为被测软件准备相应的基础数据和软件运行所需要的数据，尤其是数据库中的数据。数据量的大小会严重影响软件的性能，为进行测试，可采用人工方式在数据库中生成一定量的数据。数据量的规模应与测试环境的配置相适应，当在实际环境中进行测试时，数据量应与实际运行时的规模相一致，当使用模拟环境时，应等比例降低数据量的规模。

4. 测试场景设计

测试场景设计主要是模拟软件系统实际应用场景，包括测试时执行的业务、每种业务执行的用户数量、模拟的总用户数、用户执行方式、执行过程中的相关参数设定等，还应有所要关注或监测的资源指标等，如设备资源利用率、响应速度、吞吐量等。依据不同的测试目的确定的测试场景有所不同。

(1) 确定被测功能与用户分布。根据测试需求分析确定被测功能、执行每种功能的用户数量以及总体用户数量。在进行压力测试时，应确定执行每种功能的用户数的比例，并给出总用户数量的增长方式，如以 50 或 100 逐步增加用户数量。

(2) 确定功能操作步骤。测试时，所执行的每种业务或软件功能应与用户实际执行时相一致，并使用参数替换每个被测功能中的关键数据，以模拟出实际业务中多人执行多项业务并操作不同数据的情景。同时，应对关键步骤中软件的返回结果进行验证，以保证测试结果的正确性。在进行测试设计时，应详细描述每个功能的具体操作步骤、需用参数替换的数据以及需要验证的内容，以便于测试执行。

(3) 确定性能监测指标。在测试过程中，应对软件的性能指标进行监测，以获得准确的测试结果，并及时确定测试的终止。常见的监测指标包括响应时间、吞吐量(吞吐率)、业务操作成功率等基本性能指标，同时还包括 CPU、内存、磁盘 I/O 等服务器资源利用率指标，以及缓冲区命中率、死锁次数、锁等待时间等数据库指标，也包括各种系统软件自身所需关注的指标等。通常，软件性能测试工具会提供相应的手段来获得以上指标，在测试工具未提供相应手段时，应单独设计相应的辅助工具。

(4) 其他设计。在性能测试场景设计中，尚需关注测试执行时间、每种业务执行次数、业务操作过程中的停顿时间、虚拟用户加载方式等内容。针对不同的测试策略或测试类型，以上项目的设定存在一定的差异。比如，在进行软件性能符合性测试时，需要确定软件的性能是否达到了用户的要求，所以设置的测试场景应与用户的业务情景尽可能一致，用户加载可采用逐步加载的方式进行，而执行的时间并以业务高峰时间为准，停顿时间可与用户的操作习惯相一致等。但对于压力测试，则以忽略停顿时间并同时加载所有用户等方式进行测试。必要时还需进行相应的辅助工具的设计和开发，并对所设计和开发的工具的有效性、正确性进行验证。

5. 测试脚本的开发

测试脚本开发主要指开发与用例相关的测试程序。根据测试执行方案中制定的测试场景和选定的测试工具准备测试脚本。首先，熟悉场景所对应的功能，并确定测试的功能运行正常；其次，通过用户提供的资料，确定待测系统所使用的通信协议，然后，根据业务场景录制或编写相关测试脚本，保证所准备的脚本能够正确无误地运行，并能反映实际的应用情况。为了保证脚本正确、全面，特给出如下准则：

- 确定场景对应的功能运行无误；
- 保证通信协议的全面；
- 录制操作步骤应与测试设计中的业务操作步骤完全一致；
- 脚本中变量的参数化要合理且正确，参数数量应能满足测试的需要；
- 脚本录制完以后需进行调试并优化。

6.2.5　测试执行与监管

1. 搭建测试执行环境

在执行阶段，首先根据测试执行方案搭建测试执行环境。按照测试执行方案中的要求，搭建一个独立、无毒、逼真的软硬件环境及网络环境，并安装、调试被测软件和测试工具。

2. 部署测试场景

根据制定的测试方案，在测试工具中部署、配置各测试场景，包括虚拟用户组及其对应的用户数、虚拟用户组对应的运行参数，以及用户增长方式、测试循环方式、用户退出方式、需要监视的性能指标等。

3. 执行及监管测试场景

测试场景布置完毕后，开始执行测试。测试中，测试人员要监视测试运行情况，如有过多错误，应及时停止方案的运行，并查找错误原因。若是因为外界原因，如网络不稳定、运行参数设置等，则需要进行相应的调整，再运行方案。如果不是外界原因，也不是运行参数设置问题，则保存测试结果，以便进行结果分析，找出错误的原因。按照测试执行方案执行所有的测试场景，运行正确且结束后，应及时汇总测试结果，为下一步结果分析做准备。为了保证方案运行的有效性，测试时需注意：

- 在执行测试前，应首先将数据库恢复到脚本准备前的原始状态；
- 执行测试过程中，所有设备不要进行与测试无关的操作，以避免影响测试结果。

6.2.6　测试分析与优化

测试结果分析是性能测试中的一个重要部分。测试目的不同，关注的性能指标不同，结果分析方法也不同。此处主要介绍常见的分析方法，主要包括硬件资源相关分析法、软件相关分析法和测试结果相关分析法。另外，系统性能调优是一项非常困难和复杂的工作，因此对一般的性能调优步骤作简单介绍。

1. 测试分析

1) 硬件相关分析

硬件分析主要包括内存、CPU、磁盘等硬件的分析。首先要分析的是内存，因为内存有问题可能会引起其他部分的问题。内存分析时所关注的项目主要包括可用内存数量、内存换页数量、换页失败数量等。然后分析 CPU，主要关注 CPU 空闲率、用户进程 CPU 利用率、系统进程 CPU 利用率、I/O 等待 CPU 率、处理器队列长度等。最后分析磁盘 I/O 情况，主要包括 I/O 活动时间、传输速率、传输量、传输次数、I/O 队列长度等。通过硬件分析，确定硬件是否正常，是否是影响软件性能的主要因素。

2) 软件相关分析

软件分析主要包括中间件、应用服务器、数据库等系统软件的分析。软件分析与具体软件相关，下面以 IIS 服务器、SQL Server 数据库为例。IIS 服务器分析时主要关注请求数/秒、请求执行情况、请求等待时间、请求执行时间、请求队列情况及缓存使用情况等指标。SQL Server 分析主要关注缓冲区命中率、死锁、锁等待、事务类型和数量等指标。通过软件分析，确定系统软件的工作状况以及系统软件对被测软件的影响。

3) 性能测试结果分析

首先，查看运行结果以及运行过程中的日志信息，以确定运行过程中是否存在错误或异常。若存在，则需要进一步分析，并根据相关信息确定产生异常的原因。然后，分析性能测试执行结果，主要包括响应时间、吞吐量、资源利用率等，以确定所关注的性能指标是否符合性能要求。若性能指标不符合性能要求，则首先要对服务器硬件进行分析，确定是否是硬件瓶颈引起性能问题。排除硬件问题后，对系统软件进行分析，确定是否是系统软件导致性能问题。在排除以上因素后，方可确定性能问题是由被测软件本身造成的。

测试结果分析是一项复杂而又重要的工作，涉及的内容比较多，需要根据实际测试情况来进行分析。最后根据测试分析结果形成测试报告。

2. 系统性能调优

软件产品的性能调优涉及的因素多种多样，比如硬件配置、代码编写、数据库架构、操作系统、CPU、内存参数、网络性能和协议选取等，会导致性能调优工作更加复杂。因此，在性能调优时，不仅需要性能测试工程师，还需要数据库工程师、软件开发工程师和运维工程师一起配合才能完成。一般性能调优采用以下几个步骤：

(1) 查找造成性能瓶颈的根本原因，确定问题所在。

(2) 在发现问题的基础上，排除导致问题的根本原因。

(3) 通过回归测试，验证性能问题是否已经被完全解决。

通常，性能调优是一个循环反馈的过程，以实现系统性能调优的目的。此外，调优过程也经常使用一些已有经验以发现瓶颈并进行调优。在硬件上如 CPU 使用率、内存分配等，还有应用软件上像 SQL 语句的低效率、JDBC 连接池设置不合理，以及应用程序架构规划不合理、多线程处理不当等，通过以往的成功经验对这些方面进行调优也是可取的方法。系统进行优化调整后，需要进行回归测试，直到满足预期需求为止。

6.2.7　测试报告与评审

测试报告与测试评估阶段主要是根据性能测试分析结果编制测试报告。性能测试报告主要包括测试提要、测试环境和测试结果，测试提要应该简单说明测试方法、策略、范围、内容；测试环境应包括资源开销、环境配置等；测试结果必须包括测试过程记录、测试是否通过、测试结果分析、调整系统的建议、测试结论的说明。此外，还要对系统的性能作出评价，且测试结果应包括结果数据。

6.3　性能测试工具

性能测试涉及的工作复杂，完全依靠测试人员进行手工测试不仅效率低而且成本高。例如在系统性能测试中模拟大量并发用户，由于测试人员有限，必须借助相关测试工具来实现测试。借助自动化测试工具可减少测试工作量，降低测试成本，提高测试工作效率。

6.3.1　性能测试工具简介

目前，国内外较流行的性能测试工具较多，主要商业性能测试工具有 HP-Mercury 公司的 LoadRunner、Compuware 公司的 QALoad、IBM Rational 公司的 TeamTest、SGI 公司的 WebStone、Borland 公司的 SilkPerformer 等；免费及开源性能测试工具包括 Apache 公司的 JMeter、Cyrano 公司的 OpenSTA、微软的 WAS 等。商业性能测试工具一般价格比较昂贵，且操作较复杂，但支持的协议和技术、操作系统平台、数据库类型较广泛。下面简单介绍几种常见的性能测试工具。

1. LoadRunner 性能测试工具

LoadRunner 最初是由 Mercury Interactive 公司研发的，该公司于 2006 年被惠普公司收购。LoadRunner 性能测试工具是一种预测系统性能的工业级标准自动化负载测试工具，适用于各种体系架构，由于其功能强大、内涵丰富，已在世界各地成千上万的企业中得到应用。LoadRunner 可以提供灵活的负载压力测试方案，通过模拟上千万用户实施并发负载及实时性能检测来确认和查找问题，它具有实时监控系统性能的功能，能够对整个企业构架进行测试。LoadRunner 的优势是其本身具有强大的测试能力，可以对系统的各个模块进行实时监控，而且能够将各种测试后得到的数据绘制成图表，使结果更加清晰且简单明了。另外，它还具有测试场景捕捉和编辑的功能，尤其是为了使其接近真实用户的行为，可以通过设置参数来虚拟用户的行为。通过使用 LoadRunner，企业能够最大限度地缩短测试时间，优化性能和缩短应用系统的发布周期。LoadRunner 能支持广泛的协议和技术，功能比较强大，可以为特殊环境提供特殊的解决方案。

2. QALoad

QALoad 是 Compuware 公司性能测试工具套件中的压力负载工具，QALoad 是客户/系统、企业资源配置(ERP)和电子商务应用的自动化负载测试工具。QALoad 可以模拟成百上千的用户并发执行关键业务，从而完成对应用程序的测试，并且能够针对测试所发现的问题对系统性能进行优化，以确保应用的成功部署。

3. WebStone

WebStone 是由 SGI 公司开发的第一个网络测试软件，是测试 Web 服务器性能的有效工具。Webstone 最早是在 UNIX 平台上运行的程序，在 2.5 版本时被移植到 Windows 平台。发展至今，其功能已日臻成熟，可以测试的服务器参数有：平均连接时间和最大连接时间，平均响应时间和最大响应时间，数据吞吐速率，单位时间内收到的文件数，单位时间内收到的网页量等。用 WebStone 测试 Apache 服务器的测试模式有三种：HTML、CGI 和 API。

4. JMeter

JMeter 是由 Apache 公司的 JMeter 项目组开发的一种系统性能测试工具，它完全是用 Java 语言开发的。JMeter 被设计用于浏览器/服务器软件的测试，比如 Web 应用系统的测试。JMeter 可以对 HTTP 和 FTP 服务器进行负载和性能测试，它不仅可以用来测试静态资源，还可以用来测试动态资源，同时还可以对静态文件、Java 小服务程序、Java 对象数据库、CGI 脚本等进行测试。可以使用 Apache 的 AB 测试模块等工具对系统进行简单的性能测试，能够在短时间内得到页面的响应时间等数据。另外，通过使用 JMeter 提供的功能，可以容易地制定测试计划，包括规定使用什么样的负载、测试什么内容、传入的参数。同时，JMeter 还提供了很多种图形化的测试结果显示方式，能够方便地开始测试工作和分析测试结果。

5. OpenSTA

OpenSTA 是 Cyrano 公司开发的一款免费的、源代码开放的性能测试工具，它基于 CORBA 结构体系，是一种分布式的软件测试架构(Open System Testing Architecture，OpenSTA)。它的设计目标是建成一个与平台无关的且多用途的开放测试平台。现阶段，OpenSTA 是一套基于分布式软件测试架构的、运行于 Windows NT 平台的工具集，可以用来对 Web 应用环境进行负载测试。它的优点除了源代码免费开放外，还可以按指定的语法对录制的测试脚本进行编辑。OpenSTA 定义了一套称为 SCL 的脚本语言以模拟用户行为，这种语言与自然语言比较相似，用它写成的脚本结构简单直观。在录制完测试脚本后，测试工程师只需了解该脚本语言的特定语法知识，就可以对测试脚本进行编辑工作，并对特殊的性能指标进行分析。OpenSTA 以最简单的方式让大家对性能测试的原理有更深一层的了解，大大提高了测试报告的可阅读性。

6. WAS

WAS 可以通过脚本模拟一个或多个并发用户的访问，也可以模拟实际用户的一些点击操作，还可以连接上远程 Windows 网站服务器的性能计数器(Performance Counter)，并通过对服务器性能(CPU/内存等)的分析找到系统的瓶颈。WAS 的使用比较简单，设置也比较清晰明了。另外它的报表是纯文本文件，而不是常用的 HTML 文件。

目前，已有的性能测试工具不胜枚举，从单一的开放源码免费小工具(如 Apache 自带的 Web 性能测试工具)到大而全面的商业性能测试软件(如 Mercury 的 LoadRunner)等都有。商业工具稳定性好，适用性较广，但是其学习培训成本较高，而且不能满足某些特殊的需求。根据需要自己设计的测试工具适用范围小，通常只适用于部分特定的项目。免费的测试工具功能不够全面，且测试结果单一。那么，应该如何选择一个合适的性能测试工具呢？

选择工具要从各个方面综合进行考虑,比如公司对性能测试的需求(如公司的软件开发环境、项目的性能测试目的)、公司准备在工具上的投资、公司的经济实力以及工具的功能、性能、价格、售后等。在实际的工具选择过程中,可以遵循以下三条原则:

(1) 如果对软件的性能要求很高,企业又有一定的经济实力,那么可以考虑选择功能强大、性能较好、比较昂贵、性价比也较高的商用软件,如 LoadRunner。

(2) 如果对软件的性能要求较高,但是企业无法对此投入太多,可以考虑选择 QALoad、WebLoad 等性能测试工具。

(3) 如果对软件的性能要求不是很高或者企业经济实力有限,可以下载一些免费的性能测试软件,如 Open STA 或者 WAS 等。

6.3.2 性能测试工具的使用

1. LoadRunner 组成结构

一般来说,整个 LoadRunner 主要由以下四部分组成:虚拟用户脚本生成器 VuGen(Virtual User Generator)、负载生成器 LG(Load Generator)、压力调度和监控系统 (Controller)和压力结果分析工具(Analysis)。系统会自动调用后台功能组件 LG 和 Proxy(用户代理)完成性能测试工作。LoadRunner 的组成结构如图 6-7 所示。

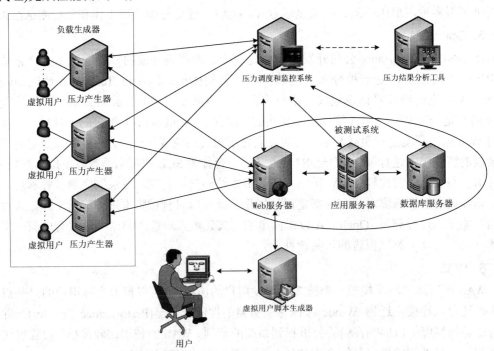

图 6-7　LoadRunner 组成结构

(1) 虚拟用户脚本生成器 VuGen。VuGen 提供了基于录制的可视化图形开发环境,可以方便简洁地生成用于负载的性能脚本。使用 LoadRunner 的引擎,可以监视并记录客户端和服务器的直接通话,让虚拟用户模拟实际的业务流程,记录真正用户的操作行为,并将其转化为特定的测试脚本语言集合。测试人员既可以直接使用 VuGen 录制产生的脚本

(基本测试脚本)。VuGen 还提供了很多的工具和选项，方便有特殊需求的用户维护脚本。例如，如果想让多个虚拟用户使用几套不同的实际发生的数据执行同一个脚本，就需要对脚本进行参数化，参数化后的脚本在运行的时候使用的是多套不同的数据向服务器发起请求或执行某个操作的，这样就更接近真实的情况。

(2) 压力调度和监控系统 Controller。压力调度工具可以根据用户的场景要求，对整个负载的过程进行设置，如设置负载的方式和周期、不同脚本虚拟用户的数量、同步点等操作。同时，监控系统可以对各种数据库、应用服务器、数据库的主要性能计数器进行监控。

(3) 负载生成器 LG。LG 负责将 VuGen 脚本复制成大量虚拟用户进而生成负载，它是模拟多用户并发访问被测试系统的组件。LG 模拟多用户访问系统的前提是已经具备了虚拟用户脚本。VuGen 是录制和编辑虚拟用户脚本的工具，录制好的脚本是用不同语言表达的文本文件，在 LG 执行时被解析和执行。脚本录制和回放过程是在 Proxy 支持下完成的。

(4) 结果分析工具 Analysis。Analysis 负责对负载生成后的相关资料进行整理并对其进行分析，即在测试完成后，对测试过程中收集到的各种性能数据进行计算、汇总和处理，生成各种图表和报告，为系统性能测试结果分析提供支持。

2. LoadRunner 工作原理

LoadRunner 的工作原理如图 6-8 所示。

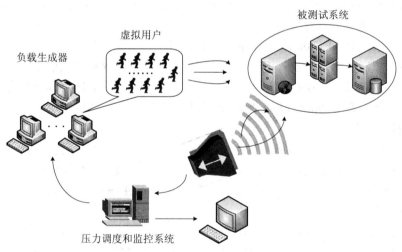

图 6-8　LoadRunner 工作原理图

首先，性能测试人员通过运行 Controller 来启动性能测试。其中，Controller 包括 Center 核心进程、Agent 进程及 Monitor 进程。Center 核心进程负责与用户界面的交互工作。Agent 进程主要负责与远端负载生成器的通信，在大量的虚拟用户被启动后，将调用 VuGen 已录制完成的业务脚本，这些虚拟用户便像真实用户一样向被测系统发送请求，并接收服务器的返回值。LoadRunner 通过反复地对页面发出请求来模拟多个用户对系统的并发访问，并产生负载压力。Controller 的 Monitor 进程负责监控系统的性能数据，实时捕获包括服务器、网络资源在内的系统所有层面的性能数据，并将数据传送给核心进程，写入本地磁盘并展现在用户界面。最后，用户将 LoadRunner 的执行结果存入数据库，并通过 Analysis 生成测试报告以进行测试结果分析，从而定位性能瓶颈，为系统调优打下基础。

3. LoadRunner 常用术语

(1) 场景(Scenario)：即测试场景。在 LoadRunner 的 Controller 部件中，可以设计与执行用例的场景，设置场景的步骤主要有：在 Controller 中选择虚拟用户脚本、设置虚拟用户数量、配置虚拟用户运行时的行为、选择负载发生器、设置执行时间等。

(2) 负载发生器(Load Generator)：用来产生压力的组件，受 Controller 控制，可以使用户脚本在不同的主机上执行。在性能测试工作中，通常由一个 Controller 控制多个负载生成器对被测试系统进行加压。

(3) 虚拟用户(Virtual User/Vuser)：对应于现实中的真实用户，使用 LoadRunner 模拟的用户称为虚拟用户。性能测试模拟多个用户操作可以这样理解，即这些虚拟用户在执行脚本，以模拟多个真实用户的行为。

(4) 虚拟用户脚本(Vuser script)：通过 VuGen 录制或开发的脚本。这些脚本用于模拟用户的行为。

(5) 事务(Transaction)：可以通俗地理解事务为"人为定义的一系列请求(请求可以是一个或者多个)"。事务具有原子性、一致性、隔离性和持久性四个特性。测试人员可以将一个或多个操作步骤定义为一个事务，在程序上，事务表现为被开始标记和结束标记圈定的代码块。LoadRunner 根据事务的开头和结尾标记，计算事务的响应时间、成功/失败的事务数。事务的开始函数是 lr_start_transaction()，结束函数是 lr_end_transaction()。通过回放脚本观察执行日志可以查看事务的执行情况。

(6) 思考时间(Think Time)：即请求间的停顿时间。实际中，用户在执行完一个操作后往往会停顿一段时间然后再进行下一个操作。因此，为了更加真实地模拟用户操作，在每次虚拟用户完成一次业务操作中间会添加一个等待时间，这个时间就称为思考时间。在虚拟用户脚本中用函数 lr_think_time()来模拟用户处理过程,执行该函数时用户线程会按照相应的时间值进行等待。

(7) 文本检查点：在回放的过程中，用户需要检查一个文本的内容是否正确，因此需要用到文本检查点。在录制过程中，选中一段文本，单击检查点按钮或找到相应位置并按菜单 Insert→New Step→Add Step 加入文本检查点函数 web_reg_find()。这是一个注册型函数，一定要写在请求前，且一定要出现在检查文本之前。

(8) 参数化：为了更加真实地模拟实际环境，需要各种各样的输入，所以需要进行参数化。参数化的两项任务包括用参数取代常量值和设置参数的属性及数据源。

(9) 集合点(Rendezvous)：设集合点是为了更好地模拟并发操作。设了集合点后，脚本运行过程中用户可以在集合点等待，达到一定条件后再一起发送后续的请求。集合点在虚拟用户脚本中对应函数 lr_rendezvous()。

(10) 关联：在脚本回放过程中，客户端发出请求，通过关联函数所定义的左右边界值(也就是关联规则)，在服务器所响应的内容中查找，得到相应的值，以变量的形式替换录制时的静态值，从而向服务器发出正确的请求，这种动态获得服务器响应内容的方法叫关联。

关联有两种方式：① 自动关联，它有两种实现机制，一种是 LoadRunner 通过对比录制和回放时服务器响应的不同而提示用户是否进行关联，另一种是 LoadRunner 自带的自动关联，在录制脚本时，会根据这些规则自动创建关联；② 手动关联，关联函数 web_reg_save_param()是一个注册型函数，目的是告知 VuGen 后面的请求返回需要被处理,该函数必须写在请求前。

（11）事务响应时间：这是一个统计量，是评价系统性能的重要参数。定义好事务后，在场景执行过程和测试结果分析中即可以看到对应事务的响应时间。通过对关键或核心事务的执行情况进行分析，以定位是否存在性能问题。

（12）2/5/10 原则：即用户在 2 秒内得到响应就会认为系统的性能是优秀的，在 2～5 秒内得到响应就会认为系统的性能是可接受的，在 5～10 秒内得到响应会觉得系统很糟糕，超过 10 秒后仍然无法得到响应就会认为系统糟透了而选择离开或发起第二次请求。

4. LoadRunner 性能测试的一般步骤

（1）用户确定进行测试的业务或者交易，录制并生成脚本。

（2）手工修改脚本，确定脚本能回放成功。

（3）在 Controller 中对场景进行配置，并启动测试，Controller 控制 LG 对被测系统的加压方式和行为。

（4）Controller 负责搜集被测系统各个环节的性能数据，各个 LG 会记录最终用户响应时间和脚本执行的日志。

（5）压力测试运行结束以后，LG 将数据传送到 Controller 中，由 Controller 对测试数据进行汇总。

（6）用 Analysis 对数据进行分析。

（7）对系统进行调优，重复进行压力测试，确定性能是否有所提高。

5. LoadRunner 的使用

1）LoadRunner 的安装

（1）支持的系统：LoadRunner 支持的系统有 Windows、Linux、Solaris 等。

（2）系统要求：LoadRunner 完整安装及部分安装对 Windows 系统的配置要求如表 6-2 所示。

表 6-2　LoadRunner 及各子系统安装对 Windows 系统的配置要求

安装系统	组　件		配置要求
LoadRunner 完整版	硬件	CPU	2.4 GHz 或更高
		内存	最低：2 GB；建议：4 GB 或更高
		硬盘	最低：40 GB
	软件	操作系统	Windows Server 2008 版本或更高 Windows 7 或更高
		浏览器	IE 8.0 或更高
Controller、VuGen	硬件	CPU	1.6 GHz 或更高
		内存	最低：1 GB；建议：2 GB 或更高
		硬盘	最低：40 GB
Analysis 或 Load Generator 系统	软件	操作系统	Windows Server 2008 版本或更高 Windows 7 或更高
		浏览器	IE 8.0 或更高

(3) 安装步骤：

下面以在 Windows 平台上安装 LoadRunner 12 完整版为例介绍 LoadRunner 的安装步骤。

第 1 步：选择要安装的文件为 HP LoadRunner 12.00，单击"安装"后，进入到选择安装路径界面，如图 6-9 所示。

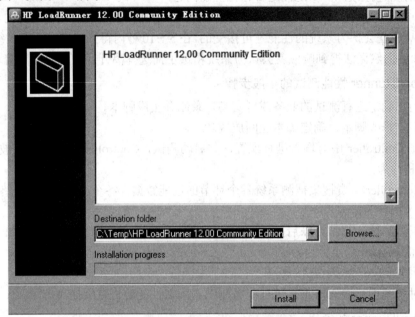

图 6-9   LoadRunner 安装路径选择界面

第 2 步：选择安装文件的路径后，单击"Install"按钮安装，进入组件选择界面，如果系统中没有安装这些组件，那么首次安装时必须先安装这些必备程序，如图 6-10 所示。

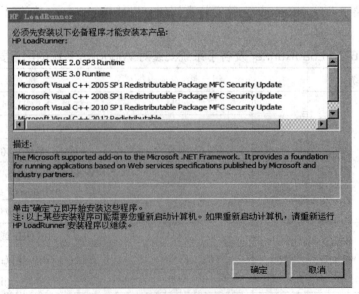

图 6-10   LoadRunner 必备安装程序界面

第 3 步：单击"确定"按钮后，系统会自动完成这些组件的安装。必备的组件安装完成后，即可进入 LoadRunner 的安装向导界面，如图 6-11 所示。

图 6-11　LoadRunner 欢迎安装向导界面

第 4 步：在 LoadRunner 的欢迎安装向导界面单击"下一步"，进入安装选项界面，如图 6-12 所示。在此界面可以更改安装路径，选中"我接受许可协议中的条款"选项，然后单击"安装"按钮，进入安装程序界面。安装完成后，会出现 LoadRunner 安装完成提示界面，如图 6-13 所示。

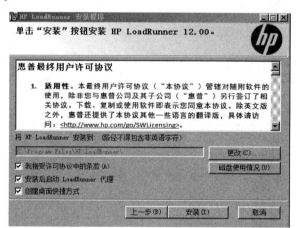

图 6-12　LoadRunner 安装选项界面

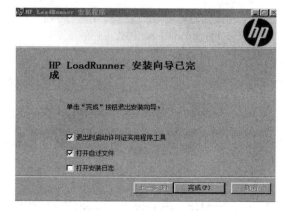

图 6-13　LoadRunner 安装完成提示界面

第 5 步：单击"完成"按钮，系统会自动打开 LoadRunner License Utility 界面和 HP LoadRunner Readme File 的 HTML 页面。LoadRunner License Utility 界面如图 6-14 所示，用户可以在此界面安装新的 License。通常，LoadRunner 安装有两种授权方式：Global 和 Community。其中，Global 授权仅有 10 天的免费试用期，Capacity 范围为 25；Community 授权没有使用时间限制，Capacity 范围为 50。用户可以在图 6-14 所示的界面中，选中"Show invalid licenses"选项，查看当前安装的 License 信息。同时，用户还可以通过单击"Install New Licenses…"按钮，安装新的 License。由于实现性能测试的 Controller 组件必须拥有 License 才能使用，因此用户可以根据需要向惠普购买有效的 License 进行性能测试。

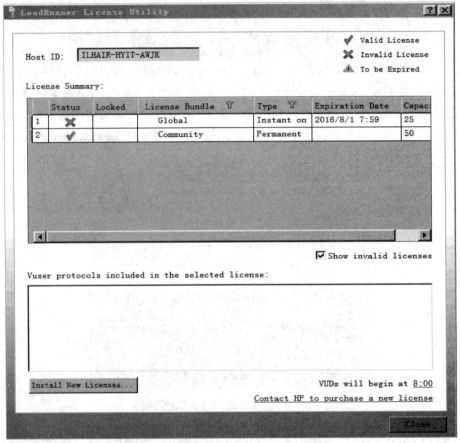

图 6-14　LoadRunner 的许可证信息界面

2) LoadRunner 性能测试工具的使用

下面介绍 LoadRunner 性能测试工具的三大组件：VuGen、Controller 和 Analysis，主要从各组件具有的功能和作用进行描述。

(1) VuGen 的基本使用方法：

VuGen 实现的主要功能有录制测试脚本、完善脚本、设置 Run-Time Setting 和回放运行脚本等。

① 打开 VuGen。

点击菜单"开始→所有程序→HP Software→HP LoadRunner→Virtual User Generator"

或直接单击桌面上的 VuGen 快捷图标，即可打开 VuGen 的起始界面，如图 6-15 所示。

图 6-15　LoadRunner 的 VuGen 起始界面

② 创建一个新的空白脚本。

第 1 步：选择 "File→New Script and Solution" 菜单或单击 VuGen 工具栏上的 🖫▾ 新建按钮，也可使用快捷键 Ctrl＋N 或者在 "Start Page" 选项页中单击 "Create"，即可打开 Create a New Script 界面，如图 6-16 所示。

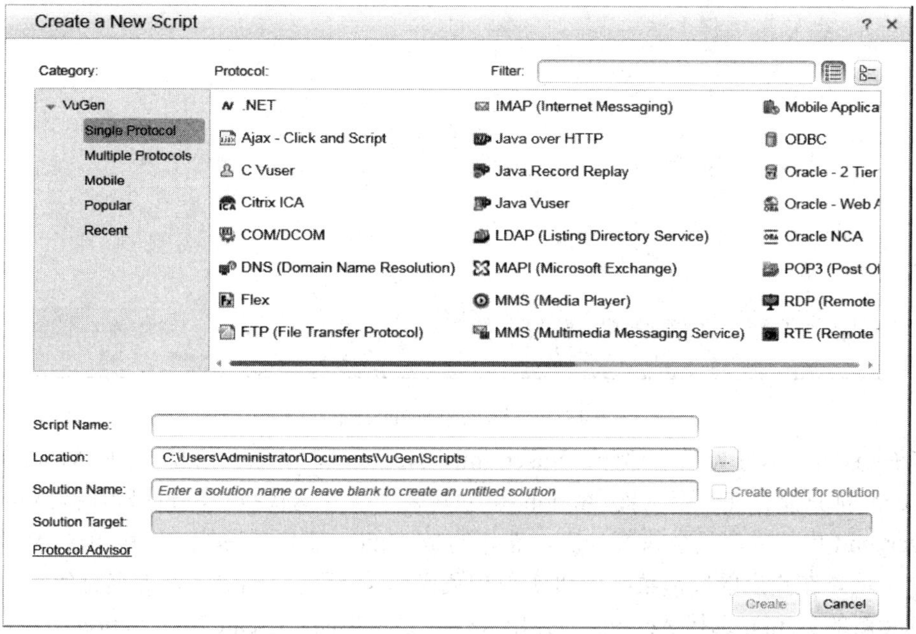

图 6-16　新建脚本界面

第 2 步：从 Category 类别列表中选择 VuGen 支持的协议。界面内各参数的含义如下：

(a) Single Protocol：单协议，使用唯一的一种协议创建脚本，为默认类别。

(b) Multiple Protocols：多协议，使用多个协议创建脚本。

(c) Mobile：移动协议，录制移动应用程序所支持的协议。

(d) Popular：LoadRunner 用户常使用的几种协议。

(e) Recent：指用户最近使用的协议。

第 3 步：从 Protocol 列表中选择协议。列表中的协议需要根据被测试应用程序类型进行选择，例如被测程序是 B/S 结构，即可选择 Web-HTTP/HTML 协议。

第 4 步：在 Script Name 脚本名称框中，输入脚本的名称；在 Location 存储位置框中，输入脚本的存储位置；在 Solution Name 方案名称框中，输入脚本所属的方案名称。

第 5 步：在创建脚本窗口中对相关内容设定完成后，单击 "Create" 按钮，即可创建一个新的脚本。一个新建完成的脚本界面如图 6-17 所示。

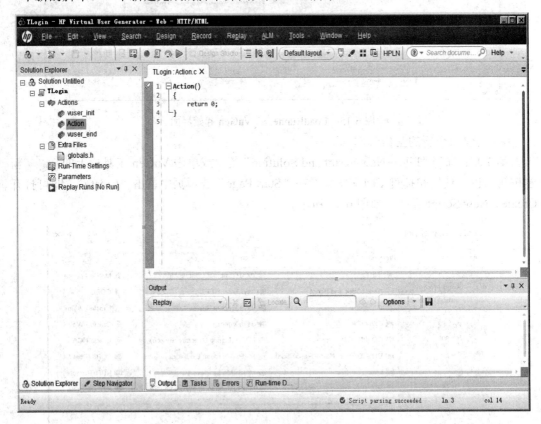

图 6-17 一个新建完成的脚本界面

VuGen 的脚本分为三个部分：Vuser_init、Action 和 Vuser_end。其中 Vuser_init 和 Vuser_end 都只能存在一个，而 Action 可创建多个，在迭代执行测试脚本时，Vuser_init 和 Vuser_end 中的内容只会执行一次，迭代的是 Action 部分。另外，右键单击 Actions 或其三个子项，在弹出的快捷菜单中可实现相关操作(如新建、删除、修改名称等)功能。其中，创建新的 Action 选择 Actions 的弹出式快捷菜单中的 "Create New Action"。

② 录制测试脚本。

第 1 步：选择"Recorder→Recorder"菜单或单击 VuGen 工具栏上的 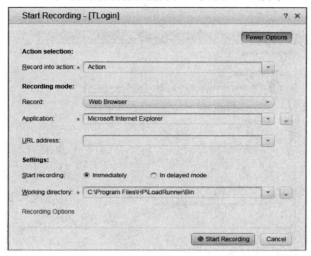 录制按钮，也可使用快捷键 Ctrl + R，即可打开开始录制界面，如图 6-18 所示。

图 6-18　开始录制界面

第 2 步：将开始录制界面中各项参数信息填写完整。其中各参数的含义如下：

(a) Recording into action(录制到操作)：即将要录制的脚本放在哪个 Action 中，既可以在对应的下拉列表中选择已有的操作，也可以在列表框中输入新的操作名称，然后单击后面的 ✚ 添加按键，新操作将添加到脚本中。

(b) Record(录制模式)：用于录制业务流程的模式，可以录制 Web 浏览器、Windows 应用程序和通过 LoadRunner 代理服务器的远程应用程序。

(c) Application(应用程序)：选择浏览器或选择要录制的 Windows 应用程序的路径。其中，浏览器支持 Microsoft Internet Explorer、Mozilla Firefox 和 Google Chrome。

(d) URL address(URL 地址)：即开始录制时第一个请求所要访问页面的 URL 地址。此选项仅对 Internet 应用程序显示，如 LoadRunner 自带的飞机订票程序。

(e) Start recording(开始录制)：设置录制业务流程的模式，immediately 立即模式指单击"开始录制"按钮后立即开始录制；In delayed mode 为延迟模式。

(f) Working directory(工作目录)：指定录制脚本所存放的工作目录。

第 3 步：设置录制选项信息。单击 Recording Options，进入录制选项设置界面，如图 6-19 所示。在该界面一般要设置以下选项：

(a) 设置脚本的显示形式。在"General→Recording→HTTP/HTML level"中设置所录脚本的显示模式，默认模式为 HTML_based script 选项，该模式为每个 HTML 用户操作生成一个单独的步骤，显示形式很直观，但不能反映 JavaScript 代码的真实模拟；另一种模式为 URL_based script，该模式可以录制所有用户执行操作后发送的来自服务器的所有 HTTP 请求和资源，并自动录制为 URL 步骤，此模式不如 HTML_based script 直观。通常，如果录制基于浏览器的应用程序，建议使用 HTML_based script，而对于小程序和非浏览器应用程序，则 URL_based script 模式最为理想。

(b) 设置编码选项。在"HTTP Properties→Advanced→Support charset"中设置编码格式。其中，UTF-8 为启用对 UTF-8 编码的支持，仅对非英语 UTF-8 编码的页面启用此选项，而且要求录制网站的语言必须与操作系统语言相同，通常解决录制 Web 脚本中的乱码问题；EUC-JP 支持使用 EUC-JP 字符编码的网站，如果使用日文 Windows，可以选择此选项。

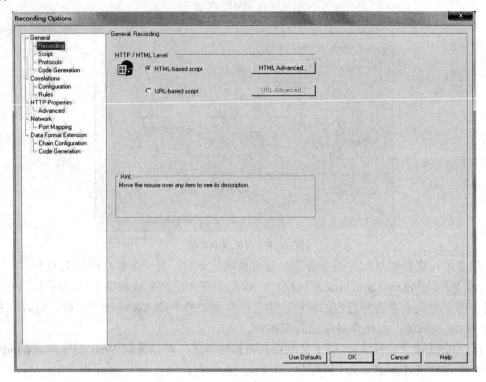

图 6-19　录制选项设置界面

第 4 步：录制。录制选项设置完成后，在 Start Recording 界面点击"Start Recording"按钮，开始录制。系统自动弹出 IE，加载录制的应用程序，如飞机订票系统的登录界面。在录制的过程中，屏幕上出现一个悬浮的录制工具栏，如图 6-20 所示，以便测试人员在脚本录制过程中与 VuGen 交互，随时控制 Vuser 脚本的录制及访问常用的脚本命令。

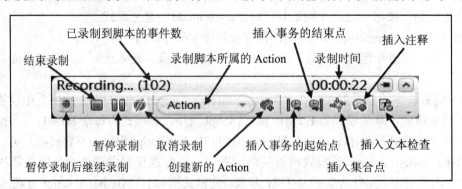

图 6-20　浮动录制工具栏

第 5 步：操作被测系统，记录操作的每一个步骤。在录制的过程中，可以在相应的步骤插入其他 Action、事务、检查点、集合点等信息。录制完成后，单击 ▣ 结束录制按钮或使用快捷键 Ctrl + F5，LoadRunner 开始生成脚本，生成的脚本如图 6-21 所示。

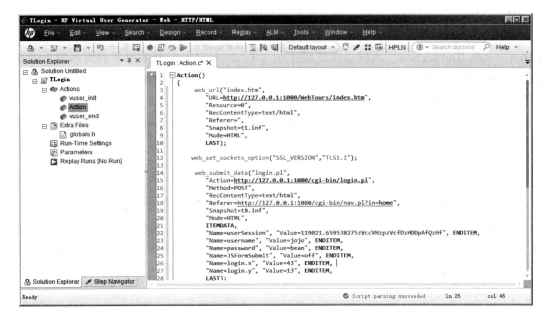

图 6-21　LoadRunner 录制结束后生成的脚本

④ 完善维护脚本。

要点 1：定义事务。

定义事务是为了在性能测试时更准确地统计某应用操作的响应时间，通常将该操作定义成一个事务。定义开始事务和结束事务的函数分别为 lr_start_transaction() 和 lr_end_transaction()。如果对脚本不是太熟悉，也可以使用插入事务功能，有两种方法：

(a) 在录制时插入事务。录制某个功能开始前，要标记事务的开始，单击录制工具栏中的 🔲 插入事务的起始点按钮，然后输入事务名称并单击"OK"按钮，则 VuGen 会在生成的脚本中插入 lr_start_transaction 语句；事务结束时，请单击录制工具栏上的 🔲 插入事务的结束点按钮，然后选择要关闭的事务，同样在生成脚本时，VuGen 将向 Vuser 脚本中插入 lr_end_transaction 语句。例如，LoadRunner 的样例程序飞机订票系统登录操作所定义的事务如图 6-22 所示。

```
lr_start_transaction("登录");
web_submit_data("login.pl",
    "Action=http://127.0.0.1:1080/cgi-bin/login.pl",
    "Method=POST",
    "RecContentType=text/html",
    "Referer=http://127.0.0.1:1080/cgi-bin/nav.pl?in=home",
    "Snapshot=t8.inf",
    "Mode=HTML",
    ITEMDATA,
    "Name=userSession", "Value=119021.659538275zVccVHzpzVcfDzHDDpAfQzHf", ENDITEM,
    "Name=username", "Value=jojo", ENDITEM,
    "Name=password", "Value=bean", ENDITEM,
    "Name=JSFormSubmit", "Value=off", ENDITEM,
    "Name=login.x", "Value=43", ENDITEM,
    "Name=login.y", "Value=13", ENDITEM,
    LAST);
lr_end_transaction("登录", LR_AUTO);
```

图 6-22　LoadRunner 的飞机订票系统登录操作中事务的定义

　　(b) 在录制后插入事务。在录制脚本后可使用 VuGen 的编辑器插入事务。首先，要标记事务的开始，将光标放在要开始事务的脚本中，然后选择"Design→Insert in Script→Start Transaction"或使用快捷键 Ctrl + T，也可以在要开始事务的脚本中单击右键弹出快捷菜单，然后选择"Insert→Start Transaction"。其次，要标记事务的结束，将光标放在要结束事务的脚本中，然后选择"Design→Insert in Script→End Transaction"或使用快捷键 Ctrl + Shift + T，也可以在要结束事务的脚本中单击右键弹出快捷菜单，然后选择"Insert→End Transaction"。

　　需要注意的是：LoadRunner 中可以定义嵌套事务，但事务名必须唯一。

　　要点 2：参数化。

　　录制业务流程时，VuGen 生成脚本中的数据为录制期间使用的实际值。如果希望使用与录制值不同的值来执行脚本操作(查询、提交等)，就需要将录制时使用的值参数化，这称为脚本参数化。而且，在运行场景时，参数化使每个不同的虚拟用户可以按照参数的读取策略读取到参数值，以模拟不同用户提交或者读取不同的数据。一般需要对用户、IP、端口或者域名进行参数化。

　　下面简单介绍一下参数化的方法和实施过程。

　　第 1 步：确定需要参数化的常量。打开脚本后，首先查看哪些脚本使用了常量，并确定哪些常量需要参数化。例如，飞机订票系统登录脚本中有两条语句包含了两个常量，即登录用户名和密码，使用的常量值分别为"jojo"和"bean"。当需要模拟多个不同的用户来运行登录脚本时，需要对这两个值进行参数化。

　　第 2 步：准备数据。根据被测应用程序，准备需要进行参数化的数据，如飞机订票系统登录脚本中需要准备登录用户名和密码这两个参数的数据。

　　第 3 步：对脚本进行参数化。具体的参数化过程如下：

　　(a) 在脚本中选择要参数化的值，单击右键，在弹出式快捷菜单中选择"Replace with parameter→Create New Parameter"。

　　(b) 在打开的"Select or Create Parameter"窗口中填写 Parameter name(参数名称)和 Parameter type(参数类型)，或选择一个已经存在的参数名和参数类型，如图 6-23 所示，选择参数名称为 user，参数类型为 File。

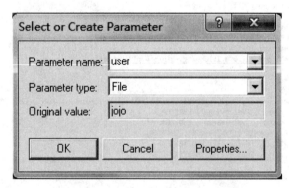

图 6-23　选择或创建参数对话框界面

　　其中，参数类型及其含义如表 6-3 所示。

表 6-3 参数类型及其含义

参 数 类 型	含 义
File(文件)	采用外部的数据替换所选常量,可以是单独的文件,也可以是现成的数据库中的数据
Data/Time(日期/时间)	使用当前日期/时间替换所选常量
Table(表)	表参数类型专用于通过填充表单元格值进行测试的应用程序
Group Name(组名称)	使用 Vuser 组的名称替换所选常量
Load Generator Name(负载发生器名称)	使用 Vuser 脚本的负载发生器名称替换所选常量
Iteration Number(迭代编号)	使用当前的迭代编号替换所选常量
Random Number(随机数)	使用一个随机生成的整数替换所选常量,可以通过参数属性设定参数的范围
Unique Number(唯一编号)	使用一个唯一编号替换所选常量,可以通过参数属性设定参数的第一个值和递增的规则
Vuser ID(虚拟用户 ID)	使用运行脚本的虚拟用户 ID 替换所选常量
XML	使用 XML 类型的参数将整个结构替换为单个参数
User Defined Function	从用户开发的 dll 文件中获取数据替换所选常量

(c) 参数名称和参数类型信息填写完成后,单击窗口的"Properties"按钮,打开 Parameter Properties 界面,设置参数的属性,如图 6-24 所示。

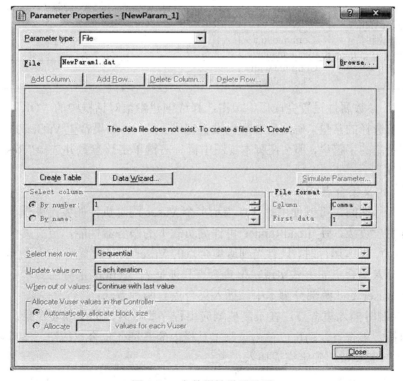

图 6-24 参数属性设置界面

该界面中各参数的含义如表 6-4 所示。

表 6-4　设置参数属性界面中各参数及其含义

参数名称		含　义
File(文件)		参数化结束后，在脚本保存的根目录下会生成一个以此名称命名的参数文件；也可以选择一个已准备好的参数文件
Create Table(创建表)		创建新的数据表
Select Column (选择参数列)	By number	以列号为参数列
	By name	以列名为参数列
File format (文件格式)	Column	参数之间的分隔符为逗号、空格、Tab
	First data	从第几行开始读取数据
Select next row (选择参数分配方法)	Sequential	顺序分配 Vuser 参数值。当正在运行的 Vuser 访问数据表格时，它将会提取下一个可用的数据行
	Random	当脚本开始运行时，"随机"地为每个 Vuser 分配一个数据表格中的随机值
	Unique	为 Vuser 的参数分配一个"唯一"的顺序值。需要注意的是，参数数量一定要大于等于"Vuser 量*迭代数量"
Update value on (选择参数更新方法)	Each iteration	脚本每次迭代都顺序地使用数据表格中的下一个值
	Each occurrence	在迭代中只要遇到该参数就重新取值
	Once	在所有的迭代中都使用同一个值
When out of values (当超出范围时) 注：选择数据为 unique 时才可用到	Abort Vuser	中止
	Continue in a cyclic manner	继续循环取值
	Continue with last value	取最后一个值

第 4 步：参数属性设置完成后，单击选择或创建参数对话框中的"OK"按钮，会提示是否要替换选择的常量，确定后参数化设置完成。另外，如果希望 VuGen 撤销参数化后能还原最初录制的字符串，那么在脚本视图中鼠标右键单击该参数并选择"Restore original value"即可实现。

要点 3：定义集合点。

在场景运行期间，可以使用集合点指示多个 Vuser 同时执行任务。集合点可对服务器施加高强度用户负载，使 LoadRunner 可评测负载下的服务器性能，定义集合点的函数为 lr_rendezvous()。脚本运行时，只有当到达集合点的 Vuser 满足设置要求时，才会继续运行。也可以通过插入集合点的方式实现，但集合点只能插入 Action 部分的脚本中，不能插入 vuser_init 和 vuser_end 两部分脚本中。插入集合点有两种方法：

(a) 在录制时插入集合点。在录制被测应用程序脚本时，如果需要在录制某个功能操作的脚本前插入集合点，则可以单击录制工具栏中的 插入集合点按钮，然后输入集合点名称，单击"OK"按钮确定完成插入。

(b) 在录制后插入集合点。录制脚本结束后，在需要插入集合点的位置单击鼠标右键，在弹出式快捷菜单中选择"Insert→Rendezvous"，并为插入的集合点命名即可完成操作。

要点 4：关联。

关联的含义是在脚本回放过程中，客户端发出请求，通过关联函数所定义的左右边界值(也就是关联规则)，在服务器所响应的内容中查找得到相应的值，并以变量的形式替换录制时的静态值，从而向服务器发出正确的请求。最典型的是用于 sessionID。常用的关联技术有三种：录制中关联、录制后关联、手动关联。

(a) 录制中关联。在录制脚本前，需要先设置"Recording Options→Correlations→Rules"，可以勾选 LoadRunner 中已有的关联规则，也可以新建规则。录制过程中，关联自动在脚本体现。关联设置界面如图 6-25 所示。

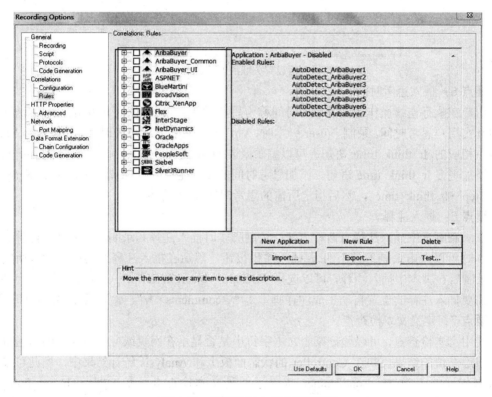

图 6-25　设置录制中关联设置界面

(b) 录制后关联。被测应用程序的脚本录制完成后，还可以设置关联。先回放一次脚本，然后在自动打开的 Design Studio 窗口的 Correlation 选项中进行设置。通过单击"Replay&Scan"按钮，回放脚本和扫描关联，系统尝试找到录制与执行时服务器响应的差异部分，将需要关联的数据找到并显示出来，测试人员可选择列表中需要关联的参数，单击"Correlate"按钮设置关联。录制后设置关联的 Design Studio 窗口如图 6-26 所示。

(c) 手动关联。前面介绍的录制中关联与录制后关联都属于自动关联。如果出现自动关联不能解决的问题，就需要使用手动关联的方法解决。其主要步骤包括：首先，录制两份脚本，保证业务流程和使用的数据相同；其次，对比这两份脚本，分析两份脚本中不同的地方，找到需要关联的数据；然后，找到左边界字符串和右边界字符串，写出关联函数；最后，在脚本中"需要关联的数据"前面插入关联函数，用关联函数中定义的参数取代脚

本中"需要关联的数据",或者使用快照关联,选择要关联的数据,单击鼠标右键并选择
"Correlate Selection"创建关联。

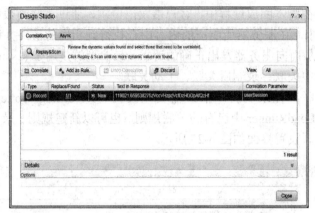

图 6-26   录制后设置关联的 Design Studio 窗口

要点 5:插入思考时间。

用户在执行连续操作之间等待的时间称为思考时间。Vuser 使用 lr_think_time()函数来
模拟真实用户思考时间。录制 Vuser 脚本时,VuGen 将录制实际思考时间,并插入到 Vuser
脚本中相应的 lr_think_time 语句。可以编辑录制的 lr_think_time 语句,或向 Vuser 脚本
手动添加更多 lr_think_time 语句。添加思考时间的步骤是选择"Design→Insert in Script→
New Step→lr_think_time",然后指定所需的思考时间(以秒为单位)。

要点 6:插入注释。

在录制脚本中插入注释有两种方法:录制脚本时插入注释和录制脚本后插入注释。录
制脚本时可以点击录制工具上的 插入注释按钮,然后在插入注释对话框中输入所需注
释。录制后在脚本中插入注释,可以选择"Design→Insert in Script→Comment",将会在脚
本中需要插入注释的位置自动生成注释脚本"/* <comments> */",输入需要的注释即可。

要点 7:定义文本检查点。

使用文本检查点,可以验证某个文本字符串是否显示在网页或应用程序中的适当位置
上。将返回值的结果反映在 Controller 的状态面板上和 Analysis 统计结果中,由此可以判
断数据传递的正确性。LoadRunner 提供了两种文本检查点函数,即 web_reg_find()和
web_find()。其中,web_find()限制较多,且执行效率低,故用户很少使用;web_reg_find()
属于注册函数,即在 Web 页面中查找文本字符串的请求。通常,web_reg_find()函数需求
提前声明,即需要在请求函数之前添加。在使用 web_reg_find() 函数时,可以选择
"View→Steps Toolbox",在打开的 Steps Toolbox 步骤工具箱里找到 web_reg_find()函数,
左键双击即可打开"Find Text"对话框,输入将要检查的文本信息,或输入文本信息的开
始字符串和结尾字符串,设置查找范围、计数变量和失败条件。

⑤ 设置 Run-Time Settings。

在 VuGen 中,可以通过 Run-Time Settings 设定脚本回放过程的一些参数,如 Iteration
Count (迭代次数)、Think Time(思考时间)、Error Handling(错误处理)、Multithreading(运行
方式)等,以控制 Vuser 脚本回放的方式。可以选择菜单"Replay→Run-Time Settings"或
单击 F4 快捷键,也可以通过双击解决方案资源管理器(Solution Explorer)中的 Run-Time

Settings 节点访问所需的运行时设置。另外，还可以通过选择"Tools→Options"指定回放选项，下面分别介绍后两种方法。

方法一：双击解决方案资源管理器中的 Run-Time Settings 节点，在打开的 Run-Time Settings 窗口设置脚本运行时参数。

(a) 设置 Iteration Count(迭代次数)。选择"General→Run Logic"，对每个 Action 的迭代次数进行设定，如图 6-27 所示。

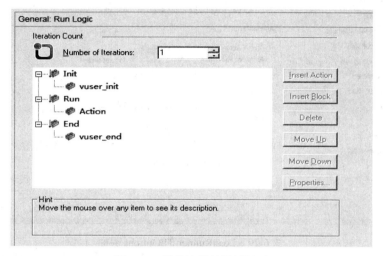

图 6-27　迭代次数的设置界面

(b) 设置 Think Time(思考时间)。选择"General→Think Time"，设定脚本回放时对思考时间的处理方式，如图 6-28 所示。其中，"Ignore think time"表示在脚本回放时，将不执行 lr_think_time()函数，这会给服务器造成更大的压力；"Replay think time"表示在脚本回放时，执行 lr_think_time()函数，具体执行方式有以下三种：As Recorded(按照录制时获取的 think time 值回放)、Multiply recorded think time by…(按照录制时获取值的整数倍数回放脚本)、Use random percentage of recorded think time…(制定一个最大和最小的比例，按照两者之间的随机值回放脚本)；Limit think time to 选项用于限制 think time 的最大值，脚本回放过程中，如果发现 think time 值大于最大值，那么就用这个最大值替代。

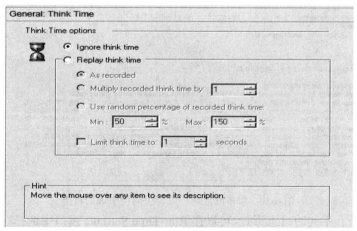

图 6-28　思考时间的设置界面

Run-Time Settings 窗口中其他参数设置的具体方法不再详述，详情可查阅相关资料。

方法二：通过选择"Tools→Options"设置回放选项，如图 6-29 所示。

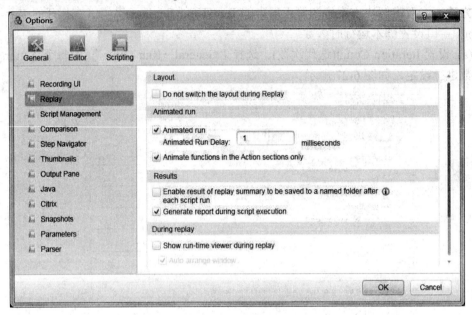

图 6-29　LoadRunner 的 Options 界面

⑥ 回放运行脚本。

在 VuGen 中回放运行脚本的作用主要是查看录制的脚本能否正常通过，如果有问题，系统会给出提示信息，并定位到出错的行上，便于用户查找到错误，进而修改完善测试脚本。可以选择"Replay→Run"或单击 VuGen 工具栏上的 ▶ 运行按钮，也可以按快捷键 F5，这三种方法都可以实现回放运行录制的脚本。脚本回放运行过程中，在 VuGen 的下方将会同步打印日志，如图 6-30 所示。

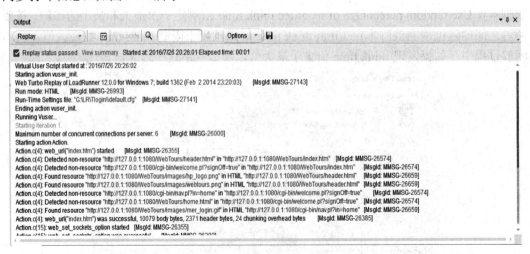

图 6-30　脚本回放运行过程中同步生成的日志

如果需要查看不同的日志形式，可以在 Run-Time Settings 窗口中选择"General→Log"，并设置相应的日志参数，回放脚本时将按照设置的选项打印日志，如图 6-31 所示。

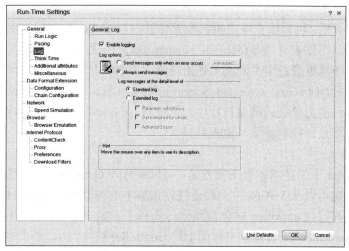

图 6-31　设置回放运行过程中打印日志的选项界面

脚本回放运行结束后，系统会给出相应的运行结果，如图 6-32 所示。

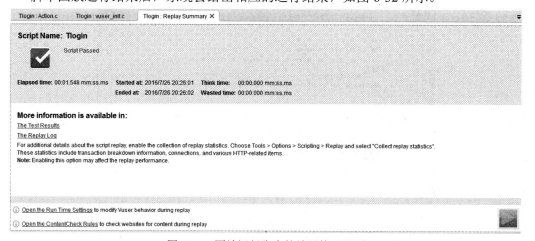

图 6-32　回放运行脚本的结果摘要界面

如果想查看更详细的回放运行结果，可以直接单击此界面中的 "The Test Result" 进行查看，如图 6-33 所示。

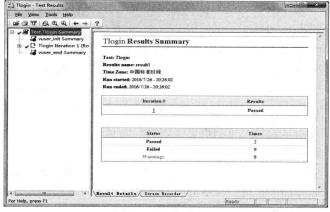

图 6-33　查看回放运行脚本的详细结果窗口

(2) Controller 的基本使用方法：

脚本准备完成后，可以根据场景用例设置场景。Controller 控制器提供了手动和面向目标两种测试场景。手动设计场景(Manual Scenario)最大的优点是能够更灵活地按照需求设计场景模型，使场景更接近用户的真实使用场景。一般情况下使用手动场景设计方法来设计场景。面向目标场景(Goal Oriented Scenario)则用于测试系统性能是否能达到预期的目标，在能力规划和能力验证的测试过程中经常使用。Controller 的使用主要包括创建场景、设计场景、运行场景、控制场景、监视场景。

① 创建场景。

在 LoadRunner 中创建场景有两种方法，可以在打开 Controller 时，选择保存好的脚本实现创建场景，也可以从 VuGen 中直接连接到该脚本的控制场景实现创建场景。

方法一：在打开 Controller 时创建场景。选择"开始→所有程序→HP Software→HP LoadRunner→Controller"或直接单击桌面上的 Controller 快捷图标，然后打开 New Scenario 创建场景界面，也可以在 Controller 主工具栏上，单击"File→New"或单击🗔新建场景按钮也可以打开创建场景界面，该界面如图 6-34 所示。

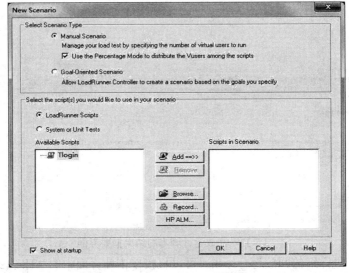

图 6-34　New Scenario 新建场景窗口

将 New Scenario 窗口中各项参数信息填写完整，各参数的含义如下：

(a) 选择场景类型。

Manual Scenario(手工场景)：它是指根据制定的性能测试方案，手动设置测试场景中的各种参数，如 Vuser 脚本、负载生成器、测试计划参数、服务水平协议(Service Level Agreement，SLA)等。可选项"Use the Percentage Mode to distribute the Vusers among the scripts"表示按照百分比的方式在 Vuser 脚本上分配 Vuser。手工场景的最大优点是能够更灵活地按照需求设计场景模型，使场景更接近用户的真实使用场景。一般情况下使用手动场景设计方法来设计场景。

Goal-Oriented Scenario(面向目标的场景)：根据定义的系统性能目标自动构建场景，以测试性能是否能达到预期的目标。该类型的优点是可以根据测试数据动态地对场景的配置方法进行调整，在能力规划和能力验证的测试过程中经常使用。

(b) 选择要在场景中使用的测试类型。

LoadRunner Scripts(LoadRunner 脚本)：使用 VuGen 创建的 LoadRunnerVuser 脚本。

System or Unit Tests(系统或单元测试)：Nunit、Junit 或在外部应用程序(例如 Visual Studio 或 Eclipse)中创建的 Selenium 测试模块，测试文件必须具有 .dll、.jar 或 .class 扩展名。通过浏览按钮，可以查找适当类型的测试。

(c) 选择要在场景中使用的脚本。

Available Scripts(可用脚本/模块)：列出 50 个最近使用过的项目。

Script in Scenario(场景中的脚本/模块)：列出为场景选定的项目。

(d) 窗口中的按钮。

添加(A) ==>>：将在 Available Scripts 框中选定的项目移动到 Script in Scenario 框中。

删除(R)：从 Script in Scenario 框中删除选定的脚本或模块。

浏览...：用于将项目添加到可用脚本或单元测试列表。脚本具有 .usr 扩展名，而单元测试可以具有 .dll、.jar 或 .class 扩展名。

录制...：用于打开 VuGen 以便录制 Vuser 脚本。

HP ALM(H)...：用于打开"连接到 HP ALM"对话框，连接至 ALM 以下载脚本。

(e) Show at startup：如果选中它，则在打开 Controller 时将会显示"Create Scenario"新建场景对话框。也可以从"Controller 视图"菜单中选择"View→Show New Scenario Dialog"启用或禁用此选项。

方法二：从 VuGen 中直接连接到该脚本的控制场景实现创建场景。选择"Tools→Create Controller Scenario"，打开 Create Senario 对话框，如图 6-35 所示。在该窗口中选择虚拟用户数、运行结果保存目录(按照事先约定选择目录，结果文件的命名最好包含用户数/加压方式/场景名)、负载生成器的所在地。

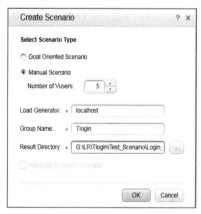

图 6-35　Create Scenario 创建场景窗口

② 设计场景。

在创建场景时，如果选择的场景类型为 Manual Scenario 手工场景，单击"OK"按钮，即可打开 Controller 的手工场景模式的 Design 视图，如图 6-36 所示；如果选择的场景类型为 Goal-Oriented Scenario 面向目标场景，单击"OK"按钮，即可打开 Controller 的面向目标场景模式的 Design 视图。下面分别介绍在这两种视图中设置场景的方法。

方法一：在手工场景模式的 Design 视图中设置场景。

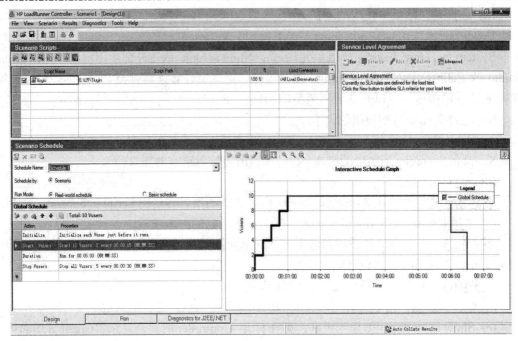

图 6-36　手工场景模式的 Design 视图

(a) Scenario Group/Scripts 设计场景用户组及对应的脚本。在 Controller 的 Design 视图中，默认显示 Scenario Groups 用户组模式，可通过菜单选择 "Scenario→Convert Scenario to the Percentage Mode" 切换为百分比模式。

要点 1：将 Load Generator 添加至场景。

在 Controller 的 Design 选项页菜单中选择 "Scenario→Load Generators" 或单击工具栏上的 Load Generators 按钮，在打开的 Load Generators 对话框中，可对其相关功能进行操作。为了避免一台测试机器因模拟的虚拟用户数过多而使自身性能的下降，进而直接影响测试效果，允许添加多台机器至运行场景以均衡测试机器的负荷。只要一台机器安装了 Load Generator 并启动了 LoadRunner Agent Process 进程，就可以被 Controller 统一调度来运行场景，Controller 负责收集统一的测试信息和执行结果。Load Generators 对话框如图 6-37 所示。

图 6-37　Load Generators 对话框界面

要点 2：将 Vuser 组/脚本添加到场景。

Scenario Groups(Vuser 组模式)：在 Scenario Groups 窗格中，创建要参与场景的 Vuser 组。可以单击 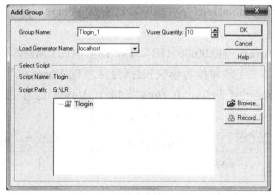 添加组按钮，打开 Add Group 窗口，如图 6-38 所示，可实现为组命名、给该组分配一定数量的 Vuser、选择要运行 Vuser 的 LoadGenerator、选择 Vuser 脚本等。

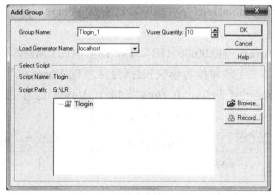

图 6-38 Add Group 窗口

Scenario Scripts(Vuser 脚本模式)：在 Scenario Scripts 窗格中，需要分别对列中的各项信息进行操作，如单击 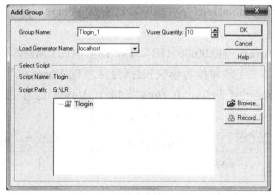 添加组按钮并从列表中选择 Vuser 脚本，而运行脚本的 Load Generator 需要在 Load Generator 列中选择。

(b) Scenario Schedule 设计场景计划。定义在场景中运行 Vuser 所依据的计划。

要点 1：设置场景计划的基本信息。

在 Scenario Schedule 窗格中，从列表中选择已存在的计划，或通过单击 ⊞定义新计划。如图 6-39 所示。还可以选择 Schedule 的类型，即 Scenario(场景)或 Group(用户组)，以及选择运行模式，即 Real-world schedule(真实场景模式，可以通过增加 Action 来增加多个用户)或 Basic schedule(基本模式，只能设置一次负载的上升和下降)。

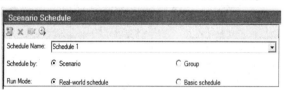

图 6-39 Scenario Schedule 中定义计划窗口

要点 2：设计场景计划的操作。

场景计划操作窗格中显示了与上面选择的计划类型对应的默认操作，这些操作指示场景何时开始运行 Vuser 组、如何初始化 Vuser、何时开始和停止运行 Vuser 以及操作持续多长时间。可通过双击 Global Schedule 中的对应行实现相应操作的修改，Global Schedule 窗格如图 6-40 所示。

图 6-40 Scenario Schedule 中的 Global Schedule 窗格

测试人员可以对 Schedule 中各操作的参数进行设置，下面对如何设置作简单描述。

操作 1：Initialize(初始化)。

Initialize(初始化)操作指示 LoadRunner 准备好 Vuser，使其处于就绪状态并且可以运行。双击 Initialize 可以打开 Edit Action 窗口，如图 6-41 所示。窗口中各选项的含义如下：

Initialize all Vuser simultaneously(同步初始化所有 Vuer)：对所有 Vuser 同时进行初始化，再运行这些 Vuser。

Initialize XX Vuser every <00:00:00>(HH:MM:SS)(每(HH:MM:SS)初始化 XX 个 Vuser)：按指定时间间隔(以小时、分钟和秒为单位)对指定数量的 Vuser 逐步进行初始化。

Initialize each Vuser just before it runs(在每个 Vuser 运行之前对其进行初始化)：LoadRunner 在每个 Vuser 开始运行前对其进行初始化。

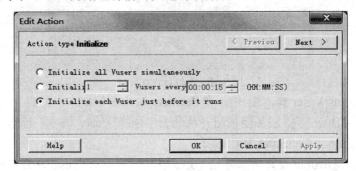

图 6-41　Vuser 初始化的 Edit Action 窗口

操作 2：Start Vuser(启动 Vuser 组)。

Start Vuser(启动 Vuser 组)操作用于定义何时开始运行 Vuser 组，即设置场景 Vuser 的加载方式。双击 Start Vusers，打开 Edit Action 窗口，如图 6-42 所示。其中，Simultaneously 表示同时加载 Vusers 的数量，也可以设置每隔一段指定的时间加载指定数量的 Vusers。

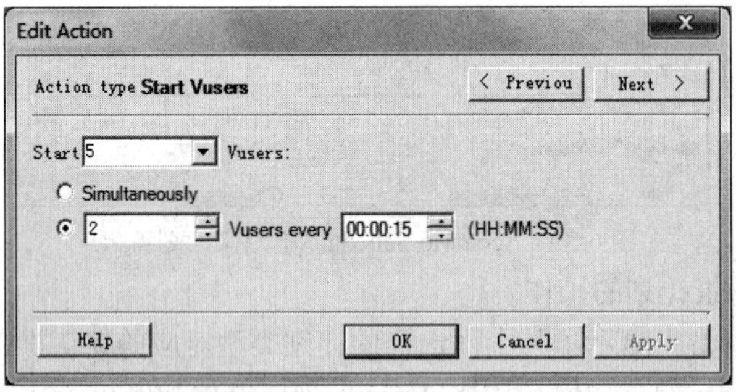

图 6-42　启动 Vuser 组的 Edit Action 窗口

操作 3：Duration(持续时间)。

Duration(持续时间)操作设置场景持续运行的情况，即以当前状态按指定的时间长度持续运行场景。双击 Duration，打开 Edit Action 窗口，如图 6-43 所示。窗口中两个选项的含义如下：

Run until completion(完成前一直运行)：场景将一直运行到所有 Vusers 运行结束。在这种情况下，实际是所有 Vuser 按照指定的迭代次数运行完成后才结束。

Run for XX days and <00:00:00>(HH:MM:SS)(按指定时间长度运行)：场景在执行下一

个操作之前，以当前状态运行指定的时间长度(以天、小时、分钟和秒为单位)。即所有的 Vusers 一直重复运行脚本，直到指定时间结束运行。如果选择此选项，脚本迭代次数将被忽略。

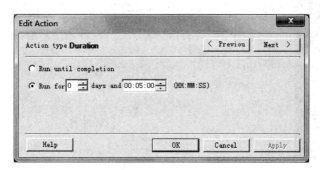

图 6-43　持续时间的 Edit Action 窗口

操作 4：Stop Vusers(停止 Vusers)。

Stop Vusers(停止 Vusers)操作设置场景执行完成后 Vusers 的释放策略。双击 Stop Vusers，打开 Edit Action 窗口，如图 6-44 所示。同样，在此窗口，可以设置同时停止运行指定数量的 Vuser，也可以按指定的时间间隔停止指定数量的 Vusers。

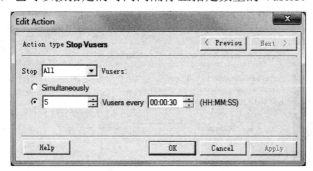

图 6-44　停止 Vusers 的 Edit Action 窗口

(c) 设计 SLA。SLA 是测试人员为负载测试场景定义的具体目标。在场景运行之后，HP LoadRunner Analysis 将这些目标与在运行过程中收集和存储的与性能相关的数据进行比较，进而确定 SLA 是通过还是失败。根据目标评估的度量，LoadRunner 采用以下两种方法来确定 SLA 状态：

方法一：通过时间线中的时间间隔确定 SLA 状态。在运行过程中，Analysis 按照时间线上的预设时间间隔显示 SLA 状态。Analysis 在时间线中的每个时间间隔(例如每 10 秒)检查一次，查看评测的性能是否与 SLA 中定义的阈值有偏差。通常使用此方法评估度量事务响应时间(平均值)和每秒错误数。

方法二：通过运行整个场景确定 SLA 状态。Analysis 为整个场景运行显示一个 SLA 状态。可使用此方法评估度量事务响应时间(百分比)、每次运行的总点击次数、每次运行的平均每秒点击次数、每次运行的总吞吐量(字节)和每次运行的平均吞吐量(字节/秒)。

可以在 Controller 或 Analysis 中定义和编辑 SLA。下面对 SLA 的设置进行简要介绍。

第 1 步：打开 SLA 向导。在 SLA 窗格中，单击 New 新建按钮，即可打开 SLA 定义向导的首界面，如图 6-45 所示。通过此向导，可以为负载测试场景定义目标和 SLA。

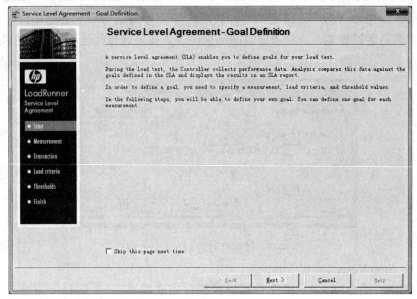

图 6-45　SLA 向导的首界面

第 2 步：为 SLA 选择度量指标。在 SLA 向导的首界面中单击"Next"按钮，打开选择度量指标界面，如图 6-46 所示。

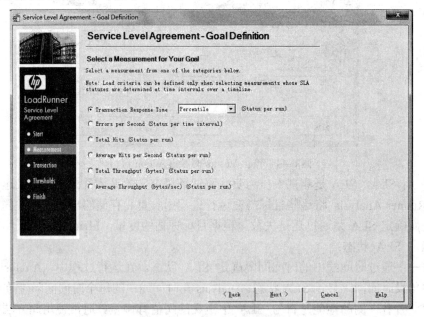

图 6-46　SLA 度量指标选择界面

LoadRunner 为 SLA 提供了六种度量指标，具体如下：

Transaction Response Time <Percentile>(Status per run)：事务响应时间(百分比)。

Transaction Response Time <Average>(Status per run)：事务响应时间(平均值)。

Errors Per Second(Status per time interval)：每秒错误数。

Total Hits(Status per run)：总点击次数。

Average Hits per Second(Status per run)：平均每秒点击次数。

Total Throughout(bytes)(Status per run)：总吞吐量(单位为字节)。

Average Throughout(bytes/sec)(Status per run)：平均吞吐量(单位为字节每秒)。

第 3 步：选择事务。当选择度量指标为事务响应时间(平均值)或事务响应时间(百分比)创建 SLA 时将显示如图 6-47 所示的界面。

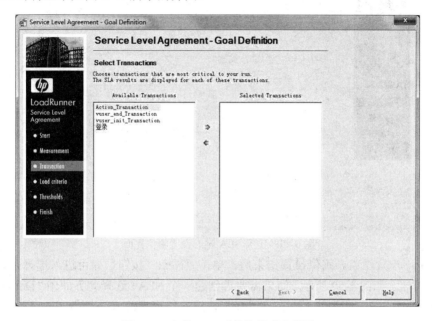

图 6-47　定义 SLA 时的选择事务界面

第 4 步：设置负载条件。仅当定义了通过时间线上的每个时间间隔确定 SLA 状态的 SLA 需要设置此选项。设置负载条件界面如图 6-48 所示。

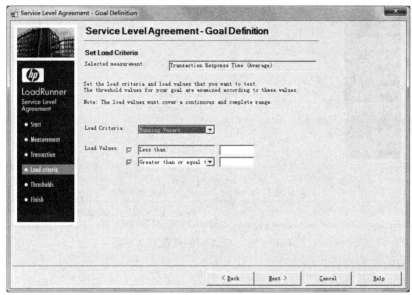

图 6-48　定义 SLA 时的设置负载条件界面

第 5 步：设置阈值。设置阈值的界面如图 6-49 所示。根据前面选择的指标不同，阈值设置界面的设置参数也不同。如果在"设置负载条件页面"中定义了负载条件，则必须为每个定义的负载范围设置阈值。

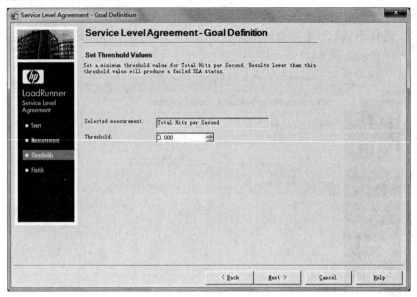

图 6-49　定义 SLA 时的设置阈值界面

第 6 步：设置结束。阈值设置结束后，单击"Next"按钮，即可进入选择是否再创建一个 SLA 界面，如图 6-50 所示。如果需要再创建一个 SLA，选择此界面中"Define another SLA"对应的复选框；否则，单击"Finish"按钮，结束当前 SLA 的定义。

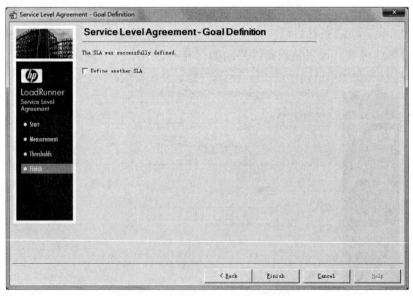

图 6-50　定义 SLA 时的设置结束界面

(d) 其他场景的设计。

要点 1： 设置集合点。

在运行场景的时候，LoadRunner 允许测试人员根据项目需要自行设定集合点的执行策略。通过单击 Controller 菜单栏的"Scenario→Rendezvous"，打开设置集合点操作界面，如图 6-51 所示。在此窗口中可以查看场景中所有的集合点名称、所属脚本、当前状态和相关的虚拟用户列表信息等。根据系统需求，还可以针对集合点的执行进行相关设定。

第 1 步：集合点设置。单击"Disable/Enable Rendezvous"按钮可以选定集合点是否启用。单击"Disable/Enable VUser"按钮可以设定一个用户是否参与到集合点中。

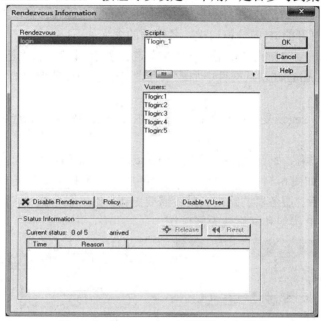

图 6-51　在 Controller 中设置集合点界面

第 2 步：集合点策略设置。单击"Policy"按钮可以设定集合点执行策略，如图 6-52 所示。其中，第 1 个选项为当前所有用户数的 X%到达集合点时，开始释放等待的用户并继续运行场景；第 2 个选项为当前正在运行用户数的 X%到达集合点时，开始释放等待的用户并继续运行场景；第 3 个选项为当 X 个用户到达集合点时，开始释放等待的用户并继续运行场景。Timeout betweenVusers 用于设定一个超时时间，表示当第一个用户到达集合点时，系统开始计时，如果在这个设定的时间内没有达到指定的用户数，系统就不再等待，而是释放用户让场景继续执行。

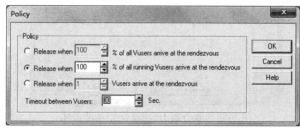

图 6-52　集合点策略设置窗口

第 3 步：手动释放 Vuser。在场景运行过程中，点击 Status Information 列表的"Release"按钮，可以手动释放等待中的虚拟用户。

要点 2：设置 IP 欺骗。

IP 欺骗技术就是让一个 LG 上的虚拟用户模拟从不同的 IP 向服务器发起请求，以达到以假乱真的目的。

第 1 步：配置 IP Spoofer。LoadRunner 配置动态 IP 的工具是程序组中的一个小工具 IP

Wizard，它能够指导用户按步骤完成配置过程。配置 IP Spoofer 需要选择"开始→所有程序→HP Software→HP LoadRunner→Tools→IP Wizard"，即可打开 IP Wizard，如图 6-53 所示。在打开 IP Wizard 之前，要确定连接网络的 IP 地址不是动态地址，若是则要改为静态地址。可以用指令 ipconfig/all 查看本机的 IP 地址、子网掩码等信息，然后将网络连接修改为静态连接。在打开的 IP 向导窗口中，各选项的含义如下：

　　Create new settir(创建新设置)：用于在 LG 上定义新 IP 设置，首次运行时选用该选项。

　　Load previous settings fro(从文件中加载原有设置)：使用以前保存的包含 IP 地址的设置文件来加载设置。

　　Restore original set(恢复初始设置)：将设置恢复为原始状态，此选项主要用于使用后释放 IP。

　　选择一项进行设置，如首次使用时选择 Create new settir 创建新设置选项，单击"下一步(N)"按钮，打开如图 6-54 所示界面。在这个界面中输入 IP 地址，这主要用于检测新的 IP 地址加到主机中后，服务器的路由表是否需要更新，如果服务器和客户端使用的是相同的子网掩码，那么 IP 类型和网络就无需更新。

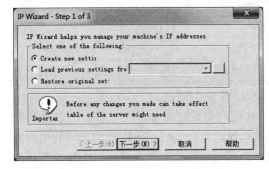 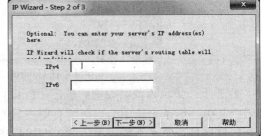

图 6-53　IP Wizard 启动界面　　　　图 6-54　服务器 IP 地址输入界面

输入 IP 地址后，单击"下一步(N)"按钮，打开如图 6-55 所示界面。

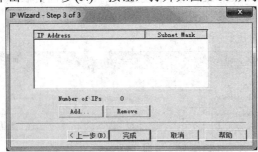

图 6-55　服务器 IP 地址操作功能界面

　　单击"Add…"按钮，可以继续添加新的 IP 地址，如图 6-56 所示。界面中各参数的含义分别为：Private Address Spaces 表示选择测试环境的 IP 地址类型；From IP 表示要使用的 IP 段的第一个值；Number to add 表示要使用的 IP 地址的数目；Submask 表示子网掩码，一般采用默认设置就可以了。如果选中"Verify that new IP address are not Already in use"，系统会在所选 IP 范围内检测每个 IP 地址，为了避免冲突，LR 只添加那些没有被其他用户使用的 IP 地址。如果预先知道选择范围内的某些地址可能被占用，那么在"Number to add"文本框中输入的 IP 地址的个数就要有相应的增加。

参数设置完成后，单击"OK"按钮，新添加的 IP 就会显示在图 6-55 所示的 IP 地址列表中。单击"完成"按钮，弹出 IP 配置的摘要信息界面，如图 6-57 所示。单击"Save as…"按钮，将 IP 配置信息保存为"IP Address Files(*.ips)"文件。最后，单击 IP 向导的 Summary 界面上的"OK"按钮，新配置的服务器 IP 地址即可生效。

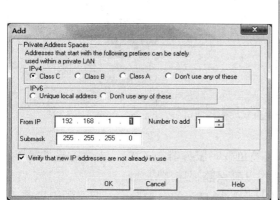
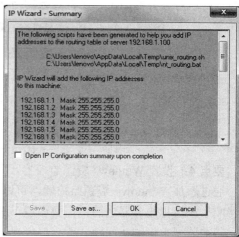

　　图 6-56　添加服务器 IP 地址界面　　　　　　图 6-57　IP Wizard 向导完成界面

第 2 步：启用 IP Spoofer。在 Controller 菜单中选中"Scenario→Enable IP Spoofer"，就可以启用 IP 欺骗了。在 IP 欺骗启用后，Controller 状态栏中会显示相应的状态标识 IP Spoofer。然后，可以单击 Load Generators 按钮和 Vusers 按钮，打开 Load Generators 设置界面(如图 6-25 所示)和 Vusers 设置界面(如图 6-59 所示)，可分别对不同的脚本或者不同的 Vuser 应用不同的 IP 地址。

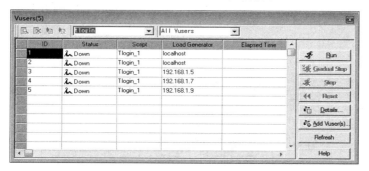

图 6-58　Load Generators 设置界面

图 6-59　Vusers 设置界面

要点 3：设置负载均衡。

这里的负载均衡是用于解决测试过程中负载机分配不均的问题。其设置方法为：先选择"Scenario→Convert Scenario to the Percentage Mode"，将场景模式由用户组切换为百分比，然后在已经添加好的 Load Generators 机器列表中选择需要的机器。这样就可以保证负载机均衡地对服务器施压。设置负载均衡界面如图 6-60 所示。

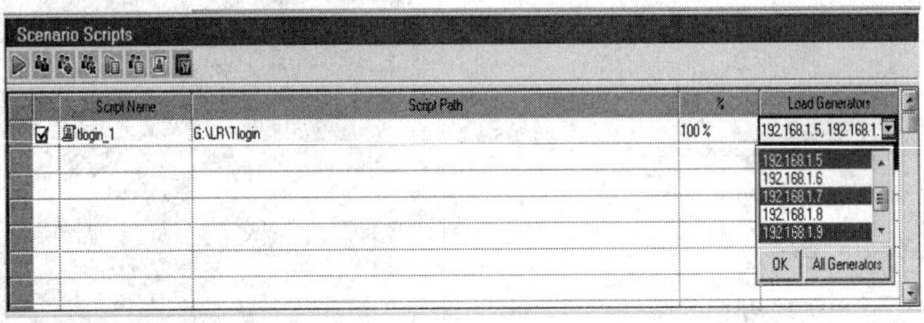

图 6-60　设置负载均衡界面

要点 4：设置 Windows 资源监控器。

通过添加 Windows 资源监控器，可以监控负载对服务器的 CPU、内存、磁盘等资源的影响。在监视服务器之前，需要做以下工作以确保监视连接成功：

将被监视主机的访问模式改为：经典-本地用户以自己的身份验证；且必须设置密码。

被监视系统开启以下三个服务：Remote Procedure Call(RPC)、Remote Procedure Call (RPC) Loacator 和 Remote Registry。

确认安装 Controller 的机器可以连接到被监视的机器。

确认并打开共享文件 C$。

上述工作的详细方法不再赘述，如有疑问和其他问题，可查阅相关资料。接下来介绍如何在 Controller 中添加被监控的计算机资源，其步骤如下：

第 1 步：单击 Controller 界面下方的 Run 选项卡，打开 Run 视图。

第 2 步：选择菜单"Monitors→Add Measurements"，或在 Windows Resources 窗口中点击鼠标右键并选择 Add Measurements，即可打开 Windows Resources 窗口，如图 6-61 所示。

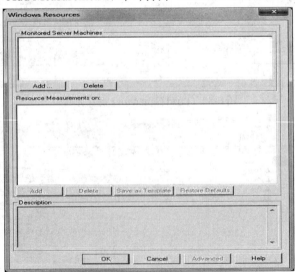

图 6-61　Windows Resources 窗口

第 3 步：单击 Monitored Server Machines 下的"Add..."按钮，打开 Add Machine 对话框，如图 6-62 所示。在该对话框中填写计算机名称或 IP，并选择计算机平台。

第 4 步：单击"OK"按钮，默认的 Windows Resources 度量将列在"Resource Measurement on"文本框中，如图 6-63 所示。然后点击"OK"按钮即可激活监控器。

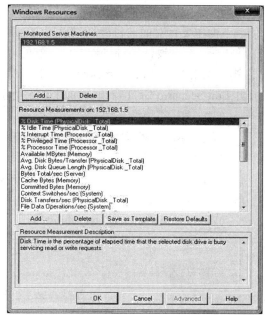

图 6-62　Add Machine 窗口　　　　　　　图 6-63　默认的 Windows Resources 度量窗口

方法二： 在面向目标场景模式的 Design 视图中设置场景。

在创建场景时，打开的面向目标场景模式的 Design 视图如图 6-64 所示。

图 6-64　面向目标场景模式的 Design 视图

在面向目标场景模式的 Design 视图中设置场景与在手工模式的 Design 视图中设置场景的主要区别是前者应先设计测试要达到的目标，然后 LoadRunner 会根据这些目标自动创建场景。

面向目标的场景需定义以下类型的目标：Vuser 数(虚拟用户数)、每分钟页数(仅 Web Vuser)、每秒点击次数(仅 Web Vuser)、每秒事务数(与每秒 HTTP 请求数有关)、事务响应时间。下面主要针对面向目标场景设置中如何定义场景目标进行介绍。

第 1 步：打开设计场景目标窗口。在面向目标场景模式的 Design 视图的 Scenario Goal 窗格中，单击"Edit Scenario Goal"按钮，或选择菜单"Scenario→Goal Definition…"，即可打开 Edit Scenario Goal 窗口，如图 6-65 所示。

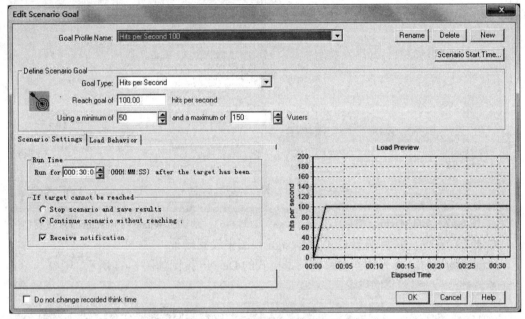

图 6-65　定义场景目标窗口

第 2 步：设置场景目标的基本信息。指定目标配置文件的逻辑名称：在 Goal Profile Name 所对应的下拉框中，可以选择已经存在的名称，也可单击"New"按钮，在打开的 New Goal Profile 对话框中输入新的名称。还可以单击"Rename"按钮对选定的目标配置文件重新命名，或单击"delete"按钮删除选定的目标配置文件。

设置场景的开始时间：单击"Scenario Start Time"按钮，打开 Scenario Start 对话框，以便设置场景开始时间，如图 6-66 所示。该对话框中各选项的含义如下：

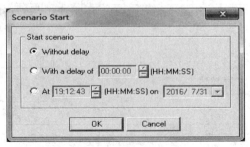

图 6-66　场景开始设置时间对话框

选项 1：无延迟"开始场景"命令发出后立即开始。

选项 2：延迟时间 HH:MM:SS，在"开始场景"命令发出后指定某个时间间隔后开始。

选项 3：在指定日期的指定时间开始。

第 3 步：定义场景目标。在 Define Scenario Goal 区域中，对目标类型、要达到目标、要运行的 Vuser 数目范围等参数进行设置。

第 4 步：场景设置。Scenario Setting 选项卡参数设置用于指定当达到目标或没有达到目标时要执行的操作。

该选项卡中涉及的参数含义如下：

Run Time(运行时间)：在达到目标后持续运行场景的时间(以小时、分钟和秒为单位)。

If target cannot be reached(如果无法达到目标)：无法达到目标时将采取的操作。

Receive notification(接收通知)：如果选中该选项，那么在无法达到目标时 Controller 将发送错误消息。

第 5 步：加载行为设置。Load Behavior 选项卡参数设置用于指定 Controller 如何以及何时达到目标，如图 6-67 所示。

该选项卡中涉及的参数含义如下：

Automatic(自动)：Controller 开始批量运行默认数量的 Vuser，即每两分钟 50 个 Vuser。如果定义的最大 Vuser 数小于 50，那么它将运行所有的 Vuser。

Reach target number of hits per second<HH:MM:SS>(达到了每秒目标点击次数)：一定长度的场景时间，表示 Controller 应在此时间之后达到目标。

Step up by XX hits per second every < HH:MM:SS >(渐进速度)：Controller 应达到目标的速率(每隔指定的时间长度增加的 Vuser/点击/页)。该选项对于"每秒事务数"和"事务响应时间"目标类型不可用。

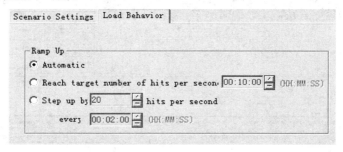

图 6-67　加载行为设置选项页

第 6 步：设置是否更改录制思考时间。如果选中"Do not change recorded time"，LoadRunner 将使用脚本中录制的思考时间运行场景。需要说明的是，如果选中此选项，可能需要增加场景中的 Vuser 数才能实现目标。

第 7 步：完成设置。所有场景目标信息填写完成后，单击"OK"按钮，即可完成场景目标的设置。在 Scenario Goal 窗格中会显示设置的目标信息。

③ 运行场景。

场景设计完成后，单击 Controller 界面下方的 Run 选项卡，可以进入场景的执行界面，如图 6-68 所示。该界面通过指示多个 Vuser 同时执行任务，可以模拟服务器上的用户负载。当场景运行时，LoadRunner 度量并记录每个 Vuser 脚本中定义的事务。可以通过增加和减少同时执行任务的 Vuser 数量来设置负载级别，还可以联机监控系统性能。

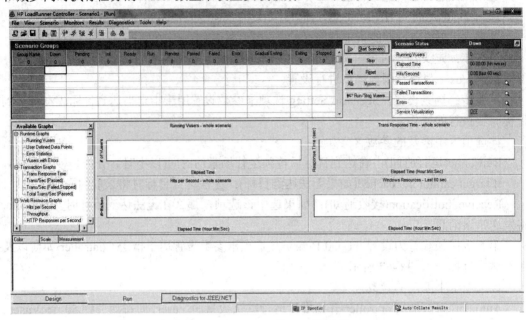

图 6-68　Controller 的 Run 视图窗口

单击"Start Scenario"开始运行场景按钮，LoadRunner 将按照设计的场景开始运行。一些实时数据(比如虚拟用户数、事务响应时间、成功事务数、失败事务数等)以及性能数据的折线图将会在运行过程中显示，如图 6-69 所示。

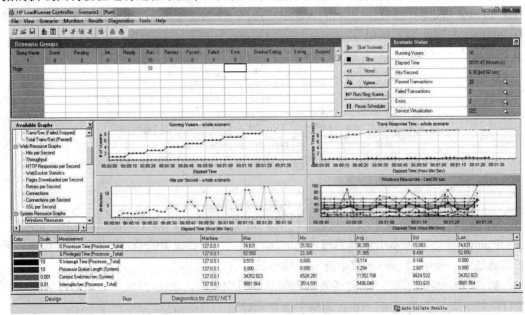

图 6-69　Controller 运行场景过程界面

④ 控制场景。

在场景运行过程中，可以通过相关操作控制场景的执行，包括对场景运行的控制操作、虚拟用户的控制操作等。下面简要介绍场景在运行过程中的相关控制操作。

要点 1：查看场景组信息。

在 Controller 的 Run 视图的 Scenario Groups 窗格中，可以查看场景组的基本信息，如图 6-70 所示。

Group Name	Down	Pending	Init	Ready	Run	Rendez	Passed	Failed	Error	Gradual Exiting	Exiting	Stopped
1	11	0	0	0	1	8	0	0	0	0	0	0
Tlogin	11				1	8						

图 6-70　Run 视图中的 Scenario Group 窗格

要点 2：在场景运行期间手动控制 Vuser 的行为、添加和停止。

(a) 控制 Vuser 组的行为。可以在场景运行期间初始化、运行和停止 Vuser 组。要初始化、运行或停止整个 Vuser 组，可以在 "Scenario Groups" 窗格中选择组，并单击 Controller 主工具栏上所需的按钮。其中，🏃 为初始化 Vuser 按钮，🏃 为运行 Vuser 按钮，🏃 为立即停止 Vuser 按钮，🏃 为逐渐停止 Vuser 按钮。

(b) 运行或停止单个 Vuser。也可以单击 👥 Vusers... 按钮，打开 Vusers 控制窗口，对 Vuser 组进行详细操作，可以运行或停止 Vuser 组内特定的 Vuser，如图 6-71 所示。

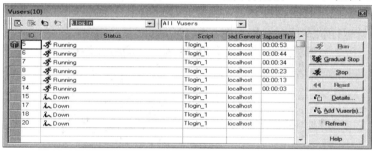

图 6-71　Vusers 对话框

(c) 初始化/运行其他 Vuser，或停止当前正在运行的 Vuser，也可以手动控制向正在运行的场景添加新 Vuser。单击 🔸运行/停止 Vusers(P)... 按钮，打开 Run/Stop Vusers 对话框，如图 6-72 所示。根据使用的模式的不同，该对话框有以下两种模式：一是 Vuser 组模式，指定要添加到每个 Vuser 组的新 Vuser 数，以及指定运行这些 Vuser 的 Load Generator；二是百分比模式，指定要添加到每个脚本的新 Vuser 的百分比，以及指定运行这些 Vuser 的 Load Generator。

图 6-72　Vuser 组模式下的 Run/Stop Vusers 对话框

要点 3：在场景运行期间记录执行注释。

Controller 提供了一个可用于在场景运行时记录注释的对话框。要打开此对话框，请选择菜单"Scenario→Execution Notes",打开 Execution Notes 对话框,如图 6-73 所示。通过单击"OK"按钮关闭此对话框,可自动保存注释。

图 6-73　Execution Notes 对话框

要点 4：运行场景的控制。

在场景运行过程中,可以单击 ■ Stop 按钮,停止当前正在运行的场景。也可以单击 ⅠⅠ Pause Scheduler 按钮暂停正在执行的方案,再次单击 ▷ Resume Scheduler 按钮可恢复运行。

要点 5：查看场景运行状态详细信息。

如果测试人员想要在场景运行过程中查看场景状态的详细信息,如场景运行状态、正在运行的 Vusers、已用时间、每秒点击次数、通过的事务数、失败的事务数据,错误数等信息,查看场景运行状态情况窗格如图 6-74 所示。

Scenario Status	Running	
Running Vusers	12	
Elapsed Time	00:01:54 (hh:mm:ss)	
Hits/Second	7.54 (last 60 sec)	
Passed Transactions	120	🔍
Failed Transactions	0	🔍
Errors	0	🔍
Service Virtualization	OFF	🔍

图 6-74　场景运行状态窗格

要点 6：查看每个正在运行的 Vuser 的运行时信息日志。

在场景运行时,可以查看每个正在运行的 Vuser 的运行时信息。在图 6-71 所示的 Vusers 对话框中,选择要查看其日志的 Vuser,并单击 🖼 按钮即可显示该 Vuser 日志。

⑤ 监视场景。

默认情况下,LoadRunner 在 Run 视图的图显示区域中会显示以下四个性能指标：Running Vusers(正在运行的 Vuser)、Trans Response Time(事务响应时间)、Hits per Second (每秒点击次数)、Windows Resources(Windows 资源),LoadRunner 的联机监视器如图 6-75 所示。

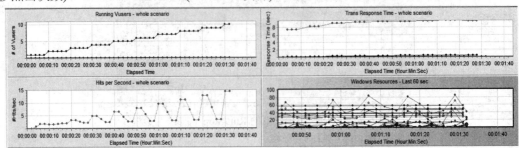

图 6-75　LoadRunner 的联机监视器

如果想查看其他性能指标，也可以在图显示区域中打开其他图，主要实现方法如下：

方法 1：选择菜单"Monitors→Online Graphs→Open a New Graph"，或在图显示区域中的任一图上单击右键，弹出式快捷菜单中选择"Open a New Graph..."，都可以打开 Open a New Graph 对话框，如图 6-76 所示。在此对话框中单击左窗格中的"+"展开类别节点并选择图，可在"Graph Description"图描述框中查看对选定图的描述。选择完成后，单击"Open Graph"按钮，或将选定的图拖动到 Run 视图的右窗格中即可。

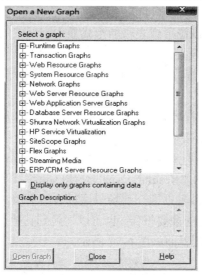

图 6-76 打开新图对话框

方法 2：在 Run 选项卡左侧的 Available Graph 窗格的图树中，单击"+"展开类别节点。双击一张图或选中一张图并将其拖动到右侧的图显示区域都可以打开该图。

通常，默认情况下，LoadRunner 在图显示区域中仅显示四幅图，如果要更改显示的图数，可以在图显示区域中右键单击某张图，在弹出式快捷菜单中选择"View Graphs"或选择菜单"View→View Graphs"，即可自定义图显示区域。然后，从给定的选项中选择要显示的图数，或者选择"Custom Number..."并输入要显示的图数都可以达到更改显示图数的目的。如果要在区域中仅显示一张图，可直接双击需要显示的图，而如果要返回到先前的视图，再次双击该图即可恢复。

(3) Analysis 的基本使用方法。

LoadRunner 的 Analysis 是分析系统性能指标的一个重要工具，它能够提供图和报告以便于查看系统性能的各项数据。Analysis 能够直接打开场景的执行结果文件，并根据场景数据信息生成相关的图表进行显示，而且它还集成了强大的数据统计分析功能，允许测试人员对图表进行比较、合并等多种操作，并根据处理后的图表自动生成需要的测试报告文档。如果要在测试执行期间监控场景性能，可使用 Controller 部分中描述的联机监控工具。如果要在测试执行后查看结果摘要，可使用下列一个或多个工具：

Vuser 日志文件。这些文件包含对每个 Vuser 的负载测试场景运行过程的全程跟踪。Vuser 日志文件一般位于场景结果文件夹中。如果单独运行 Vuser 脚本，那么这些文件将存储在 Vuser 脚本文件夹中。

Controller 输出窗口。此输出窗口显示有关负载测试场景运行情况的信息。如果场景运行失败，可在此窗口中查看调试信息。

Analysis 图。这是分析数据的主要手段，有助于分析系统性能并提供有关事务及 Vuser 的信息。通过合并多个负载测试场景的结果或将多个图合并为一个图，以方便对多个图进行比较。

Analysis 图数据视图和原始数据视图。这些视图以电子表格形式显示用于生成图的实际数据。可以将这些数据复制到外部电子表格中作进一步处理。

Analysis 报告。通过此实用程序可以生成每个图的摘要，摘要的形式包括 HTML、Word 和水晶报表等，生成的报告以图形或表格的形式显示测试中的重要数据。测试人员也可以根据可自定义的报告模板生成报告。

下面介绍 Analysis 中的查看执行结果、数据图表统计分析、测试报告文档生成等功能。

① 打开 Analysis。

Analysis 分析器可以从程序中打开，即选择"开始→所有程序→HP Software→HP LoadRunner→Analysis"或直接单击桌面上的 Analysis 快捷图标，然后选择保存好的结果文件。也可以从 Controller 中打开 Analysis，通过单击 Controller 工具栏上的 ⊗Analysis 按钮或单击 Controller 菜单栏的"Results→Analyze Results"，即可直接连接到该脚本的控制场景，链接启动 Analysis，并根据上一次场景运行的结果生成报告。Analysis 的首页默认显示 Summary Report 选项页的概要报告，也可以切换到其他选项页，以便查看对应性能测试数据的报表。Analysis 视图界面如图 6-77 所示。

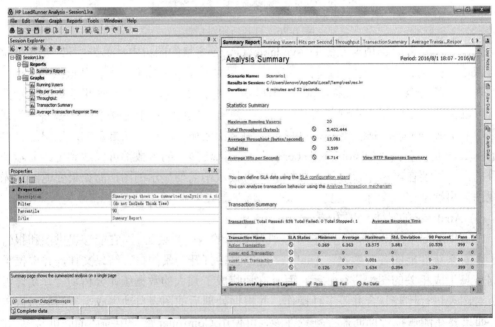

图 6-77　LoadRunner 的 Analysis 视图界面

② Analysis 工具栏。

Analysis 工具栏分为常用工具栏和图工具栏两种。其中，常用工具栏始终显示在页面顶部，主要包括的按钮如图 6-78 所示；图工具栏只有在打开图之后才会显示在页面顶部，该工具栏如图 6-79 所示。Analysis 工具栏中各按钮的含义请参考相关文献，在此不再详述。

图 6-78　Analysis 常用工具栏

File　Edit　View　Graph　Reports　Tools　Windows　Help

图 6-79　Analysis 图工具栏

③ Session Explorer 会话浏览器窗口。

该窗口显示当前会话中所打开项(图和报告)的树视图,可以访问摘要报告和 SLA 报告、分析事务和各类性能度量图表,也可以根据需求自定义报告。单击会话浏览器中的项时,该项将在 Analysis 主窗口中激活。如果需要查看其他报告,可以向当前 Analysis 会话中添加新图或报告。在树视图中单击鼠标右键,在弹出式快捷菜单中选择"Add New Item→Add New Graph…",将打开 Open a New Graph 对话框,选择并打开需要查看的图即可。

④ 设置 Analysis 选项。

Analysis 配置选项可以对 Analysis 分析负载测试结果方式有显著影响的某些 Analysis 进行设置,以更好地分析系统的性能测试结果。选择"Tools→Options",打开 Options 对话框,可以对 Analysis 选项进行设置。Analysis 选项设置的常规选项卡如图 6-80 所示。各选项卡的含义如下:

(a) General(常规)选项卡:通过此选项卡,可以配置常规的 Analysis 选项,例如日期格式、文件浏览器、临时存储位置和事务报告设置等内容。

(b) Result Collection(结果集合)选项卡:通过此选项卡,可以配置 Analysis 处理负载测试场景结果数据的方式,例如生成摘要数据或完整数据、数据聚合方式、数据时间范围、是否将 Controller 输出消息复制到 Analysis 会话等内容。

(c) Database(数据库)选项卡:在此选项卡中可以指定存储 Analysis 会话结果数据的数据库,并配置向数据库中导入 CVS 文件的方式。

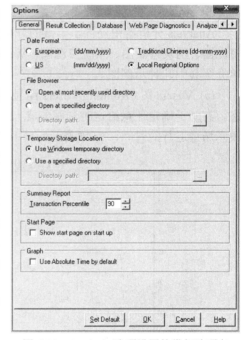

图 6-80　Analysis 选项设置的常规选项卡

(d) Web Page Diagnostics(网页诊断)选项卡:在此选项卡中可以设置网页细分选项,可以选择如何聚合包含动态信息的 URL 的显示。

(e) Analyze Transaction Settings(分析事务设置)选项卡:在此选项卡中可以将事务分析报告配置为显示所分析事务的图与其他所选图之间的关联。

⑤ 设置图选项。

Analysis 可以根据需要在会话中显示自定义的图和度量,进而方便以最有效的方式查看显示的数据。在打开图以后,选择菜单"View→Display Option",可以打开"Display Option"显示选项对话框,即可选择适合的图类型并配置图的显示情况,如图 6-81 所示。

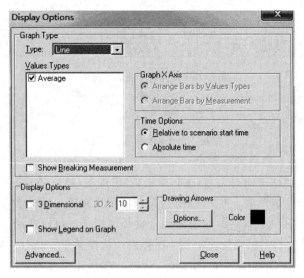

图 6-81　显示选项对话框

⑥ Analysis 图。

Analysis 分析器中提供了丰富的分析图，最常用的有 Vusers 图、错误图、事务图、Web 资源图、网页诊断图、系统资源图、Web 服务器资源图和数据库服务器资源图等。下面简单介绍其中几种示例图。

(a) Vusers 图。Running Vusers 图显示测试期间每秒执行 Vuser 脚本的 Vuser 数及其状态，有助于确定任意给定时刻服务器上运行的 Vuser 负载，如图 6-82 所示。其中，X 轴表示场景运行的时间，Y 轴表示场景中的 Vuser 数。

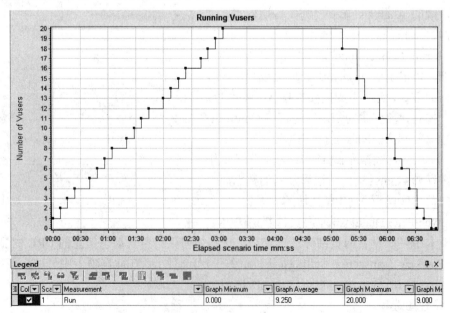

图 6-82　运行 Vusers 图

(b) 事务图。在负载测试场景执行期间，Vuser 会在执行事务时生成数据。利用 Analysis 可以将整个脚本执行期间的事务性能和状态以图的形式显示出来，包括平均事务响应时间

图、每秒事务总数图、平均事务响应时间图、事务性能摘要等。平均事务响应时间图如图
6-83 所示。

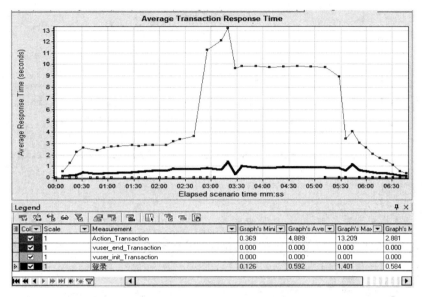

图 6-83 平均事务响应时间图

(c) Web 资源图。Web 资源图能够提供有关 Web 服务器性能的信息，借此可以分析
Web 服务器的吞吐量、每秒点击次数、每秒 HTTP 响应数、Web 服务器返回的 HTTP 状
态代码数、每秒下载的页面数、每秒服务器重试次数、负载测试场景期间的服务器重试次
数摘要、打开的 TCP/IP 连接数、每秒 TCP/IP 连接数、每秒打开的新 SSL 连接数和重用
的 SSL 连接数。如图 6-84 所示为每秒点击次数图。

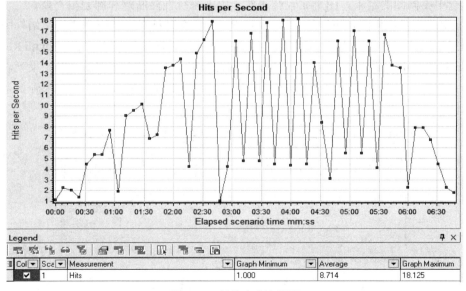

图 6-84 每秒点击次数图

(d) 系统资源图。系统资源图显示在负载测试场景运行期间联机监控器所监测的系统
资源的使用情况。这些图要求在运行场景之前指定要评测的资源，例如监测 CPU 利用率、

监测可用的磁盘空间与已用磁盘空间百分比、监测可用的内存等。Windows 系统资源图如图 6-85 所示，从图中可以看到内存使用量、磁盘时间和处理器时间等。

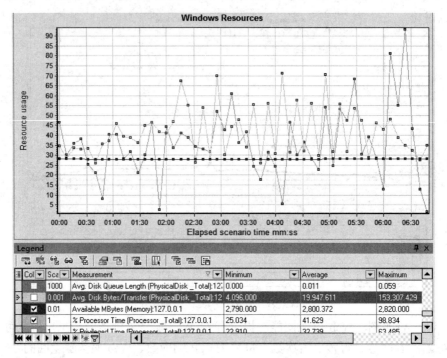

图 6-85　Windows 系统资源图

⑦ 图形交叉和合并。

交叉结果图可以用来比较多个负载测试场景的运行结果，合并图通常用于比较同一次场景运行中不同图的结果，图形比较结果对于确定系统性能瓶颈和问题很重要。

(a) 生成交叉结果图。可以通过"Cross Result"交叉结果对话框生成交叉结果图，该对话框能够实现多个负载测试场景的运行结果的比较。选择菜单"File→Cross with Result"，打开 Cross Result 对话框，如图 6-86 所示。通过单击"Add"添加按钮，在结果列表中添加其他结果集，完成后单击"OK"按钮，Analysis 将处理结果数据，并要求确认是否打开默认图。

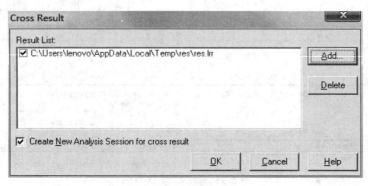

图 6-86　Cross Result 对话框

(b) 图形合并。Analysis 可以将同一负载测试场景中两个图的结果合并到一个图中。

通过图形合并，可一次比较多个不同的度量。选择菜单"View→Merge Graphs…"或使用快捷键 Ctrl + M，也可以在图形上单击鼠标右键并在弹出式快捷菜单里选择"Merge Graphs…"，即可打开"Merge Graphs"合并图对话框，如图 6-87 所示。在该对话框中选择要与活动图合并的图，以及合并类型和合并图的标题，单击"OK"确定按钮，即可生成合并图。

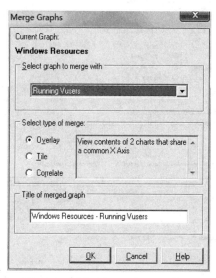

图 6-87   Merge Graphs 对话框

例如：需要在测试报告中给出"虚拟用户—用户响应时间"的合并图，这个折线图可以通过合并报表的形式生成，过程如下：选中 Average Transaction Response Time 报表，单击菜单栏的"View→Merge Graphs…"，然后选择与 Running Vuser 图合并，生成的即为"虚拟用户—用户响应时间"合并图，如图 6-88 所示。

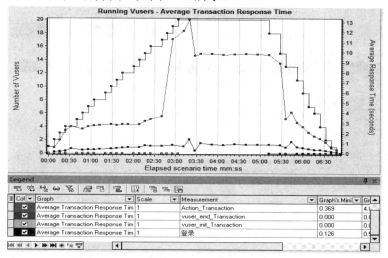

图 6-88   "虚拟用户—用户响应时间"合并图

⑧ Analysis 报告。

(a) 摘要报告。摘要报告提供有关负载测试场景执行情况的一般信息。默认情况下，此报告始终可以通过会话浏览器或 Analysis 窗口中的选项卡访问。摘要报告中通常会列出有关场景运行情况的统计信息，而且还提供指向以下图的链接：正在运行 Vuser、吞吐量、每秒点击次数、每秒 HTTP 响应数、事务摘要和平均事务响应时间。摘要报告的外观及其显示的信息将根据是否定义了 SLA 而变化，摘要报告视图如图 6-89 所示。

Analysis Summary   Period: 2016/8/1 18:07 - 2016/8/1 18:13

Scenario Name: Scenario1
Results in Session: C:\Users\lenovo\AppData\Local\Temp\res\res.lrr
Duration: 6 minutes and 52 seconds.

Statistics Summary

Maximum Running Vusers:		20
Total Throughput (bytes):	⊘	5,402,444
Average Throughput (bytes/second):	⊘	13,081
Total Hits:	⊘	3,599
Average Hits per Second:	⊘	8.714 View HTTP Responses Summary

You can define SLA data using the SLA configuration wizard
You can analyze transaction behavior using the Analyze Transaction mechanism

Transaction Summary

Transactions: Total Passed: 838 Total Failed: 0 Total Stopped: 1   Average Response Time

Transaction Name	SLA Status	Minimum	Average	Maximum	Std. Deviation	90 Percent	Pass	Fail	Stop
Action_Transaction	⊘	0.369	6.363	13.575	3.881	10.538	399	0	1
vuser_end_Transaction	⊘	0	0	0	0	0	20	0	0
vuser_init_Transaction	⊘	0	0	0.001	0	0	20	0	0
登录	⊘	0.126	0.707	1.634	0.394	1.29	399	0	0

Service Level Agreement Legend: ✔ Pass   ☒ Fail   ⊘ No Data

HTTP Responses Summary

HTTP Responses	Total	Per second
HTTP 200	3,599	8.714

图 6-89 摘要报告视图

(b) HTML 报告。通过 Analysis 可以为负载测试场景运行情况创建 HTML 报告。它将为每个打开的图和报告创建一个单独的页面。生成 HTML 报告的方法是选择菜单栏"Reports→HTML Report"，并输入文件名和选择保存路径，然后点击"保存"按钮即可。在 Analysis 创建报告后，会将其显示在 Web 浏览器中，如图 6-90 所示。

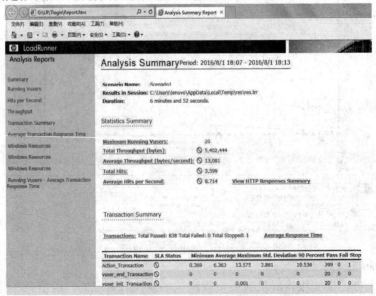

图 6-90 HTML 报告界面

　　(c) 生成 Microsoft Word 或 Adobe PDF 报告。Analysis 还可以生成其他格式的报告，如 Microsoft Word、Adobe PDF 等格式的报告。选择菜单栏"Reports→New Report"，打开 New Report 窗口，如图 6-91 所示。在该窗口中完成 General、Format、Content 选项卡内容的设置后，点击"Generate"按钮，即可生成测试报告。单击保存下拉列表，可将生成的测试报告保存为需要的文件格式。

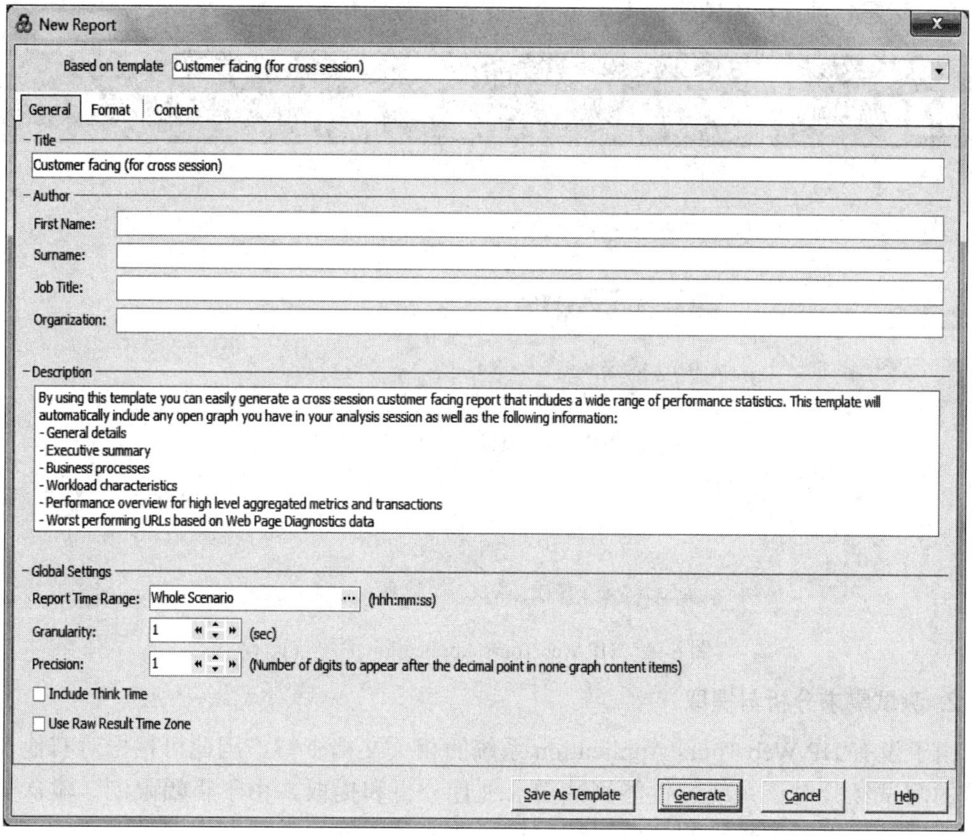

图 6-91　设置新报告窗口

6.4　软件性能测试实践

　　下面以 HP LoadRunner 性能测试工具自带的 HP Web Tours Application 系统为例，介绍利用 LoadRunner 进行性能测试的流程，其主要步骤有测试前期准备、测试需求分析与提取、测试计划与用例、测试设计与开发、测试执行与监管、测试分析与优化、测试报告与评审等。

1. 测试前期准备

　　本阶段的主要工作包括熟悉并验证 Web Tours 系统的基础功能、组建性能测试团队及了解目前市场上各类性能测试工具的特点。

　　首先，熟悉 HP Web Tours Application 系统的业务流程。该系统是 HP LoadRunner 性能

测试工具自带的一个飞机订票系统,用于模拟乘客在线预定机票。它是基于 ASP.NET 平台的网站,默认支持 SQL Server 数据库,且支持 IE、Chrome、Firefox 等浏览器。对网站用户注册和登录、预订机票、查看订单、取消订单、退出系统等功能已经做了业务功能测试。HP Web Tours Application 系统的首页如图 6-92 所示。其次,本次实践主要针对 HP LoadRunner 测试应用系统,在本章前面章节已经详细介绍,在此不再赘述。在本阶段,可以根据实际需要挑选优秀的测试人员组建一支性能测试团队。

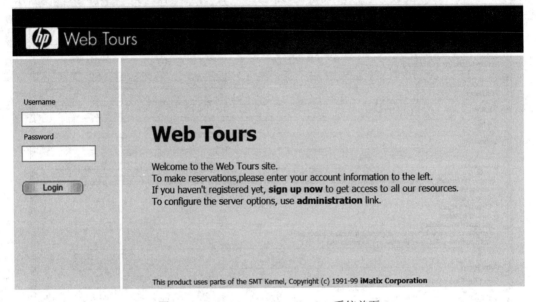

图 6-92   HP Web Tours Application 系统首页

2. 测试需求分析与提取

由于没有 HP Web Tours Application 系统的相关文档资料,因此可根据对其他 Web 系统的测试经验对该系统的性能测试需求进行分析和提取。由于篇幅限制,本次实践内容只针对发生频率较高的订票系统的登录功能、关键程度较高的网站首页的打开速度和系统登录并发用户数为 20 时对资源的占用三个方面进行性能测试。具体性能指标要求如下:

- 验证 HP Web Tours Application 系统首页打开响应时间小于 5 s;
- 验证用户登录操作的响应时间小于 1 s;
- 对系统登录功能进行并发压力操作,并发用户数为 20。

3. 测试计划与用例

按照本章 6.2.3 节中的性能测试计划模板,对各项内容进行详尽地描述,然后编制成性能测试计划文档。性能测试计划文档的具体内容在此不再详述。下面根据测试需求内容,仅对被测试系统的测试用例设计作简单介绍。其中,系统首页打开响应时间测试和用户登录操作响应时间测试为验证预期性能指标的基准测试,用户登录功能操作为并发测试。

(1) 验证预期性能指标测试。该系统首页打开响应时间测试用例如表 6-5 所示,用户登录操作响应时间测试用例如表 6-6 所示。

表 6-5　HP Web Tours Application 系统首页打开响应时间测试用例

用例编号	001	用例名称	系统首页打开响应时间
测试目的	验证打开 HP Web Tours Application 系统首页的响应时间符合标准		
测试性能指标	响应时间、事务数、CPU 利用率、内存使用率、磁盘 I/O 吞吐率		
前置条件	系统运行的软硬件环境配置完成	约束条件	无
测试步骤	操作	期望结果	实际结果
1	打开 IE 浏览器	系统首页打开响应时间＜5 s	
2	输入网址：http://127.0.0.1:1080/WebTours		
3	点击"转到"进入系统		
4	关闭浏览器		
用例设计人		用例审核人	
测试执行人		测试日期	

表 6-6　HP Web Tours Application 系统用户登录操作响应时间测试用例

用例编号	002	用例名称	系统登录响应时间
测试目的	验证用户登录操作的响应时间符合标准		
测试性能指标	响应时间		
前置条件	系统运行的软硬件环境配置完成	约束条件	无
测试步骤	操作	期望结果	实际结果
1	打开 IE 浏览器	用户登录响应时间<1s	
2	输入网址：http://127.0.0.1:1080/WebTours		
3	点击"转到"进入系统		
4	输入用户名：jojo；密码：bean		
5	单击"Login"登录		
6	单击"Sign off"退出		
7	关闭浏览器		
用例设计人		用例审核人	
测试执行人		测试日期	

(2) 用户并发测试。该系统用户并发测试用例如表 6-7 所示。

表 6-7　HP Web Tours Application 系统用户并发测试用例

用例编号	003		用例名称	用户登录系统并发测试	
测试目的	测试多人同时登录系统的性能情况				
测试性能指标	响应时间、系统资源利用率				
前置条件	测试环境配置完成，已创建 20 个登录用户		约束条件	无	
测试步骤	操作		期望结果		实际结果
1	打开 IE 浏览器		事务平均响应时间 < 4 s 事务最大响应时间 < 5 s 服务器 CPU 利用率 < 75% 内存使用率<70%		
2	输入网址：http://127.0.0.1:1080/WebTours				
3	点击"转到"进入系统				
4	输入用户名：jojo；密码：bean				
5	单击"Login"登录				
6	单击"Sign off"退出				
7	关闭浏览器				
用例设计人			用例审核人		
测试执行人			测试日期		

4．测试设计与开发

测试设计与开发主要是针对测试计划中测试策略、测试用例等测试内容作进一步深化。下面主要对测试环境设计、测试数据设计、测试场景设计、测试脚本开发等作简要介绍。

1) 测试环境设计

本次测试中的性能测试环境是指模拟实际应用的软硬件环境及用户使用过程的系统负载。模拟测试的硬件环境配置如下：CPU 为 Inter(R) Core(TM) i7-5500U 2.4 GHz，内存 8 GB，硬盘 1 TB。软件环境配置如下：操作系统为 Window 7 旗舰版，性能测试工具为 LoadRunner 12.00，浏览器为 IE 11.0。

2) 测试数据设计

测试登录模块仅涉及用户登录名和密码，因此测试数据所用登录名设计为 user1～user20，密码设计为 pwd1～pwd20，然后使用这些数据在被测试系统中进行用户注册。

3) 测试场景设计

在正常情况下，打开 HP Web Tours Application 系统首页。监控范围：获取打开系统首页的响应时间。

在正常负载情况下，即在线用户数比较少的情况下，测试用户登录的响应时间，测试场景设计为：在线用户数 10 人，启动用户数 2 人，每 10 秒增加 2 人，持续 5 分钟后立即结束负载。监控范围为获取登录业务的响应时间。

在多用户并发情况下，测试登录操作的性能情况，测试场景设计为：在线用户数 20 人，启动用户数 5 人，每 10 秒增加 5 人，持续 5 分钟后立即结束负载。监控范围包括获取登录业务的响应时间、服务器 CPU 利用率和内存使用率等。

4) 测试脚本开发

利用 LoadRunner 对被测试系统进行测试脚本开发，其过程一般包括以下几个步骤：

第 1 步：录制脚本。

(a) 启动 VuGen，打开新建脚本页面，选择 Web-HTTP/HTML 协议，在填写脚本名称、存储路径等信息后，单击 "Create" 创建按钮完成新建脚本操作。

(b) 单击录制按钮，在打开的 "Start Recording" 对话框中设置录制脚本所在的操作、录制模式及相关设置，设置完成后单击 "Start Recording" 按钮开始录制脚本。录制结束后，单击停止录制按钮，录制的操作将自动生成脚本，如图 6-93 所示。

图 6-93　录制脚本显示界面

第 2 步：修改完善脚本。

(a) 插入事务。对打开系统首页的脚本定义事务，开始事务为 lr_start_transaction ("Open_TIndex")，结束事务为 lr_end_transaction("Open_TIndex", LR_AUTO)。对登录操作脚本定义事务，开始事务为 lr_start_transaction("TLogin")，结束事务为 lr_end_transaction("TLogin", LR_AUTO)；对退出系统操作定义事务，开始事务为 lr_start_transaction("Sign_Off")，结束事务为 lr_end_transaction("Sign_Off", LR_AUTO)。

(b) 参数化。在脚本中找到录制时输入的用户名 "jojo" 和密码 "bean"，对这两个值进行参数化。首先，选中 "jojo" 并单击右键，在弹出的快捷菜单中选择 "Replace with Parameter→Create New Parameter"，如图 6-94 所示。在打开的对话框中，在参数名文本框中输入 "User"，其他项使用默认值。然后，单击 "Properties" 按钮打开参数属性对话框，按照 6.3.2 节中的设置方法完成所有参数的设置。其中，输入的用户名数据为 user1～user20，其他设置如图 6-95 所示。最后，单击 "Select or Create Parameter" 对话框中的 "OK" 按钮完成用户名的参数化。对密码 "bean" 的参数化可参照用户名的参数化过程，输入的密码数据为 pwd1～pwd20。需要注意的是，在 "Select next row" 所对应的下拉列表中，应选择"Same line as User"。

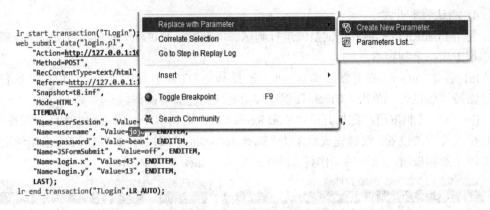

图 6-94　登录用户名参数化

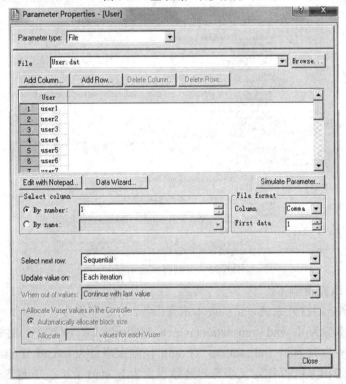

图 6-95　Parameter Properties 设置对话框

(c) 插入集合点。在用户登录操作的脚本前插入集合点函数 lr_rendezvous ("Login_ RDZ")。

(d) 设置思考时间。为了更加真实地模拟用户的实际操作，应该在脚本中设置思考时间。在本实例中，将所有的思考时间都设置为 5 s，即当脚本执行到思考时间函数时，将等待 5 s 后继续执行。

(e) 添加注释。为了增加脚本代码的可读性和可维护性，应在录制的脚本中添加适当的注释。注释的添加方法可参考 6.3.2 节中的介绍。

(f) 调整代码结构。录制的脚本中可能有一些无用的代码，测试人员可以根据需要进行增、删、改写操作，使脚本更简洁、高效。HP Web Tours Application 系统打开首页、登录和退出系统的脚本如下：

```
//脚本业务：HP Web Tours Application 系统打开首页、用户登录和退出系统业务
//脚本说明：定义了集合点，定义了打开首页、登录和退出系统三个事务，对用户名和密码进行了参数化
//脚本开发者：XXX
//日期：2016.8.2
T_Tours()
{
lr_start_transaction("Open_TIndex");              //定义打开系统首页事务开始
 web_url("WebTours",
            "URL=http://127.0.0.1:1080/WebTours",
            "Resource=0",
            "RecContentType=text/html",
            "Referer=",
            "Snapshot=t20.inf",
            "Mode=HTML",
            LAST);
 lr_end_transaction("Open_TIndex",LR_AUTO);         //定义打开系统首页事务结束
    lr_think_time(5);              //设置思考时间
    lr_rendezvous("Login_RDZ");        //插入集合点
 lr_start_transaction("TLogin");          //定义用户登录事务开始，并对用户名和密码进行参数化
 web_submit_data("login.pl",              //登录提交请求
 "Action=http://127.0.0.1:1080/cgi-bin/login.pl",
 "Method=POST",
 "RecContentType=text/html",
 "Referer=http://127.0.0.1:1080/cgi-bin/nav.pl?in=home",
 "Snapshot=t8.inf",
 "Mode=HTML",
 ITEMDATA,
 "Name=userSession", "Value=119021.659538275zVccVHzpzVcfDzHDDpAfQzHf", ENDITEM,
 "Name=username", "Value={User}", ENDITEM,
 "Name=password", "Value={Password}", ENDITEM,
 "Name=JSFormSubmit", "Value=off", ENDITEM,
 "Name=login.x", "Value=43", ENDITEM,
 "Name=login.y", "Value=13", ENDITEM,
 LAST);
 lr_end_transaction("TLogin",LR_AUTO);         //定义用户登录事务结束
    lr_think_time(5);              //设置思考时间
```

```
        lr_start_transaction("Sign_Off");          //定义退出系统事务开始
        web_url("welcome.pl",                       //退出系统，返回系统登录页面
            "URL=http://127.0.0.1:1080/cgi-bin/welcome.pl?signOff=1",
        "Resource=0",
            "RecContentType=text/html",
            "Referer=http://127.0.0.1:1080/cgi-bin/nav.pl?page=menu&in=home",
            "Snapshot=t36.inf",
            "Mode=HTML",
            LAST);
        lr_end_transaction("Sign_Off",LR_AUTO);      //定义退出系统事务结束
        return 0;
    }
```

第 3 步：脚本回放。对修改完善后的脚本回放，以验证脚本是否能成功执行。回放结束后，可以看到自动生成的"SZ_Tours:Replay Summary"回放摘要文件，如图 6-96 所示。另外，还可以在此文件中点击"The Test Result"查看测试结果，点击"The Replay Log"查看测试日志。

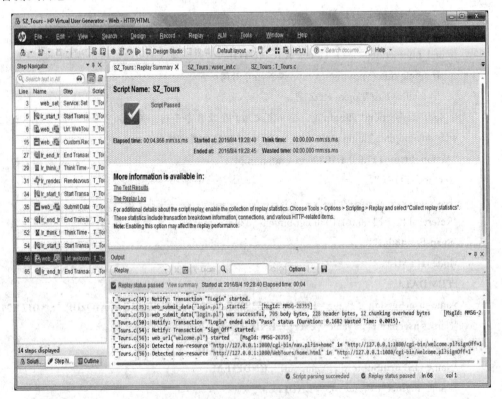

图 6-96   SZ_Tours 脚本回放摘要

5. 测试执行与监管

测试执行环境搭建完成后，根据设计的测试场景方案，在测试工具中部署、配置各测

试场景，包括对虚拟用户组及其对应的用户数、虚拟用户组对应的运行参数以及用户增长方式、用户退出方式等进行部署，并监控场景运行过程中的指定性能指标。下面对测试设计部分设计与开发的场景进行部署。

(1) 在正常负载情况下，即在线用户数比较少，测试 HP Web Tours Application 系统首页打开和用户登录的响应时间，测试场景部署如下：

场景 1：场景组名称为 Tours_group_10，场景方案名称为 10_Schedule1，在线用户数 10 人，启动用户数 2 人，每 10 秒增加 2 人，持续 5 分钟后立即结束负载。监控范围包括获取打开系统首页的响应时间和登录业务的响应时间。

(2) 在多用户并发情况下，测试 HP Web Tours Application 系统登录操作的性能情况，测试场景部署如下：

场景 2：场景组名称为 Login_group_20，场景方案名称为 20_Schedule2，在线用户数 20 人，启动用户数 5 人，每 10 秒增加 5 人，20 秒后达到最大在线 Vuser 数，持续 5 分钟后立即结束负载。监控范围包括获取登录业务的响应时间、服务器 CPU 利用率和内存使用率等。

在 HP LoadRunner Controller 的 Design 视图中布置好场景后，在 Run 视图中单击“Start Scenario”按钮开始执行场景。同时，对场景运行过程中的参数进行实时监控。

6. 测试分析与优化

测试执行完成后，通过 LoadRunner 的 Analysis 模块，可以对场景 1 和场景 2 测试过程中得到的性能数据进行分析，从而针对系统的性能进行优化以消除瓶颈。

1) 针对场景 1 进行性能分析

在 HP LoadRunner 的 Analysis 中，首先可以通过 Summary Report 分析性能测试结果的总体情况，如图 6-97 所示。

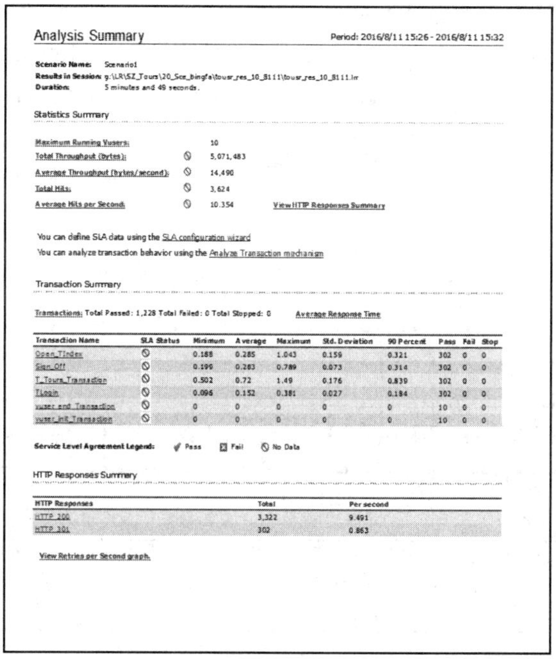
Analysis Summary　Period: 2016/8/11 15:26 - 2016/8/11 15:32

Scenario Name: Scenario1
Results in Session: g:\LR\SZ_Tours\20_Sce_bingfa\tousr_res_10_8111\tousr_res_10_8111.lrr
Duration: 5 minutes and 49 seconds.

Statistics Summary

Maximum Running Vusers: 10
Total Throughput (bytes): ⊘ 5,071,483
Average Throughput (bytes/second): ⊘ 14,490
Total Hits: ⊘ 3,624
Average Hits per Second: ⊘ 10.354　View HTTP Responses Summary

You can define SLA data using the SLA configuration wizard
You can analyze transaction behavior using the Analyze Transaction mechanism

Transaction Summary

Transactions: Total Passed: 1,228 Total Failed: 0 Total Stopped: 0　Average Response Time

Transaction Name	SLA Status	Minimum	Average	Maximum	Std. Deviation	90 Percent	Pass	Fail	Stop
Open_TIndex	⊘	0.188	0.285	1.043	0.159	0.321	302	0	0
Sign_Off	⊘	0.199	0.283	0.789	0.073	0.314	302	0	0
T_Tours_Transaction	⊘	0.502	0.72	1.49	0.176	0.839	302	0	0
TLogin	⊘	0.096	0.152	0.381	0.027	0.184	302	0	0
vuser_end_Transaction	⊘	0	0	0	0	0	10	0	0
vuser_init_Transaction	⊘	0	0	0	0	0	10	0	0

Service Level Agreement Legend: Pass　Fail　⊘ No Data

HTTP Responses Summary

HTTP Responses	Total	Per second
HTTP 200	3,322	9.491
HTTP 301	302	0.863

View Retries per Second graph.

图 6-97　场景 1 运行的 Summary Report

　　从报告中可以看出，系统首页打开事务 Open_TIndex 和用户登录事务 TLogin 的平均响应时间均满足预期性能指标要求。其中，系统首页打开事务 Open_TIndex 的平均响应时间为 0.285 s，最大响应时间为 1.043 s；用户登录事务 TLogin 的平均响应时间为 0.152 s，最大响应时间为 0.381 s。

　　另外，从如图 6-98 所示的"Average Transaction Response Time - Running Vusers"关联折线图中可以看出，系统首页打开事务 Open_TIndex 与用户登录事务 TLogin 的响应时间随着 Vuser 数量的变化无明显的变化。因此，在正常负载情况下，由于在线用户数比较少，对系统首页打开事务和用户登录事务的平均响应时间性能指标影响不大。

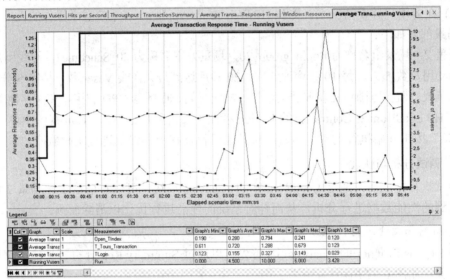

图 6-98　场景 1 的 Average Transaction Response Time - Running Vusers 关联折线图

　　为了进一步分析被测系统对系统资源的影响，将 Windows Resources 与 Running Vusers 进行合并，得到如图 6-99 所示的"Windows Resources - Running Vusers"关联折线图。

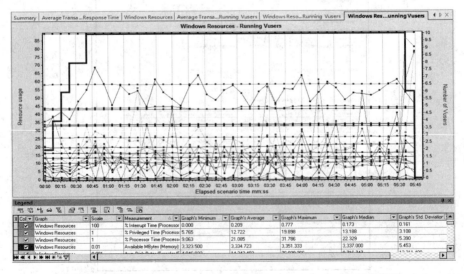

图 6-99　场景 1 的 Windows Resources - Running Vusers 关联折线图

从图 6-99 可以看出，服务器 CPU 利用率最高为 31.786%，不超过 75%；可用内存最小值为 3323.5 MB，内存使用率不超过 70%。因此，服务器 CPU 利用率和内存使用率都能达到预期的性能指标。

综上所述，在正常负载情况下，被测系统预设的各项性能指标均能满足需求，且达到通过性能测试的要求。

2) 针对场景 2 进行性能分析

同样，首先可以通过场景 2 测试结果的 Summary Report 分析性能测试结果的总体情况，如图 6-100 所示。

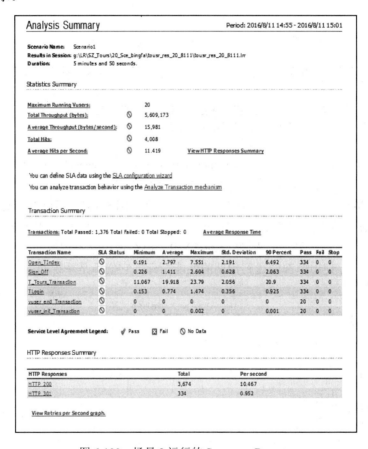

图 6-100　场景 2 运行的 Summary Report

从报告中可以看出，在并发用户数为 20 的情况下，用户登录事务 TLogin 的平均响应时间满足预期性能指标要求。其中，用户登录事务 TLogin 的平均响应时间为 0.774 s，最大响应时间为 1.474 s，满足性能指标要求的事务平均响应时间小于 4 s，以及事务最大响应时间小于 5 s。

同样，从图 6-101 所示的"Average Transaction Response Time - Running Vusers"关联折线图中可以看出，用户登录事务 TLogin 的响应时间随着 Vuser 数量的增加有一定的变化趋势。即 Vuser 数据从 5 至 20 增加时，用户登录事务 TLogin 的响应时间呈增长趋势；在 Vuser 的数量保持在 20 的时候，由于设置了集合点，系统性能在集合点处受并发 Vuser 数量影响有明显的变化趋势，但没有超过预设的性能指标期望值。

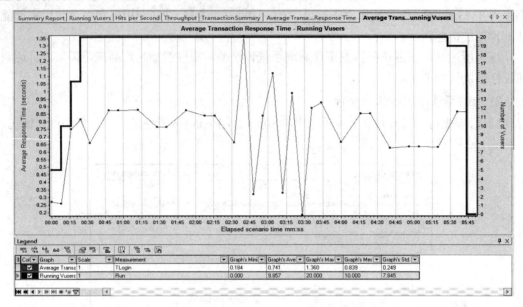

图 6-101　场景 2 的 Average Transaction Response Time - Running Vusers 关联折线图

　　为了确定并发用户数量对系统资源的影响，将 Windows Resources 中 CPU、内存和磁盘的主要性能指标与 Running Vusers 进行合并，得到如图 6-102 所示的"Windows Resources - Running Vusers"关联折线图。从该图中可以看出，服务器 CPU 利用率最高为 56.645%，不超过 75%；可用内存最小值为 3835.667 MB，内存使用率不超过 70%。因此，服务器 CPU 利用率和内存使用率都能达到预期的性能指标，它们不是系统的主要性能瓶颈。

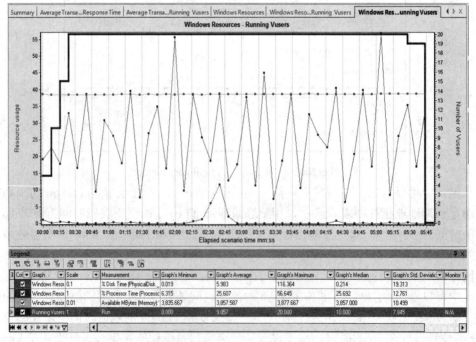

图 6-102　Windows Resources - Running Vusers 关联折线图

综上所述，在多用户并发情况下，被测系统预设的各项性能指标均能满足需求，且达到通过性能测试的要求。

如果在性能测试过程中，有部分性能指标不能达到设定的预期值，则根据情况找到影响系统性能瓶颈的因素，有针对性地对系统瓶颈进行调优。

7. 测试报告与评审

1) 编制测试报告

上述所有工作完成后，就可以根据测试过程中得到的数据撰写性能测试报告了。性能测试报告一般包括测试背景、测试目标、测试条件、测试人员及进度、测试工具及环境、测试内容、测试场景方案、测试结果、测试缺陷及说明、测试结论及优化建议等内容。性能测试报告的撰写内容请参考相关文献，在此不再详述。

2) 测试报告评审

性能测试报告编制完成后，还需要组织相关评审人员对被测系统的性能测试报告内容进行评审，以及早发现并解决测试报告中的问题，进而改进和完善系统性能。同样，测试报告评审结束后，各评审人员将审查过程中发现的问题及时汇总整理，并提交给评审组长编制成性能测试报告评审报告。

本 章 小 结

(1) 软件性能是衡量软件非功能特性的一种重要指标。从广义上来说，它是指一个软件系统的执行效率、资源占用、稳定性、安全性、兼容性、可扩展性、可靠性等；从狭义上来说，它表明软件系统或构件对时间及时性和资源经济性的要求。软件性能测试就是用来测试软件在系统中的运行性能，性能测试可以发生在各个测试阶段，但只有在系统测试阶段，才能检测一个系统的真正性能。

(2) 软件性能测试的总体目标在于通过模拟真实负载，以确认软件系统是否达到用户使用需求，并找出可能存在的性能瓶颈或缺陷；收集测试结果并分析产生缺陷的原因，提交总结报告，改进、优化系统性能，从而保证程序在实际运行中能够提供良好和可靠的服务。

(3) 依据测试过程中采用的技术不同，可以将软件性能测试方法分为 4 种：基准测试方法、性能规划测试方法、渗入测试方法和峰谷测试方法。针对不同的应用类型和侧重点，主要有虚拟用户方法、WUS 方法、对象驱动方法和目标驱动方法。

(4) 软件性能测试的整个过程应遵循一定的测试流程，通常称这种流程为性能测试过程模型，它是指导软件性能测试过程的方法论。常见的性能测试过程模型有：LoadRunner 性能测试过程模型、Segue 性能测试过程模型、PTGM 性能测试过程模型和 SPTM 性能测试过程模型。

(5) 目前国内外较流行的性能测试工具较多，商业性能测试工具主要有 HP-Mercury 公司的 LoadRunner、Compuware 公司的 QALoad、IBM Rational 公司的 TeamTest、SGI 公司的 WebStone、Borland 公司的 SilkPerformer 等。免费及开源性能测试工具包括 Apache 公司的 JMeter、Cyrano 公司的 OpenSTA、微软的 WAS 等。

(6) 对 LoadRunner 性能测试工具的介绍主要从组成结构、工作原理、常用术语三个方面进行，特别是对 LoadRunner 性能测试的一般步骤进行了详细描述。

(7) 以 HP LoadRunner 性能测试工具自带的 HP Web Tours Application 系统为例，介绍了利用 LoadRunner 工具进行性能测试的流程，主要步骤测试前期准备、测试需求分析与提取、测试计划与用例、测试设计与开发、测试执行与监管、测试分析与优化、测试报告与评估"等。

思考与练习

1. 选择题

(1) 在软件性能测试中，下列指标中不是软件性能指标的是(　　)。

A) 响应时间　　　　　　　　B) 吞吐量

C) 资源利用率　　　　　　　D) 并发进程数

(2) 下面不属于负载压力测试的测试场景的是(　　)。

A) 恢复测试　　　　　　　　B) 疲劳强度测试

C) 大数据量测试　　　　　　D) 并发性能测试

(3) 下列不属于性能测试工具的是(　　)。

A) LoadRunner　　　　　　　B) WebStone

C) WAS　　　　　　　　　　D) Rational Robot

(4) LoadRunner 可以模拟多用户并发及回放脚本的是(　　)。

A) Virtual User Generator　　B) Controller

C) Analysis　　　　　　　　D) Load Generator

(5) 下列关于软件性能测试的说法中，正确的是(　　)。

A) 性能测试的目的不是为了发现软件缺陷

B) 压力测试与负载测试的目的都是为了探测软件在满足预定性能需求的情况下所能负担的最大压力

C) 性能测试通常要对测试结果进行分析才能获得测试结论

D) 软件可靠性测试通常用于有可靠性要求的软件

2. 填空题

(1) 常见的性能测试包括_____、_____、_____、_____、_____。

(2) 场景设置方法有_____和_____。

(3) LoadRunner 由_____、_____、_____三大模块组成，功能分别为_____、_____、_____。

(4) 性能测试工具有_____、_____、_____、_____、_____。

(5) 开始执行性能测试是在产品相对比较稳定，_____测试完成后。

3. 解释题

(1) 基准测试、压力测试、可靠性测试。

(2) 软件性能、软件性能测试。

(3) 事务、事务响应时间。

(4) 虚拟用户、虚拟用户脚本。

4. 简答题

(1) 简述使用 LoadRunner 的一般步骤。

(2) 什么是软件性能测试？简述软件性能测试的步骤。

(3) 简述 LoadRunner 的组成结构和工作原理。

(4) 简述性能测试工作的目的。

第7章 测 试 实 践

本章将针对实际的案例展开功能测试和性能测试，并详细介绍测试实施的过程。

7.1 被测试软件简介

本章所要测试的软件是采用 B/S 架构设计开发的飞机订票系统，由惠普公司开发的软件功能测试工具 HP UFT 和软件性能测试工具 HP LoadRunner 均自带了一个基于 B/S 架构的飞机订票系统，在 UFT 中该订票系统程序的名字是"Mercury Tour Web Site"，而在 LoadRunner 中该订票系统程序的名字为"WebTours"。这两个应用程序虽然操作界面有所不同，但基本操作流程和开发时所采用的基本 Web 控件类型大致相同，且所实现的功能也基本相同。在安装相应的测试工具时会自动安装相应的样例程序，只需经过简单的配置就可正常使用，所以本章将以飞机订票系统作为被测试软件。在进行功能测试实践时以 UFT 自带的样例程序为例，而在进行性能测试实践时则以 LoadRunner 自带的样例程序为例。

UFT 自带的基于 Web 的飞机订票系统的首页如图 7-1 所示，该应用程序的 URL 为"http://newtours.demoaut.com/"。

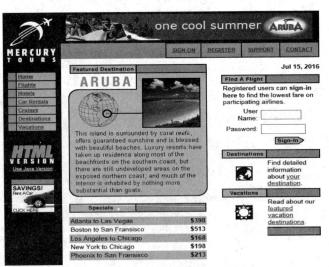

图 7-1　UFT 样例程序主界面

该 Web 程序从界面上来看，设计的功能框架较多，但实际上只实现了"Flights"飞机订票、新用户注册、登录系统和退出系统这四个基本功能。飞机订票功能的业务操作流程如下：

首先，在 IE 浏览器的地址栏中输入"http://newtours.demoaut.com/"，如果应用系统启动成功则会在浏览器中出现如图 7-1 所示的系统主界面。在该界面输入正确的用户名和密码，单击"Sign-In"按钮登录系统，即可进入"FLIGHT FINDER"机票预订页面，如图 7-2 所示。

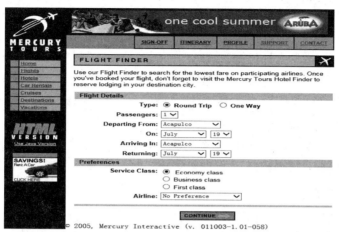

图 7-2　机票预订页面

然后，根据需要填写相关的订票信息，包括航班类型、乘客的个数、出发地、目的地、出发日期和返程日期、航班选择、信用卡信息、账单地址信息等内容，填写完毕后即可完成机票的预订工作。

7.2　测 试 计 划

在软件测试之初一定要制定相应的测试计划，它是安排和指导测试过程的纲领性文件。项目的管理人员可以根据测试计划进行宏观调控，以及资源的配置管理；测试人员通过测试计划了解整个项目的测试情况及在项目的不同阶段所要进行的工作；其他相关人员也可以通过测试计划了解测试人员的工作内容，从而执行相应的配合工作。

测试计划文档通常由具有丰富测试项目经验的软件测试工程师编写，主要包括测试的背景和原因、测试的内容及范围、测试环境、测试资源、测试进度、测试策略以及可能出现的测试风险等内容。测试人员在编写测试计划文档时，应注意以下几个方面的问题：

(1) 测试计划不一定要尽善尽美，但一定要切合实际。要根据项目特点、公司的实际情况编制测试计划，而不能脱离实际情况。

(2) 测试计划制定出来以后也不是一成不变的。随着软件需求、软件开发、人员流动等因素的变化，需要不断地对测试计划进行调整，以满足实际测试的要求。

(3) 测试计划主要是从宏观上反映项目的测试任务、测试阶段、资源需求等信息，不需要制定的非常详细。

7.2.1　功能测试计划的编制

本小节主要介绍功能测试计划的编制工作。测试计划文档的模板有很多，但包含的主要内容基本相同，每个公司都应根据公司的实际情况和需要进行选择。在这里主要介绍功能测试计划涉及的主要内容。

1. 项目背景

本节所要测试的软件是 UFT 中自带的采用 B/S 架构的飞机订票系统，从功能上来看该软件主要实现的是飞机订票功能，包括用户登录、机票预订、用户注册、退出系统等基本功能。本节将对这些功能进行比较全面的测试，以检验软件是否满足用户需求，软件是否易用，界面是否美观、人性化等。

2. 测试目标

首先，根据功能测试需求设计功能测试用例，尽可能找出该飞机订票系统存在的缺陷，同时建立一套完整的测试用例库。

其次，对飞机订票系统常用的、重要的业务采用自动化测试，同时规范脚本开发过程，增强脚本的可重用性和可维护性。

3. 测试对象和方法

本次需要对飞机订票系统的所有已实现的功能进行功能测试。经过分析，该飞机订票系统主要实现了四个功能：登录、退出、机票预定和新用户注册。其中，登录、退出和新用户注册三个功能均适合采用自动化测试，而机票预订功能的测试将采用手工测试。

4. 功能测试的软硬件环境

在进行功能测试前，测试人员必须首先搭建好测试平台，考虑到本节所要测试的软件的特殊性，只需要成功安装功能测试自动化工具 UFT 即可，同时完成测试软件和测试工具的部署工作。因此，只需要按照 UFT 的安装要求进行软件的安装即可。UFT 安装完成后，可打开一个浏览器，在地址栏中输入 "http://newtours.demoaut.com/"，并查看是否成功打开了一个基于 Web 的飞机订票系统，如果成功打开，则说明相应的环境已经配置完成。

需要特别注意的是，由于测试工具 UFT 对 IE 浏览器的对象识别较好，所以在测试中最好使用 IE 浏览器。

5. 人力资源和时间安排

考虑到飞机订票软件的功能并不复杂，所以计划安排一名经验丰富的测试工程师完成功能测试需求分析、测试计划的编制和自动化测试框架的设计，并由另外一名测试人员完成剩余的工作，也即共安排两位测试人员完成整个功能测试工作。这个测试工作预计在 4 天内可以完成，具体的人员和时间进度安排如表 7-1 所示。

表 7-1　人员和时间进度安排表

时间段	具体任务	执行人员	职　责
第 1 天	测试需求分析 测试计划制定 自动化测试框架设计	测试组长	负责测试需求分析，制定测试计划，设计自动化测试框架，组织测试评审，协调管理测试工作与进度
第 2 天	测试用例设计 测试脚本开发	测试员	负责设计测试用例，开发测试脚本
第 3 天	执行测试 测试结果分析	测试员	执行功能测试，分析测试结果，提交测试缺陷，回归测试
第 4 天	测试报告	测试员	编写测试报告

6. 测试的要求

1) 测试用例的设计

测试工程师在设计测试用例时需要考虑如下要求：

(1) 测试用例应该能够充分覆盖测试需求中的所有功能测试项。

(2) 测试用例的设计应该考虑功能的正确性和容错性测试。

(3) 根据测试项的重要程度和优先级不同，调整测试用例的顺序和粒度。

(4) 应该结合常用的黑盒测试用例设计方法来设计测试用例，如等价类划分法、边界值法、错误推测法和场景法等。

(5) 对于每一个测试用例，测试人员应该为其指定输入(或操作)、预期输出(或结果)。

(6) 每一个测试用例都必须有详细的测试步骤描述。

(7) 所有测试用例均需要以规范的文档方式保存。

(8) 在整个测试过程中，可根据项目实际情况对测试用例进行适当修改。

(9) 按照系统的运行结构安排测试用例的执行顺序。

2) 自动化测试的实施

在本次测试过程中，有些测试用例要实施自动化测试，其具体要求如下：

首先，要优先选择常用的、重要的、比较稳定的、程序容易判断的功能项实施自动化测试。其次，要维护好测试系统脚本的对象库文件。再次，要尽可能地使用数据驱动的编程思想，使脚本和数据分开。然后要采用结构化的编程思想，将某些独立的操作封装起来，合理地利用脚本复用技术，以最大限度地减少脚本开发的工作量，并为脚本添加必要的注释信息，以增强脚本的可读性。最后，还要采用规范的措施对脚本进行管理。

3) 缺陷处理

测试人员执行完测试用例后，应该对测试过程中发现的缺陷进行管理，具体的管理要求如下：

测试执行过程中，对发现的缺陷应该马上记录。对每个缺陷都应该编写相应的软件缺陷报告单。每个缺陷应该有明确的所属模块、缺陷等级等信息。测试人员应该全程跟踪缺陷直到缺陷被解决。当缺陷被开发人员修改完毕后，测试人员应该执行回归测试。

7. 测试的进入和退出标准

1) 进入标准

具备以下条件后，可开始进行功能测试：

(1) 测试环境搭建完毕。

(2) 测试用例、功能自动化测试脚本开发完毕。

(3) 业务数据和测试数据准备完毕。

(4) 被测试软件可正常使用。

2) 退出标准

手工测试用例 100%被执行，且所有的自动化测试脚本执行完毕即可结束功能测试。

8. 测试交付文档

除了最终的测试报告，测试过程中产生的文档和文件都需要保存下来，这些文档将作为系统能够进行验收的依据。需要交付的主要文档有：测试需求大纲、测试计划文档、测试用例文档、测试脚本文件、测试结果文件、软件缺陷报告单、测试报告文档等。

测试计划除了上面提及的八项内容外，还应包括测试的参考资料、测试术语、测试计划的制定者、测试计划的制定日期、测试计划的修改记录和评审人员等信息。

测试计划编写完成后，测试的负责人应该尽快组织评审小组对测试计划内容进行评审，以及早发现测试计划中存在的问题并及时进行修改。

7.2.2　性能测试计划的编制

本小节主要针对 HP Web Tours Application 整个系统的性能测试计划的编制进行详细介绍。由于篇幅限制，对于 HP Web Tours Application 系统性能测试计划的编制主要从项目背景、测试环境、人员和时间安排、场景设计方案、测试交付产物和风险分析等方面进行介绍。

1. 项目背景

HP LoadRunner 性能测试工具安装完成后，自带的 Web Tours Application 系统的运行环境已经搭建完成。在熟悉了系统的流程和所有功能进行了熟悉，且对用户注册和登录、预订机票、查看订单、取消订单、退出系统等模块进行了功能测试。

在开始性能测试工作之前，应该根据项目进度和规模、用户要求、系统性能测试需求等信息，合理选择性能测试团队成员和安排性能测试进度，并在整个性能测试过程中严格按照测试计划执行测试。

本次性能测试依然采用 HP LoadRunner 性能测试工具，通过使用 VuGen、Controller 和 Analysis 三大组件，将设计的测试用例、测试场景通过脚本的开发和执行来实现业务的性能需求。此外，还可以对多种测试场景的结果进行对比分析，通过测试数据和测试报告综合评估系统性能，找出影响系统性能的瓶颈，然后编制性能测试总结报告并实施系统调优。

2. 测试环境

在使用性能测试工具开始进行性能测试前，测试人员需要完成测试环境的搭建。一般来讲，被测应用程序及其数据库应该与控制器及负载机分别安装在不同的计算机，以更好地监控被测应用程序所在服务端的性能。由于本次测试的应用程序是 HP LoadRunner 自带软件，因此被测试应用程序及其数据库与控制器及负载机使用的是同一台计算机。测试环境配置如表 7-2 所示。

表 7-2　测试环境配置

组　　件		配 置 情 况
硬件	CPU	Inter(R) Core(TM) i7-5500U 2.4 GHz
	内存	8 GB
	硬盘	1 TB
软件	操作系统	Windows 7 旗舰版
	浏览器	IE 11.0
	测试工具	HP LoadRunner 12.00 Community Edition

3. 人员和时间安排

在对 HP Web Tours Application 系统进行测试时,可以根据测试项目实际情况组建测试团队。因本次测试项目规模较小、时间充足,测试团队可由三位成员组成。其中,经验丰富的成员可以担任测试经理或测试组长,完成性能测试的需求分析、测试计划编写和测试设计工作,另外两位成员负责完成测试环境搭建、测试脚本录制和开发、测试场景配置、测试场景运行和监控、测试结果分析、测试报告编制等测试工作。本次性能测试时间为 7 天,具体时间及工作安排如表 7-3 所示。

表 7-3　性能测试人员工作及时间安排表

时　间	任　　务	人　员	职　责
第 1 天	测试需求分析与提取	测试组长	负责系统性能测试需求分析与提取
第 2 天	编制测试计划	测试组长	负责系统性能测试计划的编制
第 3 天	设计测试用例	测试组长	负责系统性能测试用例的设计
第 4 天	测试设计与开发	测试员 1、测试员 2	负责设计测试场景与开发测试脚本
第 5 天	测试执行与监管	测试员 1、测试员 2	负责测试场景的配置、运行和监管
第 6 天	测试分析与优化	测试员 1、测试员 2	负责分析测试结果及定位优化瓶颈
第 7 天	测试报告与评审	团队所有成员	测试员编制测试报告并共同完成评审

4. 场景设计方案

由于在第 6 章中已经对 HP Web Tours Application 系统的登录业务单独做了测试,因此本次性能测试主要完成用户注册并发测试业务,及预订机票、查看订单、取消订单和退出系统等功能的混合业务测试。可以利用基准测试推算各业务的并发用户数,也可以采用多种不同的 Vuser 数来设计场景,从而根据测试结果找出系统可能存在的瓶颈。HP Web Tours Application 系统的基准测试的场景设计如表 7-4 所示。

在本案例中,为了方便测试,不再执行基准测试,直接将用户注册业务的并发 Vuser 数设置为 20,场景设计方案如表 7-5 所示;混合业务测试中各业务的并发 Vuser 数及场景设计方案如表 7-6 所示。

表 7-4　HP Web Tours Application 系统各业务基准测试场景表

脚本编号	测试脚本名	Vuser 数量	测试执行要求	主要监控指标
1	用户注册			
2	预订机票		启动 Vuser 1 人,持续 0 分钟,退出时立即结束负载	平均事务响应时间 CPU 利用率 内存使用率 磁盘 I/O 吞吐率
3	查看订单	1		
4	取消订单			
5	退出系统			

表 7-5 　HP Web Tours Application 系统用户注册业务并发测试场景表

脚本编号	测试脚本名	Vuser 数量	测试执行要求	主要监控指标
1	用户注册	30	启动 Vuser 5 人，每 10 秒增加 5 人，持续 5 分钟，退出时每 10 秒释放 5 个 Vuser	每秒事务总数 平均事务响应时间 CPU 利用率 内存使用率 磁盘 I/O 吞吐率

表 7-6 　HP Web Tours Application 系统混合业务并发测试场景表

脚本编号	测试脚本名	Vuser 数量	测试执行要求	主要监控指标
1	预订机票	20	启动 Vuser 5 人，每 10 秒增加 5 人，持续 10 分钟，退出时每 10 秒释放 2 个 Vuser	每秒事务总数 平均事务响应时间 CPU 利用率 内存使用率 磁盘 I/O 吞吐率
2	查看订单	6		
3	取消订单	3		
4	退出系统	1		

另外，还需要对性能测试的测试启动、结束、暂停、再启动、退出准则有明确的规定。在本案例中，具体的准则如下：

1) 启动准则

以下条件都已经满足后，即可以进行本案例系统的性能测试。

(1) HP Web Tours Application 应用软件已通过系统功能测试。

(2) 测试环境已经搭建完成(包括应用软件的运行环境和测试工具的测试环境)。

(3) 业务数据及测试数据准备完毕。

(4) HP Web Tours Application 系统可以正常访问。

(5) 测试脚本和测试场景已经准备完毕。

2) 暂停准则

测试环境受到干扰，如出现服务器无法正常使用、服务器的其他使用会对测试结果造成干扰、测试数据错误或无效等问题，且在短时间内无法修复时可暂停系统的性能测试。

3) 再启动准则

影响性能测试的问题已经解决且测试环境恢复正常时，可再启动系统的性能测试。

4) 结束准则

设计的测试用例和测试脚本都已执行，且性能满足预期测试指标要求时，可结束系统的性能测试。

5. 测试交付产物

按照过程质量管理规范，需要将性能测试各阶段产生的文档留存，作为评审、验收及软件测试工作质量追踪的依据。根据性能测试各阶段工作，测试结束后需要提交的文档有：测试需求文档、测试计划文档、测试用例文档、测试设计文档、测试脚本文件、测试场景文件、测试结果及分析报告、测试总结报告等。

6. 风险分析

在测试计划里，测试经理或测试组长还要对测试过程中可能存在的风险因素进行分析和评估，并制定出合理的应对措施，以确保整个测试过程能够按计划完成。本案例的风险分析情况如表 7-7 所示

表 7-7　HP Web Tours Application 系统性能测试风险分析表

风 险 描 述	风险级别	风险对项目影响	规避措施
测试环境无法按预期搭建完成，或测试环境中某些组件无法正确运行	高	高	调试测试环境，延迟性能测试开始时间
应用系统的业务功能有缺陷，影响性能测试的执行	低	高	修改功能缺陷，缩短解决问题时间
测试脚本或测试数据有错误	中	中	完善脚本和测试数据，调整执行场景顺序
测试场景与运行环境差距较大，影响测试结果对系统性能的分析	高	高	调整测试场景配置，延长执行和分析时间

在测试计划里，其他内容如成本计划、参考文档、变更历史、相关术语、测试计划评审等信息，请参考相关文献，在此不再详述。

7.3　测试用例设计

测试计划编制完成并通过评审后，测试人员就要着手开展测试用例的设计工作。一般来说，测试用例是为某个特定目标而设计的，它是测试操作过程序列、前提条件、期望结果及相关数据的一个特定集合。本节将分别介绍飞机订票系统的功能测试用例设计和性能测试用例设计。

7.3.1　功能测试测试用例的设计

依据被测试项目的功能测试需求，分别设计相应的手工测试用例和自动化测试用例。在进行用例设计时，除了要遵循代表性、非重复性、可再现性、可判定性的基本准则外，还应该遵循以下原则：

(1) 测试用例应该能够完全覆盖测试需求中的功能项。

(2) 对于每个功能项，既要正确性测试，也要考虑异常情况下的容错性测试。

(3) 测试用例描述语言要专业、清晰，无二义性。

1. 手工测试用例的设计

机票预订功能是飞机订票系统的核心功能，机票预订的基本流程如下：首先登录飞机订票系统，成功登录后将直接进入如图 7-2 所示的 "FLIGHT FINDER" 机票预订页面。

在图 7-2 所示的页面中，填写乘客的个数、出发地、出发时间、目的地、返程时间及航空舱位的选择等信息后，单击"CONTINUE"按钮进入如图 7-3 所示的"SELECT FLIGHT"页面。

在图 7-3 所示的页面中，选择出发时和返程时的航班，单击"CONTINUE"按钮进入如图 7-4 所示的"BOOK A FLIGHT"页面。

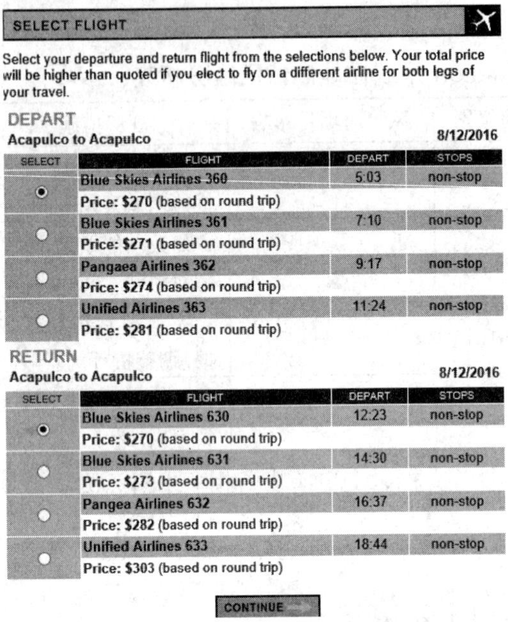

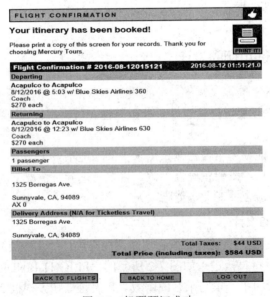

图 7-3　"SELECT FLIGHT"页面 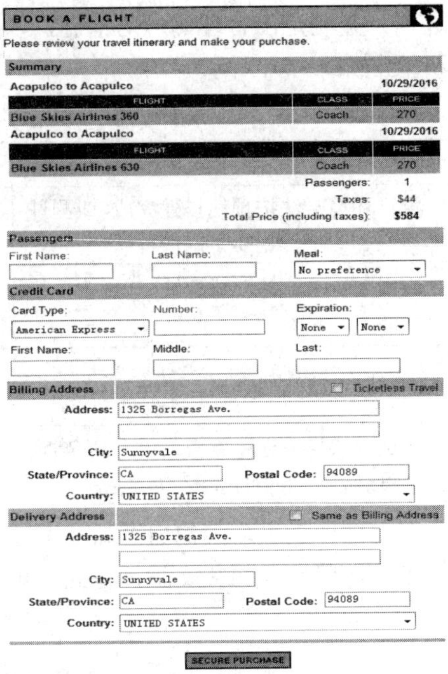　　　　　图 7-4　"BOOK A FLIGHT"页面

在图 7-4 所示的页面中，填写乘客信息、支付的信用卡信息、账单及机票的邮寄地址等信息后，单击"SECURE PURCHASE"按钮即可完成机票的预订。同时，系统会进入如图 7-5 所示的"FLIGHT CONFIRMATION"页面。

图 7-5　机票预订成功

由于在机票预订过程中需要填写的内容比较多，所以机票预订功能比较适合手工测试。下面介绍该功能的手工测试用例的设计过程。

对于机票预订功能，测试人员应该检测正常情况下该功能是否正确以及异常情况下是否有相应的容错处理。通常在测试时，应该首先进行功能的正确性测试。因此，先设计出正确性测试所需的测试用例。机票预订功能的正确性测试的测试用例如表 7-8 所示。

表 7-8　机票预订功能正确性测试用例

测试用例名称	机票预订功能 1		
测试用例标识	FLIGHT-FINDER-01		
测试说明	在机票预订主页面验证机票预订功能的正确性		
前提与约束	成功登录到系统，进入"FLIGHT FINDER"页面		
测试过程			
序号	输入及操作说明	期望测试结果	评估准则	实际测试结果
1	在"FLIGHT FINDER"页面中填写如下的航班信息： Type:RoundTrip；Passengers: 1； Departing From:New York； On:August 10； Arriving In:Paris；Returning: August 25； Service Class:Business class； Airline:No Preference。单击"CONTINUE"	打开"SELECT FLIGHT"页面	与预期结果一致	
2	在"SELECT FLIGHT"页面选择默认的航班，单击"CONTINUE"	打开"BOOK A FLIGHT"页面	与预期结果一致	
3	在"BOOK A FLIGHT"页面的"Passengers"会话中，填写以下数据： First Name:Joseph； Last Name:Williams； Meal:No preference。 在 Credit Card 会话中，填写以下数据： Card Type:Visa； Number:1234567890； Expiration:None。 单击"SECURE PURCHASE"	打开"FLIGHT CONFIRMATION"页面，成功完成机票预订工作	与预期结果一致	
设计人员		设计日期		
执行情况	未执行	执行结果		问题标识	
测试人员		测试执行时间		

接下来，针对机票预订功能，考虑在异常操作情况下，该功能是否有相应的容错处理。需要考虑的异常情况有：

(1) 乘客预订机票时选择的出发时间早于当前日期。

(2) 乘客预订机票时选择的返回时间早于出发时间。

(3) 乘客预订机票时选择的出发地和目的地相同。

下面针对以上三种情况来设计测试用例，具体的测试用例如表 7-9、表 7-10 和表 7-11 所示。

表 7-9 机票预订功能容错性测试用例 1

测试用例名称	机票预订容错性 1			
测试用例标识	FLIGHT-FINDER-02			
测试说明	在"FLIGHT FINDER"机票预定页面，乘客预订机票时选择的出发时间早于当前日期，验证机票预订功能的容错性			
前提与约束	成功登录到系统，进入"FLIGHT FINDER"页面，当前日期为 2016-08-13			
测试过程				
序号	输入及操作说明	期望测试结果	评估准则	实际测试结果
1	在"FLIGHT FINDER"页面中填写如下的航班信息： Type:Round Trip；Passengers:1； Departing From:New York； On:August 10	有相关的错误提示信息，并且不能进行后续操作	与预期结果一致	
设计人员			设计日期	
执行情况	未执行	执行结果	问题标识	
测试人员		测试执行时间		

表 7-10 机票预订功能容错性测试用例 2

测试用例名称	机票预订容错性 2			
测试用例标识	FLIGHT-FINDER-03			
测试说明	在"FLIGHT FINDER"机票预定页面，乘客预订机票时选择的返回时间早于出发时间，验证机票预订功能的容错性			
前提与约束	成功登录到系统，进入"FLIGHT FINDER"页面，当前日期为 2016-08-13			
测试过程				
序号	输入及操作说明	期望测试结果	评估准则	实际测试结果
1	在"FLIGHT FINDER"页面中填写如下的航班信息： Type:Round Trip； Passengers:1； Departing From:New York； On:August 14； Arriving In:Paris； Returning: August 10	有相关的错误提示信息，并且不能进行后续操作	与预期结果一致	
设计人员			设计日期	
执行情况	未执行	执行结果	问题标识	
测试人员		测试执行时间		

表 7-11　机票预订功能容错性测试用例 3

测试用例名称	机票预订容错性 3			
测试用例标识	FLIGHT-FINDER-04			
测试说明	在"FLIGHT FINDER"机票预定页面，乘客预订机票时选择的出发地和目的地相同，验证机票预订功能的容错性			
前提与约束	成功登录到系统，进入"FLIGHT FINDER"页面，当前日期为 2016-08-13			
测试过程				
序号	输入及操作说明	期望测试结果	评估准则	实际测试结果
1	在"FLIGHT FINDER"页面中填写如下的航班信息： Type:Round Trip； Passengers:1； Departing From:New York； On:August 14； Arriving In: New York； Returning: August 25	有相关的错误提示信息，并且不能进行后续操作	与预期结果一致	
设计人员		设计日期		
执行情况	未执行	执行结果		问题标识
测试人员		测试执行时间		

2. 自动化测试用例的设计

1) 登录业务

登录业务比较简单，在登录页面，输入用户名和密码，然后提交登录信息，查看系统的响应是否正确。在测试登录功能时，需要考虑以下两个方面：一方面是在登录信息合法的情况下，测试登录提交操作是否正确；另一方面是在登录信息非法的情况下，系统是否有容错性、是否会给出相应的错误提示信息。登录业务的相关测试用例如表 7-12 所示。

表 7-12　登录业务的自动化测试用例

测试目的	对登录业务功能的正确性和容错性进行自动化测试			
前提与约束	至少存在一组可以登录到系统的用户名和密码			
测试步骤	打开软件，输入用户名和密码，单击"Sign-In"			
测试说明	用户名	密码	期望结果	实际结果
合法用户信息登录	mercury	mercury	登录成功，进入"FLIGHT FINDER"机票预定页面	
用户名和密码都为空			提示用户名或密码不能为空	
用户名为空，密码不为空		mercury	提示用户名或密码不能为空	
用户名不为空，密码为空	mercury		提示用户名或密码不能为空	
错误的用户信息登录	Zhang	111111	提示用户名和密码错误	
测试执行人			测试日期	

2) 退出系统操作

退出系统操作功能也比较简单，其自动化测试脚本不仅可以测试退出功能的正确性，还可以被其他测试脚本调用。退出业务仅需设计 1 条测试用例，如表 7-13 所示。

表 7-13　退出业务的自动化测试用例

测试目的	对退出功能的正确性进行自动化测试	
前提与约束	有合法的、可供登录的用户信息	
测试步骤	(1) 用户打开飞机订票系统首页地址 (2) 输入合法的用户名和密码，单击 "Sign-In" (3) 在 "FLIGHT FINDER" 机票预定页面，单击 "Home"，退出登录	
测试说明	期望结果	实际结果
退出飞机订票系统	成功退出，返回到飞机订票系统首页面	
测试执行人	测试日期	

3) 用户注册

进行飞机票的预订首先必须登录到系统，那么就必须有正确的登录信息，用户注册功能为新用户提供了获取正确登录信息的有效途径。用户注册业务比较简单，在浏览器中输入飞机订票系统的地址成功打开软件，单击菜单项 "REGISTER" 即可进入用户注册页面，如图 7-6 所示。

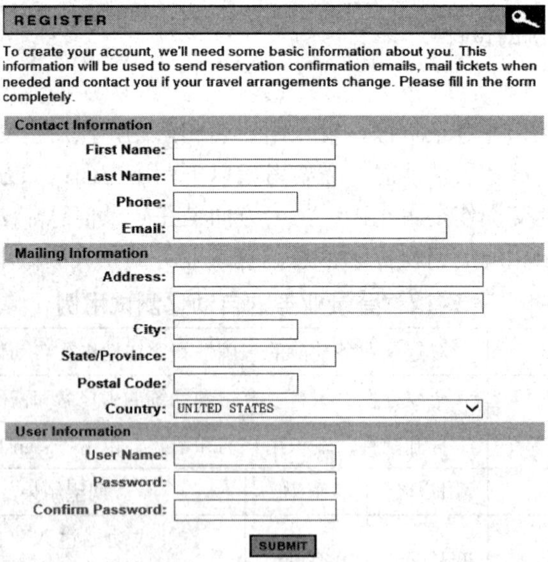

图 7-6　用户注册页面

进行新用户注册时，必填的信息有用户名和密码，而且为了安全起见，通常还需要再次确认密码。与登录功能类似，在测试用户注册功能时，也需要考虑两个方面：一方面是在注册信息合法的情况下，测试注册提交操作是否正确；另一方面是在注册信息非法的情况下，系统是否有容错性，是否会给出相应的错误提示信息。注册业务的相关测试用例如表 7-14 所示。

表 7-14 注册业务的自动化测试用例

测试目的	对用户注册业务功能的正确性和容错性进行自动化测试				
前提与约束	进入飞机订票系统首页				
测试步骤	(1) 用户打开飞机订票系统首页 (2) 单击"REGISTER"按钮打开用户注册页面				
测试说明	用户名	密码	确认密码	期望结果	实际结果
合法用户信息注册	zhang	123456	123456	完成新用户注册,并且使用新注册信息可以成功登录到系统	
用户名和密码都为空				提示用户名或密码不能为空	
用户名为空,密码不为空		123456	123456	提示用户名或密码不能为空	
用户名不为空,密码为空	mercury			提示用户名或密码不能为空	
确认密码为空	wang	111111		提示输入确认密码	
测试执行人				测试日期	

7.3.2 功能测试自动化测试脚本的开发

自动化测试用例设计完成之后,需要组织评审小组对测试用例的内容进行评审。评审通过后,测试工程师就可以依据测试用例开发自动化测试脚本。脚本开发的过程主要是将选定的测试业务变成可重复执行的脚本,通过执行脚本达到执行测试并发现软件缺陷的目的。

1. 登录业务脚本开发

这里主要依据登录业务的自动化测试用例开发登录业务的脚本,以测试飞机订票系统登录功能的正确性和容错性。在登录业务脚本开发过程中,首先录制一个登录系统的脚本,然后对登录脚本进行强化,使脚本可以按照测试需要运行。另一方面,登录脚本可以被飞机订票系统的其他业务脚本复用,使测试人员只需要关注登录功能以外的功能项的脚本开发,从而简化了脚本的开发工作。下面介绍登录业务脚本开发的详细过程。

1) 新建测试项目

在启动 UFT 之后,首先弹出的是 UFT 的插件管理器对话框,每次启动前都需要选择对应的插件才能进行测试。这里所要测试的样例程序是基于 Web 的,所以一定要勾选 Web 插件选项,而且为了简单起见,其余的插件最好不要勾选。

在 UFT 主界面中选择菜单"文件→新建→测试"命令,打开"新建测试"对话框,在该对话框中"选择类型"选择 GUI 测试,名称输入"LogIn",并设置好测试项目的保存位置,单击"创建"按钮,即可完成一个测试项目文件的创建。

2) 录制前设置

打开 UFT 的"录制和运行设置"对话框。因为被测试系统属于 Web 系统,所以在该对话框中应该设置 Web 选项卡里的选项,当然如果在插件选择对话框中只勾选 Web 选项的话,该对话框中就只有 Web 选项卡。在这里选择"录制或运行会话开始时打开以下地址"选项,同时在下面的地址栏中输入飞机订票系统首页的 URL 地址,"录制或运行会话开始时打开以下浏览器"选择 IE 浏览器,同时勾选对话框下方的两个选项,具体设置如图 7-7 所示。

图 7-7 "录制和运行设置"对话框的设置

3) 录制脚本

单击 UFT 工具栏上的录制按钮 ◉,自动打开飞机订票系统的登录页面,开始脚本的录制,用户名输入"mercury",密码输入"mercury",单击"Sign-In"按钮,进入如图 7-2 所示的"FLIGHT FINDER"机票预约页面。

为了验证是否成功登录飞机订票系统的主页面,需要插入检查点,在这里利用标准检查点来检查页面中间靠上部分的那段文字是否正确显示。具体步骤如下:

(1) 单击录制工具条上的按钮 ♀ ▾,在弹出的菜单中单击"标准检查点",此时鼠标的箭头将变成小手的样式。

(2) 单击被测软件中间靠上部分的那段文字,弹出标准检查点对象选择对话框,如图 7-8 所示。

(3) 单击"确定"按钮后,弹出检查点属性设置对话框,选中"innertext"前的复选框,其余的不用选择,如图 7-9 所示。然后单击"确定"按钮,完成标准检查点的设置。

图 7-8 标准检查点对象选择对话框

图 7-9 标准检查点属性设置对话框

（4）单击录制工具条上的 ■ 结束按钮，结束当前的录制工作。录制结束后，生成的脚本如下：

```
1    Browser("Welcome: Mercury Tours").Page("Welcome: Mercury Tours").WebEdit("userName").Set
"mercury"
2    Browser("Welcome:         Mercury         Tours").Page("Welcome:         Mercury
Tours").WebEdit("password").SetSecure "57945bb5b34db07d8d4a38ece4177e95c016e469"
3    Browser("Welcome: Mercury Tours").Page("Welcome: Mercury Tours").Image("Sign-In").Click 26,6
4    Browser("Find a Flight: Mercury").Page("Find a Flight: Mercury").WebElement("Use our Flight
Finder").Check CheckPoint("Use our Flight Finder to search for the lowest fare on participating airlines. Once
you've booked your flight, don't forget to visit the Mercury Tours Hotel Finder to reserve lodging in your
destination city.")
```

脚本中共有 4 行语句，脚本第 1 行的含义是将"Welcome: Mercury Tours"浏览器的"Welcome: Mercury Tours"页面的"userName"文本框的值设置为"mercury"。脚本第 2 行的含义是对于"Welcome: Mercury Tours"浏览器的"Welcome: Mercury Tours"页面的"password"文本框，设置密文值。脚本第 3 行的含义是单击"Welcome: Mercury Tours"浏览器的"Welcome: Mercury Tours"页面的"Sign-In"图片的(26,6)坐标处。脚本第 4 行的含义是针对"Find a Flight: Mercury"浏览器"Find a Flight: Mercury"页面的"Use our Flight Finder"WebElement 控件插入标准检查点。

4）强化脚本

（1）将密码的密文改成明文。将密码的密文改成明文是为了方便后续测试脚本的强化。比较快捷的方法是切换到关键字视图去修改，这个修改方法在第 5 章中已经详细介绍过，这里就不再赘述。

（2）用户名和密码参数化。登录业务共设计有 5 个测试用例，实际上就是 5 组不同的用户数据在重复执行相同的操作，也就是说 5 组不同的测试数据重复执行相同的测试脚本，这就需要用到参数化技术。在本例中，采用数据表参数化技术对用户名和密码进行参数化，将参数写到全局数据表对应的"UserName"和"Password"列中，具体的操作步骤可参阅第 5 章的相关部分，这里不再赘述。

（3）设置脚本执行次数。由于本案例不止一组测试数据，因此需要设置脚本的循环执行次数，使每组数据都能被执行到。

（4）增加打开系统登录页面的代码。参数化并设置完脚本循环执行次数之后，回放脚本发现，UFT 在执行完第 1 行参数后，就报错找不到对象了。这是因为执行第 2 行参数时，飞机订票系统的登录页面并没有打开，所以无法完成脚本的执行。因此，为了使多行参数能自动执行下去，需要在脚本的最开始增加打开登录页面的代码：SystemUtil.Run "iexplore"，"http://newtours.demoaut.com/"。

另外，由于在脚本中使用 Run 方法打开飞机订票系统的首页，因此在脚本回放时不需要 UFT 自动打开飞机订票系统的首页。具体的设置方法是：打开"录制和运行设置"对话框，选中"在任何打开的浏览器上录制和运行测试"，如图 7-10 所示。然后单击"确定"按钮即可。该设置生效后，回放脚本时将不会自动打开飞机订票系统的登录页面。

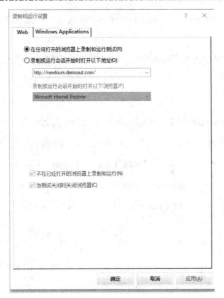

图 7-10 设置 UFT 的录制和运行方式

(5) 设置登录信息错误处理流程。当用户名和密码合法时，将会登录到系统，并且可以进行机票的预订。但是，当使用非法的用户名或密码登录系统时，将显示如图 7-11 所示的界面。也就是登录信息正确和错误打开的是两个不同的页面。登录信息正确时，可以进行机票的预订，而登录信息错误时打开的是提醒用户进行注册的页面。因此，需要 UFT 根据单击 "Sign-In" 之后的页面判断是否正确登录，并且还要捕捉非法用户信息登录时的相关提示信息。如何才能实现呢？首先，需要 UFT 识别如图 7-11 所示的页面，这就需要将页面的相关对象添加到对象库中；其次，需要编写捕捉错误提示的脚本代码，并将错误的信息输出到测试结果中。具体操作如下：

图 7-11 非法登录后的界面

首先，将待识别的对象添加到对象存储库中，具体操作步骤第 5 章已详细介绍，在此不再赘述。

然后，编写捕捉错误提示的脚本代码，将错误信息输出到测试结果中，此处将图 7-11 所示的页面中部靠上的那段文字作为错误提示信息。相关代码如下：

```
1    Dim err_message
2    err_message=Browser("Welcome: Mercury Tours").Page("Sign-on: Mercury Tours").WebElement
```

("Welcome back to Mercury").GetROProperty("innertext")

　　3　　Reporter.ReportEvent micFail,"登录失败", "错误提示信息为："&err_message

代码第 1 行定义了错误提示信息变量；第 2 行获取错误提示信息，错误提示信息来源于系统回放运行时的实际对象的 innertext 属性值；第 3 行将错误提示信息输出到测试结果报告中。

在登录脚本中，由于合法用户与非法用户登录的处理代码是不同的，因此需要添加 If 判断语句以分别处理这两类用户的登录操作。添加判断语句后的代码如下：

　　1　　If Browser("Welcome: Mercury Tours").Page("Sign-on: Mercury Tours").WebElement("Welcome back to Mercury").Exist(5) Then

　　2　　Dim err_message

　　3　　err_message=Browser("Welcome: Mercury Tours").Page("Sign-on: Mercury Tours").WebElement("Welcome back to Mercury").GetROProperty("innertext")

　　4　　Reporter.ReportEvent micFail,"登录失败","错误提示信息为："&err_message

　　5　　Else

　　6　　Browser("Welcome: Mercury Tours").Page("Find a Flight: Mercury").WebElement("Use our Flight Finder").Check CheckPoint("Use our Flight Finder to search for the lowest fare on participating airlines. Once you've booked your flight, don't forget to visit the Mercury Tours Hotel Finder to reserve lodging in your destination city.")

　　7　　Reporter.ReportEvent micPass,"登录验证","登录成功"

　　8　　End If

该脚本的含义是：首先判断"Welcome back to Mercury"WebElement 对象是否存在，如果存在，说明用户登录失败，此时利用 Reporter 对象的 ReportEvent 方法向测试结果报告中发送登录失败的提示信息。如果在 5 秒内仍然找不到对象，说明登录成功，此时利用 Reporter 对象的 ReportEvent 方法向测试结果报告中发送登录成功的信息。

(6) 增加关闭浏览器的代码。为了防止影响后续参数的执行，在执行完一次脚本后，应该在脚本的最后使用 CloseAllTabs 方法将已经打开的系统主页面关闭，具体代码如下：

　　Browser("Welcome: Mercury Tours").CloseAllTabs

(7) 设置 Action 属性。默认情况下，以"Action1"、"Action2"等作为名称命名脚本中存在的多个 Action，这会造成其他测试人员很难从名字上理解这些 Action 的作用，因此建议对 Action 重命名。重命名的方法是：在 UFT 左侧解决方案中右键单击要重命名的 Action，在弹出的菜单中选择"重命名"功能进行修改即可。

登录业务脚本可以在其他脚本中重用，以降低其他脚本开发的工作量。设置脚本可重用的方法是：在 UFT 左侧解决方案中右键单击 Action，在弹出的菜单中选中"属性"，此时在 UFT 的右侧就会出现"属性"视图，将"可重用"前的复选框选中即可完成可重用的设置。

(8) 添加注释。通常需要为脚本添加必要的注释，以增加脚本的可维护性、可读性和重用性。添加注释的方法有三种：一是在注释语言前直接添加注释符号；二是选择要注释的代码行，单击右键，选择"注释"命令；三是选择"编辑→格式→注释"命令。测试人员可根据实际情况，自行添加注释。添加注释后的脚本如下：

'脚本功能：飞机订票系统的登录操作

'脚本说明：(1) 登录首页的 URL 为：http://newtours.demoaut.com/

'   (2) 对登录的用户名和密码进行了参数化

'   (3) 使用了标准检查点

'   (4) 该脚本可以被其他脚本调用

'作者：

'日期：2016-07-28

'打开登录系统首页

SystemUtil.Run "iexplore","http://newtours.demoaut.com/"

'在用户名文本框中输入用户名，用户名已参数化，参数化变量为：UserName

Browser("Welcome: Mercury Tours").Page("Welcome: Mercury Tours").WebEdit("userName").Set DataTable("UserName", dtGlobalSheet)

'在密码文本框中输入密码，密码已参数化，参数化变量为：Password

Browser("Welcome: Mercury Tours").Page("Welcome: Mercury Tours").WebEdit("password").Set DataTable("Password", dtGlobalSheet)

'单击"Sign-In"图片的坐标(14,8)处

Browser("Welcome: Mercury Tours").Page("Welcome: Mercury Tours").Image("Sign-In").Click 14,8

'判断用户是否登录成功

If Browser("Welcome: Mercury Tours").Page("Sign-on: Mercury Tours").WebElement("Welcome back to Mercury").Exist(5)   Then

'定义错误提示信息变量

Dim err_message

'获取错误提示信息

err_message=Browser("Welcome: Mercury   Tours").Page("Sign-on: Mercury   Tours").WebElement("Welcome back to Mercury").GetROProperty("innertext")

'将错误提示信息输出到测试结果报告中

Reporter.ReportEvent micFail,"登录失败","错误提示信息为："&err_message

Else

'设置标准检查点

Browser("Welcome: Mercury Tours").Page("Find a Flight: Mercury").WebElement("Use our Flight Finder").Check CheckPoint("Use our Flight Finder to search for the lowest fare on participating airlines. Once you've booked your flight, don't forget to visit the Mercury Tours Hotel Finder to reserve lodging in your destination city.")

Reporter.ReportEvent micPass, "登录验证", "登录成功"

End If

'关闭浏览器

Browser("Welcome: Mercury Tours").CloseAllTabs

2. 退出业务脚本开发

这里主要依据飞机订票系统退出业务的自动化测试用例，开发退出业务的脚本，以测

试退出业务功能的正确性。

退出业务脚本的设计思想是：调用登录业务脚本"LogIn"完成登录操作，进入飞机订票系统的主页面后，单击"Home"退出系统，并返回到飞机订票系统的登录页面，在登录页面插入位图检查点，检查是否成功返回到登录页面。在退出脚本的开发过程中，会用到检查点的插入、Action 的调用、对象库管理等关键技术和操作。下面详细介绍退出业务的脚本开发过程。

1) 新建测试项目

新建一个测试项目，在 UFT 主界面选择菜单"文件→新建→测试"命令，打开"新建测试"对话框，在"选择类型"中选择 GUI 测试，在名称一栏输入"LogOut"，并设置好测试项目的保存位置，然后单击"创建"按钮，将创建名字为 LogOut 的测试项目文件。

2) 录制前设置

在"录制和运行时"对话框中选择"在任何打开的浏览器上录制和运行测试"选项，那么在录制退出业务脚本时，UFT 将不再打开新的浏览器页面，而是在已经打开的浏览器页面上录制相关的业务操作。

3) 录制脚本

因为登录操作是调用已有的登录业务脚本来实现，所以测试人员只需在正确登录到飞机订票系统的主界面以后，开始录制和生成脚本即可。首先，输入正确的用户名和密码登录到飞机订票系统的主界面，然后单击 UFT 工具栏上的"录制"按钮，开始脚本的录制。

依据退出业务的测试用例，在已经打开的飞机订票系统的主界面，单击页面左侧的"Home"，退出飞机订票系统，并返回到飞机订票系统的登录页面。

在飞机订票系统登录页面，为"Sign-In"图片控件添加位图检查点，以检查单击"Home"之后是否成功退出系统，是否返回到系统的登录页面。具体的操作步骤如下：首先，单击录制工具条上的按钮 💡 ▾，在弹出的菜单中单击"位图检查点"，此时鼠标的箭头变成小手的样式；其次，用鼠标选中"Sign-In"图片控件，打开如图 7-12 所示的位图检查点对象选择对话框；然后，单击"确定"按钮后，打开如图 7-13 所示的位图检查点属性设置对话框，设置该位图检查点的相关属性参数；最后，单击"确定"按钮，即可完成位图检查点的设置工作。

图 7-12　位图检查点对象选择对话框

图 7-13　位图检查点属性设置对话框

单击录制工具条上的 ■ 结束按钮，结束当前的录制工作。录制结束后，生成的脚本如下：

Browser("Find a Flight: Mercury").Page("Find a Flight: Mercury").Link("Home").Click

Browser("Find a Flight: Mercury").Page("Welcome: Mercury Tours").Image("Sign-In").Check
CheckPoint("Sign-In")

退出业务的脚本比较简单，它可以作为一个组件被其他脚本调用。因此，需要给脚本添加必要的注释信息。

4) 强化脚本

根据退出业务的测试用例，还需要在退出脚本前调用登录业务脚本"LogIn"，这样才能实现退出操作业务脚本的开发。具体操作过程如下：

(1) 在 UFT 的测试流界面，鼠标右键单击操作(Action)，选择"调用操作副本"，弹出如图 7-14 所示的调用操作副本设置对话框。在该对话框中，可以选择要调用的测试项目文件以及该文件下的操作，还可以设置操作的描述和插入位置等。设置完成后，单击"确定"按钮，即可在脚本中生成如下的代码：

RunAction "Copy of LogIn", oneIteration

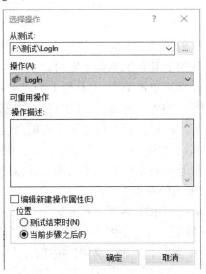

图 7-14　调用操作副本设置对话框

(2) 因为登录操作是在退出操作之前发生，所以将登录操作代码调整到退出业务脚本的最前面。

(3) 经过前两步的设置，UFT 的布局变成如图 7-15 所示的情况。

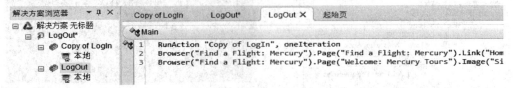

图 7-15　UFT 布局情况

(4) 对"Copy of LogIn"中的代码进行简单的调整，将最后一行用于关闭主页面的代码"Browser("Welcome: Mercury Tours").CloseAllTabs"删掉。

3. 注册业务脚本开发

这里主要依据飞机订票系统用户注册业务的自动化测试用例，开发用户注册业务脚本，以测试飞机订票系统用户注册功能的正确性和容错性。在用户注册业务脚本开发过程中，首先需要录制一个用户注册业务的脚本，然后对用户注册业务脚本进行强化，使脚本可以按照测试需要运行。

1) 新建测试项目和录制前的设置

新建一个名为"Register"的测试项目文件。在"录制和运行时"对话框中选择"录制或运行会话开始时打开以下地址"选项，同时在下面的地址栏中输入飞机订票系统首页的 URL 地址，且"录制或运行会话开始时打开以下浏览器"选择 IE 浏览器。

2) 录制脚本

单击 UFT 工具栏上的录制按钮◉，开始脚本的录制。飞机订票系统注册页面上半部分信息均不填写，只填写以下信息：在飞机订票系统的注册页面的 User Name 一栏中输入"zhang"，Password 一栏中输入"123456"，Confirm Password 一栏中输入"123456"，然后单击"SUBMIT"完成注册。

为了验证是否成功完成新用户注册业务，需要插入检查点，在这里利用标准检查点来检查页面中间靠上部分的那段文字是否正确显示。具体步骤如下：

(1) 单击录制工具条上的按钮💡▾，在弹出的菜单中单击"标准检查点"，此时鼠标的箭头变成小手的样式。

(2) 单击被测软件中间靠上部分的那段文字，弹出标准检查点对象选择对话框。

(3) 单击"确定"按钮后，弹出检查点属性设置对话框，选中 innertext 前的复选框，其余的不用选择，然后单击"确定"按钮，即可完成标准检查点的设置。

(4) 单击录制工具条上的 ▣ 结束按钮，结束当前的录制工作。录制结束后，生成的脚本如下：

1　Browser("Welcome: Mercury Tours").Page("Welcome: Mercury Tours").Link("REGISTER").Click

2　Browser("Welcome: Mercury Tours").Page("Register: Mercury Tours").WebEdit("email").Set "zhang"

3　Browser("Welcome: Mercury Tours").Page("Register: Mercury Tours").WebEdit("password").SetSecure "57abe1d1d081fadbdffa51e4d74011e16b57"

4　Browser("Welcome: Mercury Tours").Page("Register: Mercury Tours").WebEdit("confirmPassword").SetSecure "57abe1d670c3636e12196e110c341a1bc956"

5　Browser("Welcome: Mercury Tours").Page("Register: Mercury Tours").Image("register").Click 27,8

6　Browser("Welcome: Mercury Tours").Page("Register: Mercury Tours_2").WebElement("Thank you for registering.").Check CheckPoint("Thank you for registering. You may now　sign-in using the user name and password you've just entered.")

脚本中共有 6 行语句，脚本第 1 行的含义是单击"REGISTER"；脚本第 2 行的含义是输入用户名；脚本第 3 行的含义是输入密码；脚本第 4 行的含义是输入确认密码；脚本第 5 行的含义是单击"注册"；脚本第 6 行的含义是插入标准检查点。

3) 强化脚本

(1) 将密码的密文改成明文。将密码的密文改成明文是为了方便后续测试脚本的强化。

比较快捷的方法是切换到关键字视图去修改，这个修改方法在第 5 章中已经详细介绍过，这里就不再赘述。

(2) 用户名、密码和确认密码参数化。用户注册业务共设计有 5 个测试用例，实际上就是 5 组不同的用户数据在重复执行相同的操作，也就是说 5 组不同的测试数据重复执行相同的测试脚本，这就需要用到参数化技术。在本例中，采用数据表参数化技术对用户名、密码和确认密码进行参数化，将参数写到全局数据表对应的"UserName"、"Password"和"Confirm-Password"列中，具体的操作步骤可参阅第 5 章的相关部分，这里不再赘述。

(3) 设置脚本执行次数。由于本案例不止一组测试数据，因此需要设置脚本的循环执行次数，使每组数据都能被执行到。

(4) 增加打开系统登录页面的代码。为了使多行参数能自动执行下去，需要在脚本最开始的位置增加打开登录页面的代码：SystemUtil.Run "iexplore","http: //newtours.demoaut.com/"。另外，由于在脚本中使用 Run 方法打开飞机订票系统的首页，因此在脚本回放时不需要 UFT 自动打开飞机订票系统的首页，这可以通过在"录制和运行设置"对话框中进行相应的设置来完成。

(5) 设置用户注册错误处理流程。当新用户注册成功后，系统就会进入相应的提示页面提示用户可以使用新注册的信息登录系统。而如果用户注册不成功，则应该给出注册失败的提示信息。因此，编写如下的脚本代码：

```
    If    Browser("Welcome: Mercury Tours").Page("Register: Mercury Tours_2").WebElement("Thank you for registering.").Exist(5)    Then
            Browser("Welcome: Mercury Tours").Page("Register: Mercury Tours_2").WebElement("Thank you for registering.").Check CheckPoint("Thank you for registering. You may now    sign-in using the user name and password you've just entered.")
            Reporter.ReportEvent micPass,"注册验证","注册成功"
    Else
            Reporter.ReportEvent micFail,"注册验证","注册失败"
    End If
```

这段脚本的含义是：首先判断"Thank you for registering."WebElement 对象是否存在，如果存在，说明用户注册成功，此时利用 Reporter 对象的 ReportEvent 方法向测试结果报告中发送用户注册成功的信息。如果在 5 秒内仍然找不到对象，说明用户注册失败，此时利用 Reporter 对象的 ReportEvent 方法向测试结果报告中发送用户注册失败的信息。

(6) 增加关闭浏览器的代码。为了防止影响后续参数的执行，如果用户注册成功，应该在其后加上一条将已打开的页面关闭的代码，具体代码如下：

Browser("Welcome: Mercury Tours").CloseAllTabs

(7) 调用登录脚本。新注册的用户可以利用注册的用户名和密码飞机登录订票系统，因此可以通过调用登录脚本来验证新注册的信息能否成功登录系统。

(8) 添加注释。通常需要为脚本添加必要的注释，以增加脚本的可维护性、可读性和重用性。注释后的脚本如下：

'脚本功能：飞机订票系统的注册操作

'脚本说明：(1) 飞机订票系统首页的 URL 为：http://newtours.demoaut.com/

'   (2) 对注册的用户名、密码和确认密码进行了参数化

'   (3) 使用了标准检查点

'作者：

'日期：2016-07-28

'打开登录系统首页

SystemUtil.Run "iexplore","http://newtours.demoaut.com/"

'单击系统首页的菜单项"REGISTER"

Browser("Welcome: Mercury Tours").Page("Welcome: Mercury Tours").Link("REGISTER").Click

'在注册页面的用户名一栏中输入用户名，用户名已参数化，参数化变量为：UserName

Browser("Welcome: Mercury Tours").Page("Register: Mercury Tours").WebEdit("email").Set
DataTable("UserName", dtGlobalSheet)

'在密码一栏中输入密码，密码已参数化，参数化变量为：Password

Browser("Welcome: Mercury Tours").Page("Register: Mercury Tours").WebEdit("password").Set
DataTable("Password", dtGlobalSheet)

'在确认密码一栏中输入确认密码，已参数化，参数化变量为：ConfirmPassword

Browser("Welcome: Mercury Tours").Page("Register: Mercury Tours").WebEdit("confirmPassword"). Set
DataTable("ConfirmPassword", dtGlobalSheet)

'单击"register"图片的坐标(27,8)处

Browser("Welcome: Mercury Tours").Page("Register: Mercury Tours").Image("register").Click 27,8

'判断新用户是否注册成功

If Browser("Welcome: Mercury Tours").Page("Register: Mercury Tours_2").WebElement("Thank
you for registering.").Exist(5) Then

'设置标准检查点

          Browser("Welcome: Mercury Tours").Page("Register: Mercury Tours_2").WebElement("Thank
you for registering.").Check CheckPoint("Thank you for registering. You may now   sign-in using the user
name and password you've just entered.")

'向测试结果报告中报告"注册成功"信息

          Reporter.ReportEvent micPass,"注册验证","注册成功"

'关闭所有已打开的页面

          Browser("Welcome: Mercury Tours").CloseAllTabs

'调用登录脚本副本

          RunAction "Copy of LogIn", oneIteration

Else

'向测试结果报告中报告"注册失败"信息

          Reporter.ReportEvent micFail,"注册验证","注册失败"

End If

7.3.3　性能测试测试用例的设计

在本案例的性能测试中，性能测试用例的设计可以参考第 6 章中给出的文档模板。根

据模板针对 HP Web Tours Application 系统各业务流程，分别写出各业务的性能测试用例即可。在写测试用例时，特别要对各业务的前提条件和约束条件作明确说明。表 7-15 至表 7-19 是对 HP Web Tours Application 系统各业务设计的测试用例。

表 7-15　HP Web Tours Application 系统用户注册测试用例

用例编号	Tours_XN_001		用例名称	用户注册测试用例
测试目的	验证 HP Web Tours Application 系统在并发测试中用户注册性能符合标准			
测试性能指标	事务数、平均事务响应时间、CPU 利用率、内存使用率、磁盘 I/O 吞吐率			
前置条件	系统运行的软硬环境配置完成，已准备 100 个数据供使用		约束条件	用户名和密码不能为空
测试步骤	操作		期望结果	实际结果
1	打开 HP Web Tours Application 系统首页		系统支持的并发 Vuser 30 个，响应时间 <4 s，CPU 利用率 < 75%，内存使用率 < 70%	
2	单击主页面的 "sign up now" 文本链接，进入用户注册页面			
3	填写用户注册信息，单击 "Continue" 按钮，进入用户注册成功页面			
4	单击 "Continue" 按钮，进入订票系统主页			
5	单击 "Sign off" 按钮，返回系统首页			
用例设计人			用例审核人	
测试执行人			测试日期	

表 7-16　HP Web Tours Application 系统预订机票测试用例

用例编号	Tours_XN_002		用例名称	混合业务测试的预订机票测试用例
测试目的	验证 HP Web Tours Application 系统在混合业务测试中预订机票性能符合标准			
测试性能指标	事务数、平均事务响应时间、CPU 利用率、内存使用率、磁盘 I/O 吞吐率			
前置条件	测试环境配置完成，已创建 30 个登录用户		约束条件	
测试步骤	操作		期望结果	实际结果
1	打开 HP Web Tours Application 系统首页		系统支持的并发 Vuser 30 个，其中 20 个 Vuser 执行预订机票业务，响应时间 < 4 s，CPU 利用率 < 75%，内存使用率 < 70%	
2	输入用户名和密码，单击 "Login" 按钮，进入订票系统主页			
3	单击导航条处的 "Flights" 按钮，进入 Find Flight 查找航班的航班信息页面			
4	填写预订航班信息，单击 "Continue" 按钮，进入 Find Flight 查找航班的航班选择页面			
5	选择乘坐的航班，单击 "Continue" 按钮，进入 Payment Details 支付明细页面			
6	输入支付信息，单击 "Continue" 按钮，打开 Invoice 发票页面，显示订票的发票信息			
7	单击 "Sign off" 按钮，返回系统首页			
用例设计人			用例审核人	
测试执行人			测试日期	

表 7-17　HP Web Tours Application 系统查看订单测试用例

用例编号	Tours_XN_002		用例名称	混合业务测试的查看订单测试用例	
测试目的	验证 HP Web Tours Application 系统在混合业务测试中查看订单性能符合标准				
测试性能指标	事务数、平均事务响应时间、CPU 利用率、内存使用率、磁盘 I/O 吞吐率				
前置条件	测试环境配置完成，已创建 30 个登录用户		约束条件		
测试步骤	操作		期望结果		实际结果
1	打开 HP Web Tours Application 系统首页		系统支持的并发 Vuser 30 个，其中 6 个 Vuser 执行查看 订单业务，响应时 间＜4 s，CPU 利用 率＜75%，内存使用 率＜70%		
2	输入用户名和密码，单击 "Login" 按钮，进入订票系统主页				
3	单击导航条处的 "Itinerary" 按钮，进入 Itinerary 路线页面，查看订单信息				
4	单击 "Sign off" 按钮，返回系统首页				
用例设计人			用例审核人		
测试执行人			测试日期		

表 7-18　HP Web Tours Application 系统取消订单测试用例

用例编号	Tours_XN_002		用例名称	混合业务测试的取消订单测试用例	
测试目的	验证 HP Web Tours Application 系统在混合业务测试中取消订单性能符合标准				
测试性能指标	事务数、平均事务响应时间、CPU 利用率、内存使用率、磁盘 I/O 吞吐率				
前置条件	测试环境配置完成，已创建 30 个登录用户		约束条件		
测试步骤	操作		期望结果		实际结果
1	打开 HP Web Tours Application 系统首页		系统支持的并发 Vuser 30 个，其中 3 个 Vuser 执行取消 订单业务，响应时 间＜4 s，CPU 利用 率＜75%，内存使用 率＜70%		
2	输入用户名和密码，单击 "Login" 按钮，进入订票系统主页				
3	单击导航条处的 "Itinerary" 按钮，进入 Itinerary 路线页面				
4	选择要取消的航班，单击 "Cancel Checked" 按钮，取消选择的航班；或单击 "Cancel All" 取消所有航班				
5	单击 "Sign off" 按钮，返回系统首页				
用例设计人			用例审核人		
测试执行人			测试日期		

表 7-19 HP Web Tours Application 系统退出系统测试用例

用例编号	Tours_XN_002		用例名称	混合业务测试的退出系统测试用例	
测试目的	验证 HP Web Tours Application 系统在混合业务测试中退出系统性能符合标准				
测试性能指标	事务数、平均事务响应时间、CPU 利用率、内存使用率、磁盘 I/O 吞吐率				
前置条件	测试环境配置完成，已创建 30 个登录用户		约束条件		
测试步骤	操作		期望结果		实际结果
1	打开 HP Web Tours Application 系统首页		系统支持的并发 Vuser 30 个，其中 3 个 Vuser 执行取消订单业务，响应时间 <4 s，CPU 利用率 <75%，内存使用率 <70%		
2	输入用户名和密码，单击 "Login" 按钮，进入订票系统主页				
3	单击导航条处的 "Sign off" 按钮，返回系统首页				
用例设计人			用例审核人		
测试执行人			测试日期		

测试用例设计完成后，测试团队可以组织团队成员对测试用例进行评审。评审时要从测试用例的描述语言、可行性、正确性和全面性等方面综合审查，并将审查过程中发现的问题记录下来，然后整理并提交给评审组长，编制成性能测试用例评审报告。评审测试用例的目的是能及早发现并解决测试用例中的问题，以改进和完善系统性能。

7.3.4 性能测试脚本的开发

在执行性能测试前，应先将测试环境搭建完成，并准备好测试中 HP Web Tours Application 系统需要使用的测试数据。在本案例中，根据用户注册业务测试用例，可提前准备 100 个 Vuser；根据混合业务测试用例对在线 Vuser 数量要求，需要提前注册 30 个用户。其中，用户注册业务测试数据所用的用户名为 jojo1～jojo100，密码为 bean1～bean100；混合业务测试数据所用的用户名为 user1～user30，密码为 pwd1～pwd30，以方便各业务在性能测试时直接使用。下面对测试过程中的各业务脚本开发流程进行详细介绍。

1. 用户注册业务脚本开发

1) 录制用户注册业务脚本

第 1 步：启动 VuGen，选择 "File" 文档菜单下的 "New Script and Solution" 新建脚本和解决方案，即可打开 "Create a New Script" 新建脚本对话框，如图 6-16 所示。在该对话框中，选择 "Web-HTTP/HTML" 协议，输入脚本名称 "Tours_SignUp"，选择录制脚本的存储路径，单击 "Create" 创建按钮，VuGen 将创建一个空白 Vuser 脚本并显示 VuGen 将编辑的脚本。

第 2 步：单击 VuGen 工具栏上的录制按钮，将打开 Start Recording 对话框。在 "Record into action" 中选择 Action，在 "Record" 中选择 Web Browser，在 "Application" 中选择 Microsoft Internet Explore，在 "URL address" 中输入 HP Web Tours Application 系统的 URL

地址，其他信息可以选择默认值。"Start Recording"对话框如图 6-18 所示。

第 3 步：单击 Start Recording 对话框底部的"Recording Options"，打开 Recording Option 对话框，如图 6-19 所示。选择"General→Recording"，在打开的选项卡中选中"HTML-based script"；选择"HTTP Properties→Advanced"，在打开的选项卡中选中"Support charset→UTF-8"编码方式；选择"Correlations→Configuration"，在打开的选项卡中选中"API used for correlations"并选择"web_reg_sag_save_param_ex"函数用于实现关联，该函数中的左右边界是用静态字符串标识的，而 web_reg_sag_save_param_regexp 函数则是用正则表达式(动态的字符)来匹配要关联的内容。Configuration 选项卡的设置如图 7-16 所示。

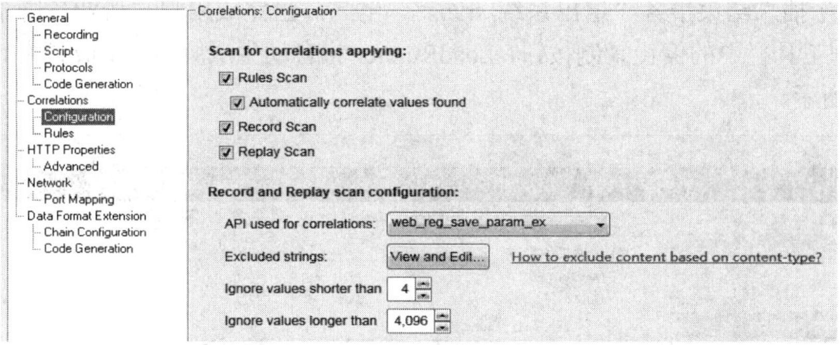

图 7-16 Start Recording 对话框中的 Configuration 选项卡设置

Recording Option 对话框参数设置完成后，单击"OK"按钮返回到 Start Recording 对话框，再单击"Start Recording"按钮打开 HP Web Tours Application 系统首页，此时脚本录制工作正式开始。HP Web Tours Application 系统首页如图 6-92 所示。

第 4 步：打开 HP Web Tours Application 系统首页后，在悬浮录制工具栏中单击"Insert Start Transaction"插入开始事务"SignUpNow_trans"，单击主页面的"sign up now"文本链接，进入用户注册页面后，单击"Insert End Transaction"插入结束事务"SignUpNow_trans"。

第 5 步：HP Web Tours Application 系统用户注册页面如图 7-17 所示。

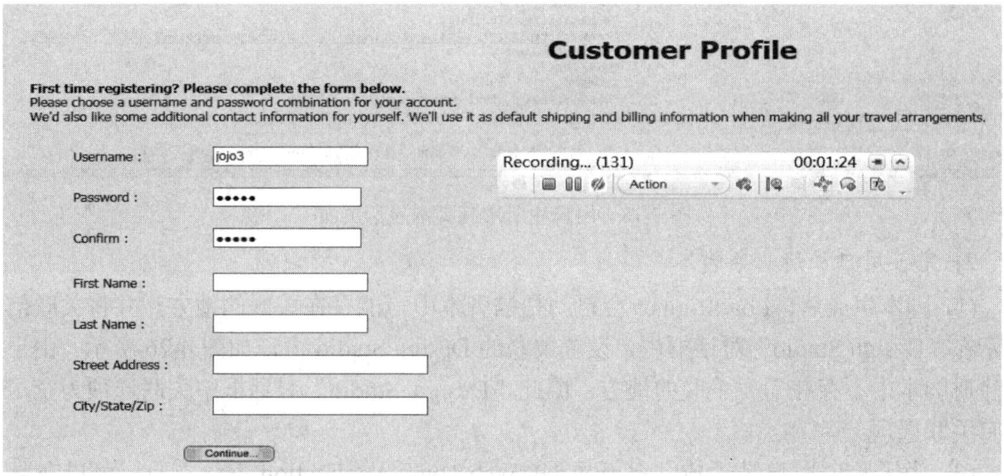

图 7-17 HP Web Tours Application 系统用户注册页面

在用户注册页面输入用户名、密码、确认密码等信息后，单击"Insert Start Transaction"插入开始事务"用户注册_trans"。然后单击"Continue"按钮，进入用户注册成功页面，单击"Insert End Transaction"插入结束事务"用户注册_trans"。

第 6 步：在用户注册成功页面，单击"Insert Start Transaction"插入开始事务"SignIn_trans"，然后单击"Continue"按钮进入订票系统主页，最后单击"Insert End Transaction"插入结束事务"SignIn_trans"。

第 7 步：在订票系统主页，单击"Insert Start Transaction"插入开始事务"退出系统_trans"，然后单击左侧导航条中的"Sign off"按钮返回系统首页，再单击"Insert End Transaction"插入结束事务"退出系统_trans"。至此，已完成用户注册业务脚本录制，单击悬浮录制工具栏中的停止录制按钮，LoadRunner 将自动生成脚本。生成脚本代码的界面如图 7-18 所示。

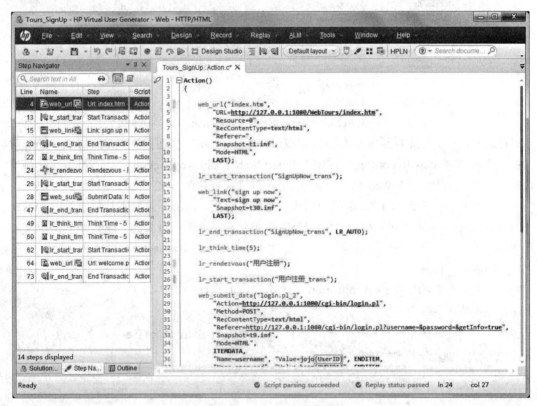

图 7-18　用户注册录制脚本显示页面

2) 完善用户注册业务脚本

(1) 脚本生成后，LoadRunner 会自动扫描脚本中可能存在关联的地方，并将关联信息显示在"Design Studio"对话框中，设置关联的 Design Studio 窗口如图 6-26 所示。由于用户注册脚本中不存在需要关联的地方，因此"Design Studio"对话框中关联选项为空，即没有关联选项。

(2) 为了验证用户是否成功打开了 HP Web Tours Application 系统首页，可以在脚本中设置文本检查点，如检查首页是否存在"Welcome to the Web Tours site."，如果存在则

可以认为系统首页已成功打开，否则说明系统打开首页不成功。具体做法是：在 Step
Tools 步骤工具栏中找到 web_reg_find()函数，鼠标左键双击打开"Find Text"对话框，
在"Search for specific Text"中输入检查的文本信息，在"Search in"中选择 Body，在
"Save count"中输入变量 count，在"Fail if"中选择 NotFound，文本检查点设置界面
如图 7-19 所示。

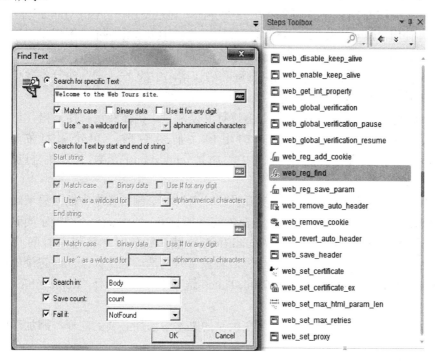

图 7-19　文本检查点设置界面

设置完成后，单击"OK"按钮就可以在脚本中看到插入的文本检查点代码，具体如下：

```
web_reg_find("Fail=NotFound",
    "Search=Body",
    "SaveCount=count1",
    "Text=Welcome to the Web Tours site. ",
    LAST);
```

同样，如果想检查用户是否注册成功，可以在用户注册函数之前插入文本检查点。如
输入用户注册信息后，单击"Continue"按钮，在打开的页面中检查是否存在成功注册的
用户名字符串，成功注册用户名"jojo1"后显示的界面如图 7-20 所示。如果存在则说明
用户注册成功，否则说明用户没有成功注册。

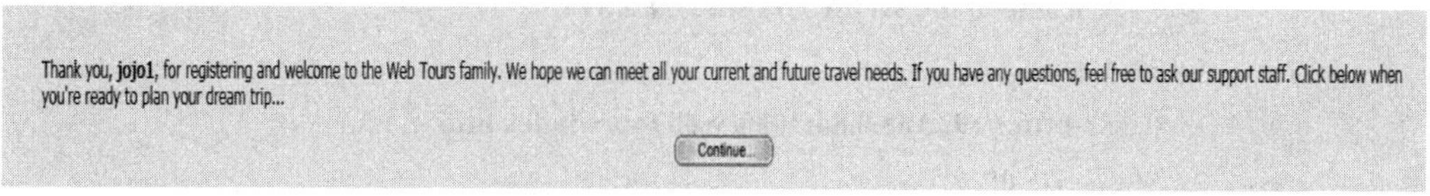

Thank you, **jojo1**, for registering and welcome to the Web Tours family. We hope we can meet all your current and future travel needs. If you have any questions, feel free to ask our support staff. Click below when you're ready to plan your dream trip...

Continue...

图 7-20　用户注册成功后显示的界面

(3) HP Web Tours Application 系统用户注册业务要求注册的用户名和密码不能相同，

而且不能与之前注册的用户名相同，因此并发测试时需要提前准备足够多的数据，以满足测试需要。根据用户注册业务测试用例要求，需要准备 100 个注册用户信息，这可以使用参数化技术来实现。在录制的脚本中，找到注册时使用的用户名"jojo1"，选中"jojo1"中的 1，单击鼠标右键，选择"Replace with Parameter→Create New Parameter"，打开如图 6-23 所示的选择或创建参数对话框，输入参数名称"UserID"。然后，单击"Properties"属性按钮，打开图 6-24 所示的设置参数属性界面，通过使用"Create Table"输入 1～100 数字，或者使用"Edit with Notepad"启用记事本编辑(LoadRunner 使用用户如果没有注册有效 License)生成 100 个数据。详细使用方法请参照 6.3.2 节中介绍的参数化方法。同样，需要分别对文本检查点中的"jojo1"、密码和确认密码中的"bean1"进行参数化，但不需要再新建参数，而是用刚才所创建的 UserID 代替即可。

(4) 根据测试用例，对用户注册业务进行并发测试，需要在用户注册操作前加入集合点。其具体做法是：在录制脚本的用户注册函数前，单击鼠标右键，选择"Insert→Rendezvous"，将会自动在脚本中添加 lr_rendezvous()函数，输入集合点名称为"用户注册"即可。

(5) 为了更加真实地模拟用户的实际操作，可以在录制的脚本中插入思考时间，使用 lr_think_time()函数实现。如在用户注册业务前添加 lr_think_time(5)，则表示当脚本执行到思考时间函数时，将会等待 5 秒。LoadRunner 默认回放时忽略思考时间，可以通过"Run-Time Settings"运行时设置对话框，将思考时间选项更改为录制时记录的时间，即选择"Run-Time Settings→General→Think Time"选项卡，然后选择"Replay think time→As recorded"选项。

(6) 为了增加脚本的可维护性，可在录制的脚本中添加必要的注释，添加注释的方法详见 6.3.2 节。

(7) 根据测试需要，可以对代码结构进行调整，将录制脚本中无用的代码去掉，使脚本更简洁、高效。HP Web Tours Application 系统用户注册业务脚本如下：

```
//脚本业务：HP Web Tours Application 系统用户注册业务
//脚本说明：定义了事务、文本检查点和集合点，对用户名和密码进行了参数化
//脚本开发者：XXX
//日期：2016.8.2
Action()
{
    web_reg_find("Fail=NotFound",      //定义文本检查点，检查是否成功打开系统首页
        "Search=Body",
        "SaveCount=count1",
        "Text=Welcome to the Web Tours site.", LAST);
    web_url("index.htm",
        "URL=http://192.168.0.84:1080/WebTours/index.htm",
        "Resource=0",
        "RecContentType=text/html",
        "Referer=",
```

```
        "Snapshot=t1.inf",
        "Mode=HTML",
        LAST);
lr_think_time(5);        //插入思考时间
lr_start_transaction("SignUpNow_trans");      //定义打开注册页面事务开始
web_link("sign up now",
        "Text=sign up now",
        "Snapshot=t30.inf",
        LAST);
lr_end_transaction("SignUpNow_trans", LR_AUTO);      //定义打开注册页面事务结束
lr_think_time(5);        //插入思考时间
web_reg_find("Fail=NotFound",          //定义文本检查点，检查是否注册成功
    "Search=Body",
    "SaveCount=count2",
    "Text=jojo{UserID}",
    LAST);
lr_think_time(5);        //插入思考时间
lr_rendezvous("客户注册");        //定义集合点
lr_start_transaction("用户注册_trans");      //用户注册事务开始
web_submit_data("login.pl_2",          //提交用户注册请求，对用户名和密码参数化
    "Action=http://192.168.0.84:1080/cgi-bin/login.pl",
    "Method=POST",
    "RecContentType=text/html",
    "Referer=http://192.168.0.84:1080/cgi-bin/login.pl?username=&password=&getInfo=true",
    "Snapshot=t9.inf",
    "Mode=HTML",
    ITEMDATA,
    "Name=username", "Value=jojo{UserID}", ENDITEM,
    "Name=password", "Value=bean{UserID}", ENDITEM,
    "Name=passwordConfirm", "Value=bean{UserID}", ENDITEM,
    "Name=firstName", "Value=", ENDITEM,
    "Name=lastName", "Value=", ENDITEM,
    "Name=address1", "Value=", ENDITEM,
    "Name=address2", "Value=", ENDITEM,
    "Name=register.x", "Value=64", ENDITEM,
    "Name=register.y", "Value=9", ENDITEM,
    LAST);
lr_end_transaction("用户注册_trans",LR_AUTO);      //用户注册事务结束
lr_think_time(5);  //插入思考时间
```

```
            lr_start_transaction("SignIn_trans");
            web_image("button_next.gif",
                "Src=/WebTours/images/button_next.gif",
                "Snapshot=t10.inf",
                LAST);
            lr_end_transaction("SignIn_trans",LR_AUTO);
            lr_think_time(5);
            lr_start_transaction("退出系统_trans");
            web_image("SignOff Button",
                "Alt=SignOff Button",
                "Snapshot=t11.inf",
                LAST);
            lr_end_transaction("退出系统_trans",LR_AUTO);
            return 0;
        }
```

3) 回放用户注册业务脚本

通过回放用户注册业务脚本，可以检查开发的脚本代码是否符合设计要求。回放结束后，可以看到自动生成的"Tours_SignUp:Replay Summary"回放摘要文件，如图 7-21 所示。

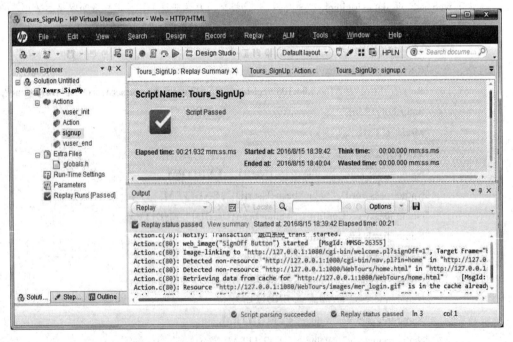

图 7-21　用户注册业务回放摘要

此外，在回放摘要文件中还可以点击"The Test Result"和"The Replay Log"分别查看详细的测试结果和测试日志。用户注册业务回放测试结果如图 7-22 所示。

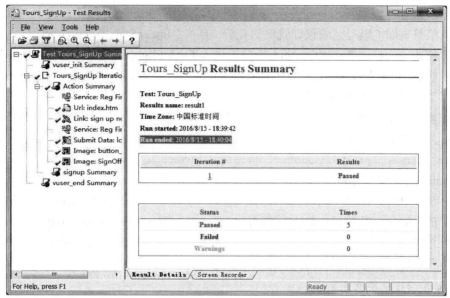

图 7-22　用户注册业务脚本回放成功的测试结果界面

2. 预订机票业务脚本开发

1) 录制预订机票业务脚本

第 1 步：启动 VuGen，选择"File"文档菜单下的"New Script and Solution"新建脚本和解决方案菜单，即可打开"Create a New Script"新建脚本对话框，如图 6-16 所示。在该对话框中，选择"Web-HTTP/HTML"协议，输入脚本名称"Tours_Reserving"，选择录制脚本的存储路径，单击"Create"创建按钮，VuGen 将创建一个空白 Vuser 脚本并显示 VuGen 将编辑的脚本。

第 2 步：单击 VuGen 工具栏上的录制按钮，将打开 Start Recording 对话框。在"Record into action"中选择 Action，在"Record"中选择 Web Browser，在"Application"中选择 Microsoft Internet Explore，在"URL address"中输入 HP Web Tours Application 系统的 URL 地址，其他信息可以选择默认值。"Start Recording"对话框如图 6-18 所示。

第 3 步：单击 Start Recording 对话框底部的"Recording Options"，打开 Recording Option 对话框，如图 6-19 所示。选择"General→Recording"，在打开的选项卡中选中"HTML-based script"；选择"HTTP Properties→Advanced"，在打开的选项卡中选中"Support charset→UTF-8"编码方式；选择"Correlations→Configuration"，在打开的选项卡中选中"API used for correlations"并选择"web_reg_sag_save_param_ex"函数用于实现关联，Configuration 选项卡的设置如图 7-16 所示。

Recording Option 对话框参数设置完成后，单击"OK"按钮返回到 Start Recording 对话框，再单击"Start Recording"按钮打开 HP Web Tours Application 系统首页，此时脚本录制工作正式开始。HP Web Tours Application 系统首页如图 6-92 所示。

第 4 步：在 HP Web Tours Application 系统首页，输入用户名"user1"及密码"pwd1"，并插入开始事务"用户登录_trans"，然后单击"Login"按钮进入订票系统主页面，最后单击"Insert End Transaction"插入结束事务"用户登录_trans"。

第 5 步：在订票系统主页面的左侧导航条中，选择"Flights"按钮，进入 Find Flight 查找航班信息页面，填写完成预订航班信息后，单击"Insert Start Transaction"插入开始事务"预订机票_trans"，单击"Continue"按钮进入 Find Flight 查找航班选择页面，然后选择乘坐的航班，并单击"Continue"按钮打开输入支付信息页面，单击"Insert End Transaction"插入结束事务"预订机票_trans"。

第 6 步：在支付信息页面，填写支付详细信息，如输入 Credit Card 为"12345678"，Exp Date 为"10/12"。支付信息填写完成后，单击"Insert Start Transaction"插入开始事务"Payment_trans"，再单击"Continue"按钮进入 Invoice 发票页面，然后单击"Insert End Transaction"插入结束事务"Payment _trans"。

第 7 步：单击"Insert Start Transaction"插入开始事务"退出系统_trans"，再单击左侧导航条中的"Sign off"按钮返回系统首页，然后单击"Insert End Transaction"插入结束事务"退出系统_trans"。至此，已完成预订机票业务脚本录制，单击悬浮录制工具栏中的停止录制按钮，LoadRunner 将自动生成脚本。

2) 完善预订机票业务脚本

(1) 脚本生成后，LoadRunner 会自动扫描脚本中可能存在关联的地方，并将关联信息显示在"Design Studio"对话框中，而且为了进一步确认该项是否需要关联，还可以查看关联项的详细信息，其方法是通过单击 Design Studio 对话框底部的"Details"，展开关联项的详细信息窗口，结合 HP Web Tours Application 系统预订机票流程和"Occurrences in Script"选项卡中的关联信息，就可以确定需要关联的项。预订机票业务脚本关联项信息如图 7-23 所示。经分析所有显示的关联项都可以不建立关联。但是，如果分析某项需要建立关联，可以选择需要关联的项，单击"Correlate"按钮手动实现关联后；也可以在 Design Studio 对话框中单击"Play&Scan"按钮自动扫描关联后，然后设置关联，LoadRunner 会自动在预订机票请求业务之前插入关联函数。对图 7-23 中选择的关联项设置关联，自动在脚本中生成的代码如下：

```
    /*Correlation comment - Do not change!   Original value='020;338;08/16/2016' Name
='outboundFlight' Type ='ResponseBased'*/
    web_reg_save_param_ex(
        "ParamName=outboundFlight",
        "LB=name=\"outboundFlight\" value=\"",
        "RB=\" checked",
        SEARCH_FILTERS,
        "Scope=Body",
        "IgnoreRedirections=No",
        LAST);
```

其中，web_reg_save_param_ex()函数在前面简单介绍过，它属于一个注册函数，即注册一个请求，以在检索到的页面中查找并保存一个文本字符串，并插入到检索页面的请求函数之前。该函数中的 ParamName 参数是指保存文本字符串的变量名，参数 LB 是指查找的字符串的左边界，参数 RB 是指查找的字符串的右边界，参数 Scope 是指查找的范围。

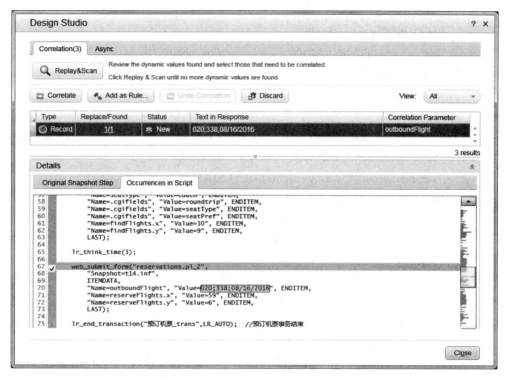

图 7-23 预订机票业务脚本关联项信息对话框

(2) 为了验证用户是否成功打开了预订机票，可以在脚本中设置文本检查点，如检查 Invoice 发票页面否存在"Thank you for booking through Web Tours."。如果存在则可以认为订票成功，否则说明订票不成功。其具体做法是：在 Step Tools 步骤工具栏中找到 web_reg_find()函数，左键双击打开"Find Text"对话框，在"Search for specific Text"中输入检查的文本信息，在"Search in"中选择 Body，在"Save count"中输入变量 count，在"Fail if"中选择 NotFound。需要注意的是，插入的 web_reg_find()函数应放在检索页面请求函数之前。

"Find Text"对话框设置完成后，单击"OK"按钮就可以在脚本中看到插入的文本检查点代码，具体如下：

```
web_reg_find("Fail=NotFound",
    "Search=Body",
    "SaveCount=count1",
    "Text= Thank you for booking through Web Tours.",
    LAST);
```

(3) HP Web Tours Application 系统用户登录业务要求实现 30 个不同用户登录，因此需要对录制脚本中使用的用户名"user1"和密码"pwd1"中的 1 分别进行参数化，参数名称分别为"UserID"和"PWDID"。详细的参数化步骤前面已多次介绍，在此不再赘述。参数化后的代码如下：

```
web_submit_data("login.pl",
    "Action=http://192.168.0.84:1080/cgi-bin/login.pl",
```

```
        "Method=POST",
        "RecContentType=text/html",
        "Referer=http://192.168.0.84:1080/cgi-bin/nav.pl?in=home",
        "Snapshot=t9.inf",
        "Mode=HTML",
        ITEMDATA,
        "Name=userSession", "Value=119178.862211422zVDAczcpHcfDzHiVpfHzDf", ENDITEM,
        "Name=username", "Value=user{UserID}", ENDITEM,
        "Name=password", "Value=pwd{PWDID}", ENDITEM,
        "Name=JSFormSubmit", "Value=off", ENDITEM,
        "Name=login.x", "Value=55", ENDITEM,
        "Name=login.y", "Value=13", ENDITEM,
        LAST);
```

(4) 为了更加真实地模拟用户的实际操作，可以在录制的脚本中插入思考时间，通过使用 lr_think_time()函数实现。如在预订机票业务前添加 lr_think_time(5)，则表示当脚本执行到思考时间函数时，将会等待 5 秒。LoadRunner 默认回放时忽略思考时间，可以通过"Run-Time Settings"运行时设置对话框，将思考时间选项更改为录制时记录的时间，即选择"Run-Time Settings→General→Think Time"选项卡，然后选择"Replay think time→As recorded"选项。

(5) 为了增加脚本的可维护性，可在录制的脚本中添加必要的注释，添加注释的方法详见 6.3.2 节。

(6) 根据测试需要，可以对代码结构进行调整，将录制脚本中无用的代码去掉，使脚本更简洁、高效。HP Web Tours Application 系统预订机票业务脚本如下：

```
//脚本业务：HP Web Tours Application 系统预订机票业务
//脚本说明：定义了事务、文本检查点，对用户名和密码进行了参数化
//脚本开发者：XXX
//日期：2016.8.2
Action()
{
    web_url("index.htm",
        "URL=http://192.168.0.84:1080/WebTours/index.htm",
        "Resource=0",
        "RecContentType=text/html",
        "Referer=",
        "Snapshot=t1.inf",
        "Mode=HTML",
        LAST);
    lr_think_time(5);
    lr_start_transaction("用户登录_trans");              //用户登录事务开始
```

```
    web_submit_data("login.pl",                          //用户登录提交请求
        "Action=http://192.168.0.84:1080/cgi-bin/login.pl",
        "Method=POST",
        "RecContentType=text/html",
        "Referer=http://192.168.0.84:1080/cgi-bin/nav.pl?in=home",
        "Snapshot=t9.inf",
        "Mode=HTML",
        ITEMDATA,
        "Name=userSession", "Value=119178.862211422zVDAczcpHcfDzHiVpfHzDf", ENDITEM,
        "Name=username", "Value=user{UserID}", ENDITEM,
        "Name=password", "Value=pwd{PWDID}", ENDITEM,
        "Name=JSFormSubmit", "Value=off", ENDITEM,
        "Name=login.x", "Value=55", ENDITEM,
        "Name=login.y", "Value=13", ENDITEM,
        LAST);
    lr_end_transaction("用户登录_trans",LR_AUTO);          //用户登录事务结束
    lr_think_time(5);
    /*Correlation comment - Do not change!   Original value='020;338;08/16/2016' Name
='outboundFlight' Type ='ResponseBased'*/
    web_reg_save_param_ex(
        "ParamName=outboundFlight",
        "LB=name=\"outboundFlight\" value=\"",
        "RB=\" checked",
        SEARCH_FILTERS,
        "Scope=Body",
        "IgnoreRedirections=No",
        LAST);
    lr_start_transaction("预订机票_查找航班_trans");       //预订机票_查找航班事务开始
    web_submit_data("reservations.pl",
        "Action=http://192.168.0.84:1080/cgi-bin/reservations.pl",
        "Method=POST",
        "RecContentType=text/html",
        "Referer=http://192.168.0.84:1080/cgi-bin/reservations.pl?page=welcome",
        "Snapshot=t13.inf",
        "Mode=HTML",
        ITEMDATA,
        "Name=advanceDiscount", "Value=0", ENDITEM,
        "Name=depart", "Value=Denver", ENDITEM,
        "Name=departDate", "Value=08/16/2016", ENDITEM,
```

```
        "Name=arrive", "Value=London", ENDITEM,
        "Name=returnDate", "Value=08/17/2016", ENDITEM,
        "Name=numPassengers", "Value=1", ENDITEM,
        "Name=seatPref", "Value=None", ENDITEM,
        "Name=seatType", "Value=Coach", ENDITEM,
        "Name=.cgifields", "Value=roundtrip", ENDITEM,
        "Name=.cgifields", "Value=seatType", ENDITEM,
        "Name=.cgifields", "Value=seatPref", ENDITEM,
        "Name=findFlights.x", "Value=30", ENDITEM,
        "Name=findFlights.y", "Value=9", ENDITEM,
        LAST);
lr_end_transaction("预订机票_查找航班_trans",LR_AUTO); //预订机票_查找航班事务结束
lr_think_time(3);
lr_start_transaction("预订机票_选择航班_trans");    //预订机票_选择航班事务开始
web_submit_form("reservations.pl_2",
        "Snapshot=t14.inf",
        ITEMDATA,
        "Name=outboundFlight", "Value={outboundFlight}", ENDITEM,
        "Name=reserveFlights.x", "Value=59", ENDITEM,
        "Name=reserveFlights.y", "Value=6", ENDITEM,
        LAST);
lr_end_transaction("预订机票_选择航班_trans",LR_AUTO); //预订机票_选择航班事务结束
lr_think_time(5);
web_reg_find("Fail=NotFound",                //定义文本检查点
        "Search=Body",
        "SaveCount=count",
        "Text=Thank you for booking through Web Tours.",
        LAST);
lr_start_transaction("预订机票_支付_trans");          //预订机票_支付事务开始
web_submit_form("reservations.pl_3",
        "Snapshot=t15.inf",
        ITEMDATA,
        "Name=firstName", "Value=u1", ENDITEM,
        "Name=lastName", "Value=r1", ENDITEM,
        "Name=address1", "Value=hkd", ENDITEM,
        "Name=address2", "Value=zz", ENDITEM,
        "Name=pass1", "Value=u1 r1", ENDITEM,
        "Name=creditCard", "Value=12345678", ENDITEM,
        "Name=expDate", "Value=10/12", ENDITEM,
```

```
        "Name=saveCC", "Value=<OFF>", ENDITEM,
        "Name=buyFlights.x", "Value=59", ENDITEM,
        "Name=buyFlights.y", "Value=6", ENDITEM,
        LAST);
    lr_end_transaction("预订机票_支付_trans",LR_AUTO);          //预订机票_支付事务结束
    lr_think_time(5);
    lr_start_transaction("退出系统_trans");          //退出系统事务开始
    web_url("welcome.pl",
        "URL=http://192.168.0.84:1080/cgi-bin/welcome.pl?signOff=1",
        "Resource=0",
        "RecContentType=text/html",
        "Referer=http://192.168.0.84:1080/cgi-bin/nav.pl?page=menu&in=flights",
        "Snapshot=t16.inf",
        "Mode=HTML",
        LAST);
    lr_end_transaction("退出系统_trans",LR_AUTO);          //退出系统事务结束
    return 0;
    }
```

3) 回放预订机票业务脚本

通过回放预订机票业务脚本，可以检查开发的脚本代码是否符合设计要求。回放结束后，可以看到自动生成的 "Tours_reserving:Replay Summary" 回放摘要文件，如图 7-24 所示。

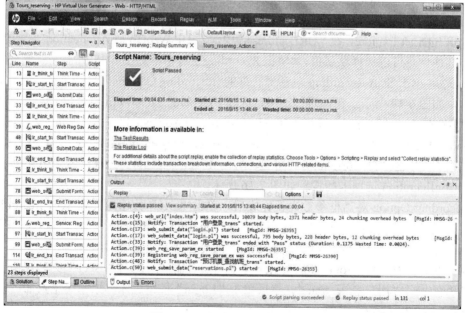

图 7-24　预订机票业务回放摘要

在回放摘要文件中点击 "The Test Result" 和 "The Replay Log" 可分别查看详细的测试结果和测试日志。预订机票业务回放测试结果如图 7-25 所示。

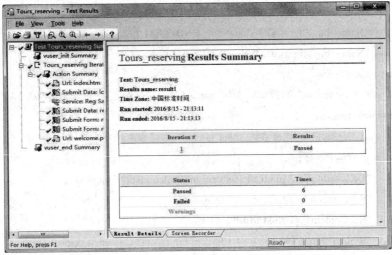

图 7-25　预订机票业务脚本回放成功的测试结果界面

3. 查看订单业务脚本开发

1) 录制查看订单业务脚本

第 1 步：启动 VuGen，选择"File"文档菜单下的"New Script and Solution"新建脚本和解决方案，即可打开"Create a New Script"新建脚本对话框，如图 6-16 所示。在该对话框中选择"Web-HTTP/HTML"协议，输入脚本名称"Tours_ViewOrder"，选择录制脚本的存储路径，单击"Create"创建按钮，VuGen 将创建一个空白 Vuser 脚本并显示 VuGen 将编辑的脚本。

第 2 步：单击 VuGen 工具栏上的录制按钮，打开 Start Recording 对话框。在"Record into action"中选择 Action，在"Record"中选择 Web Browser，在"Application"中选择 Microsoft Internet Explore，在"URL address"中输入 HP Web Tours Application 系统的 URL 地址，其他信息可以选择默认值。"Start Recording"对话框如图 6-18 所示。

第 3 步：单击 Start Recording 对话框底部的"Recording Options"，打开 Recording Option 对话框，如图 6-19 所示。在该对话框中，选择"General→Recording"，在打开的选项卡中选中"HTML-based script"；选择"HTTP Properties→Advanced"，在打开的选项卡中选中"Support charset→UTF-8"编码方式；选择"Correlations→Configuration"，在打开的选项卡中选中"API used for correlations"并选择"web_reg_sag_save_param_ex"函数用于实现关联，Configuration 选项卡的设置如图 7-16 所示。

Recording Option 对话框参数设置完成后，单击"OK"按钮返回到 Start Recording 对话框，再单击"Start Recording"按钮打开 HP Web Tours Application 系统首页，此时脚本录制工作正式开始。HP Web Tours Application 系统首页如图 6-92 所示。

第 4 步：在 HP Web Tours Application 系统首页，输入用户名"user1"及密码"pwd1"，并插入开始事务"用户登录_trans"，然后单击"Login"按钮进入订票系统主页面，最后单击"Insert End Transaction"插入结束事务"用户登录_trans"。

第 5 步：在订票系统主页面，单击"Insert Start Transaction"插入开始事务"查看订单_trans"。然后，在左侧导航条中，单击"Itinerary"按钮进入 Itinerary 路线页面，并查看订单信息。最后，单击"Insert End Transaction"插入结束事务"查看订单_trans"。

第 6 步：单击"Insert Start Transaction"插入开始事务"退出系统_trans"，再单击左侧导航条中的"Sign off"按钮返回系统首页，然后单击"Insert End Transaction"插入结束事务"退出系统_trans"。至此，已完成查看订单业务脚本录制，单击悬浮录制工具栏中的停止录制按钮，LoadRunner 将会生成脚本。

2) 完善查看订单业务脚本

(1) 脚本生成后，LoadRunner 会自动扫描脚本中可能存在关联的地方，并将关联信息显示在"Design Studio"对话框中。由于查看订票脚本中不存在需要关联的地方，因此"Design Studio"对话框中关联选项为空，即没有关联选项。

(2) HP Web Tours Application 系统用户登录业务要求实现 30 个不同用户登录，因此需要对录制脚本中使用的用户名"user1"和密码"pwd1"中的 1 分别进行参数化，参数名称分别为"UserID"和"PWDID"。详细的参数化步骤前面已多次介绍，在此不再累述。

(3) 为了更加真实地模拟用户的实际操作，可以在录制的脚本中插入思考时间，通过其用 lr_think_time()函数实现。如在查看订单业务前添加 lr_think_time(5)，则表示当脚本执行到思考时间函数时，将会等待 5 秒。LoadRunner 默认回放时忽略思考时间，可以通过"Run-Time Settings"运行时设置对话框，将思考时间选项更改为录制时记录的时间，即选择"Run-Time Settings→General→Think Time"选项卡，然后选择"Replay think time→As recorded"选项。

(4) 为了增加脚本的可维护性，可在录制的脚本中添加必要的注释，添加注释的方法详见 6.3.2 节。

(5) 根据测试需要，可以对代码结构进行调整，将录制脚本中无用的代码去掉，使脚本更简洁、高效。HP Web Tours Application 系统查看机票业务脚本如下：

```
//脚本业务：HP Web Tours Application 系统查看订单业务
//脚本说明：定义了事务，对用户名和密码进行了参数化
//脚本开发者：XXX
//日期：2016.8.2
Action()
{
    web_url("index.htm",
        "URL=http://192.168.0.84:1080/WebTours/index.htm",
        "Resource=0",
        "RecContentType=text/html",
        "Referer=",
        "Snapshot=t1.inf",
        "Mode=HTML",
        LAST);
    lr_think_time(5);
    lr_start_transaction("用户登录_trans");          //用户登录事务开始
    web_submit_data("login.pl",
```

```
      "Action=http://192.168.0.84:1080/cgi-bin/login.pl",
      "Method=POST",
      "RecContentType=text/html",
      "Referer=http://192.168.0.84:1080/cgi-bin/nav.pl?in=home",
      "Snapshot=t5.inf",
      "Mode=HTML",
      ITEMDATA,
      "Name=userSession","Value=119183.064317537zVDAtHipiHAiDDDDDzHicpiHDccf",ENDITEM,
      "Name=username", "Value=user{UserID}", ENDITEM,
      "Name=password", "Value=pwd{PWDID}", ENDITEM,
      "Name=JSFormSubmit", "Value=off", ENDITEM,
      "Name=login.x", "Value=56", ENDITEM,
      "Name=login.y", "Value=11", ENDITEM,
      LAST);
lr_end_transaction("用户登录_trans",LR_AUTO);          //用户登录事务结束
lr_think_time(5);
lr_start_transaction("查看订单_trans");          //查看订单事务开始
web_url("welcome.pl",
      "URL=http://192.168.0.84:1080/cgi-bin/welcome.pl?page=itinerary",
      "Resource=0",
      "RecContentType=text/html",
      "Referer=http:// 192.168.0.84:1080/cgi-bin/nav.pl?page=menu&in=home",
      "Snapshot=t10.inf",
      "Mode=HTML",
      LAST);
lr_end_transaction("查看订单_trans",LR_AUTO);          //查看订单事务结束
lr_think_time(5);
lr_start_transaction("退出系统_trans");          //退出系统事务开始
web_url("welcome.pl_2",
      "URL=http://192.168.0.84:1080/cgi-bin/welcome.pl?signOff=1",
      "Resource=0",
      "RecContentType=text/html",
      "Referer=http://192.168.0.84:1080/cgi-bin/nav.pl?page=menu&in=itinerary",
      "Snapshot=t15.inf",
      "Mode=HTML",
      LAST);
lr_end_transaction("退出系统_trans",LR_AUTO);          //退出系统事务结束
      return 0;
}
```

3) 回放查看订单业务脚本

通过回放查看订单业务脚本，可以检查开发的脚本代码是否符合设计要求。回放结束后，可以看到自动生成的"Tours_ViewOrder:Replay Summary"回放摘要文件，如图7-26所示。

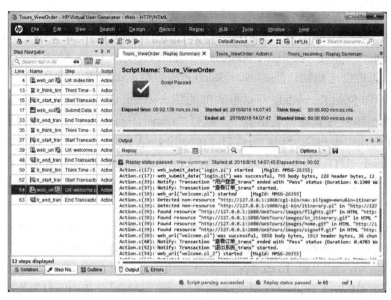

图7-26 取消订单业务回放摘要

在回放摘要文件中点击"The Test Result"和"The Replay Log"可分别查看详细的测试结果和测试日志。查看订单业务回放测试结果如图7-27所示。

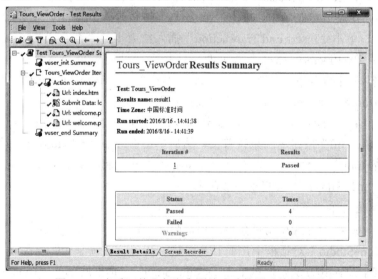

图7-27 查看订单业务脚本回放成功的测试结果界面

4. 取消订单业务脚本开发

1) 录制取消订单业务脚本

第1步：启动VuGen，选择"File"文档菜单下的"New Script and Solution"新建脚

本和解决方案，即可打开"Create a New Script"新建脚本对话框，如图 6-16 所示。在该对话框中选择"Web-HTTP/HTML"协议，输入脚本名称"Tours_Cancelbooking"，选择录制脚本的存储路径，单击"Create"创建按钮，VuGen 将创建一个空白 Vuser 脚本并显示 VuGen 将编辑的脚本。

第 2 步：单击 VuGen 工具栏上的录制按钮，打开 Start Recording 对话框。在"Record into action"中选择 Action，在"Record"中选择 Web Browser，在"Application"中选择 Microsoft Internet Explore，在"URL address"中输入 HP Web Tours Application 系统的 URL 地址，其他信息可以选择默认值。"Start Recording"对话框如图 6-18 所示。

第 3 步：单击 Start Recording 对话框底部的"Recording Options"，打开 Recording Option 对话框，如图 6-19 所示。在该会话框中，选择"General→Recording"，在打开的选项卡中选中"HTML-based script"；选择"HTTP Properties→Advanced"，在打开的选项卡中选中"Support charset→UTF-8"编码方式；选择"Correlations→Configuration"，在选项卡中选中"API used for correlations"并选择"web_reg_sag_save_param_ex"函数用于实现关联，Configuration 选项卡的设置如图 7-16 所示。

Recording Option 对话框参数设置完成后，单击"OK"按钮返回到 Start Recording 对话框，再单击"Start Recording"按钮打开 HP Web Tours Application 系统首页，此时脚本录制工作正式开始。HP Web Tours Application 系统首页如图 6-92 所示。

第 4 步：在 HP Web Tours Application 系统首页，输入用户名"user1"及密码"pwd1"，插入开始事务"用户登录_trans"，然后单击"Login"按钮进入订票系统主页面，最后单击"Insert End Transaction"插入结束事务"用户登录_trans"。

第 5 步：在订票系统主页面，单击"Insert Start Transaction"插入开始事务"查看订单_trans"。然后，在左侧导航条中，单击"Itinerary"按钮进入 Itinerary 路线页面，并查看订单信息。最后，单击"Insert End Transaction"插入结束事务"查看订单_trans"。

第 6 步：在 Itinerary 路线查看页面，选择要取消的航班，然后单击"Insert Start Transaction"插入开始事务"取消订票_trans"，然后单击"Cancel Checked"按钮，并单击"Insert End Transaction"插入结束事务"取消订票_trans"。

第 7 步：单击"Insert Start Transaction"插入开始事务"退出系统_trans"，再单击左侧导航条中的"Sign off"按钮返回系统首页，然后单击"Insert End Transaction"插入结束事务"退出系统_trans"。至此，已完成取消订单业务脚本录制，单击悬浮录制工具栏中的停止录制按钮，LoadRunner 将会自动生成脚本。

2) 完善取消订单业务脚本

(1) 脚本生成后，LoadRunner 会自动扫描脚本中可能存在关联的地方，并将关联信息显示在"Design Studio"对话框中，而且为了进一步确认该项是否需要关联，还可以查看关联项的详细信息，其方法是通过单击 Design Studio 对话框底部的"Details"，展开关联项的详细信息窗口，结合 HP Web Tours Application 系统取消订票流程和"Occurrences in Script"选项卡中的关联信息，就可以确定需要关联的项。

(2) HP Web Tours Application 系统用户登录业务要求实现 30 个不同用户登录，因此需要对录制脚本中使用的用户名"user1"和密码"pwd1"中的 1 分别进行参数化，参数名称分别为"UserID"和"PWDID"。详细的参数化步骤前面已多次介绍，在此不再赘述。

(3) 为了更加真实地模拟用户的实际操作，可以在录制的脚本中的插入思考时间，通过使用 lr_think_time()函数实现。如在取消订单业务前添加 lr_think_time(5)，则表示当脚本执行到思考时间函数时，将会等待 5 秒。LoadRunner 默认回放时忽略思考时间，可以通过"Run-Time Settings"运行时设置对话框，将思考时间选项更改为录制时记录的时间，即选择"Run-Time Settings→General→Think Time"选项卡，然后选择"Replay think time→As recorded"选项。

(4) 为了增加脚本的可维护性，可在录制的脚本中添加必要的注释，添加注释的方法详见 6.3.2 节。

(5) 根据测试需要，可以对代码结构进行调整，将录制脚本中无用的代码去掉，使脚本更简洁、高效。HP Web Tours Application 系统取消订单业务脚本如下：

```
//脚本业务：HP Web Tours Application 系统取消订单业务
//脚本说明：定义了事务，对用户名和密码进行了参数化
//脚本开发者：XXX
//日期：2016.8.2
Action()
{   web_url("index.htm",
        "URL=http://192.168.0.84:1080/WebTours/index.htm",
        "Resource=0",
        "RecContentType=text/html",
        "Referer=",
        "Snapshot=t1.inf",
        "Mode=HTML",
        LAST);
    lr_think_time(5);
    lr_start_transaction("用户登录_trans");         //用户登录事务开始
    web_submit_data("login.pl",
        "Action=http://192.168.0.84:1080/cgi-bin/login.pl",
        "Method=POST",
        "RecContentType=text/html",
        "Referer=http://192.168.0.84:1080/cgi-bin/nav.pl?in=home",
        "Snapshot=t5.inf",
        "Mode=HTML",
        ITEMDATA,
        "Name=userSession","Value=119183.064317537zVDAtHipiHAiDDDDDzHicpiHDccf",ENDITEM,
        "Name=username", "Value=user{UserID}", ENDITEM,
        "Name=password", "Value=pwd{PWDID}", ENDITEM,
        "Name=JSFormSubmit", "Value=off", ENDITEM,
        "Name=login.x", "Value=56", ENDITEM,
```

```
        "Name=login.y", "Value=11", ENDITEM,
        LAST);
lr_end_transaction("用户登录_trans",LR_AUTO);          //用户登录事务结束
lr_think_time(5);
lr_start_transaction("查看订单_trans");          //查看订单事务开始
web_url("welcome.pl",
        "URL=http://192.168.0.84:1080/cgi-bin/welcome.pl?page=itinerary",
        "Resource=0",
        "RecContentType=text/html",
        "Referer=http:// 192.168.0.84:1080/cgi-bin/nav.pl?page=menu&in=home",
        "Snapshot=t10.inf",
        "Mode=HTML",
        LAST);
lr_end_transaction("查看订单_trans");          //查看订单事务结束
lr_think_time(5);
lr_start_transaction("取消订单_trans");          //取消订单事务开始
web_submit_data("itinerary.pl",
        "Action=http://192.168.0.84:1080/cgi-bin/itinerary.pl",
        "Method=POST",
        "RecContentType=text/html",
        "Referer=http://192.168.0.84:1080/cgi-bin/itinerary.pl",
        "Snapshot=t14.inf",
        "Mode=HTML",
        ITEMDATA,
        "Name=flightID", "Value=210296680-798-ur", ENDITEM,
        "Name=.cgifields", "Value=6", ENDITEM,
        "Name=removeAllFlights.x", "Value=44", ENDITEM,
        "Name=removeAllFlights.y", "Value=12", ENDITEM,
LAST);
lr_end_transaction("取消订单_trans",LR_AUTO);          //取消订单事务结束
lr_think_time(5);
lr_start_transaction("退出系统_trans");          //退出系统事务开始
web_url("welcome.pl_2",
        "URL=http://192.168.0.84:1080/cgi-bin/welcome.pl?signOff=1",
        "Resource=0",
        "RecContentType=text/html",
        "Referer=http://192.168.0.84:1080/cgi-bin/nav.pl?page=menu&in=itinerary",
        "Snapshot=t15.inf",
        "Mode=HTML",
```

```
            LAST);
      lr_end_transaction("退出系统_trans",LR_AUTO);        //退出系统事务结束
      return 0;
   }
```

3) 回放取消订单业务脚本

通过回放取消订单业务脚本，可以检查开发的脚本代码是否符合设计要求。回放结束后，可以看到自动生成的"Tours_Cancelbooking:Replay Summary"回放摘要文件，如图 7-28 所示。

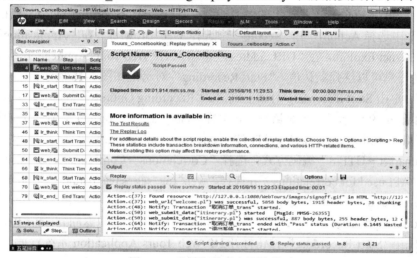

图 7-28　取消订单业务回放摘要

在回放摘要文件中点击"The Test Result"和"The Replay Log"可分别查看详细的测试结果和测试日志。取消订单业务回放测试结果如图 7-29 所示。

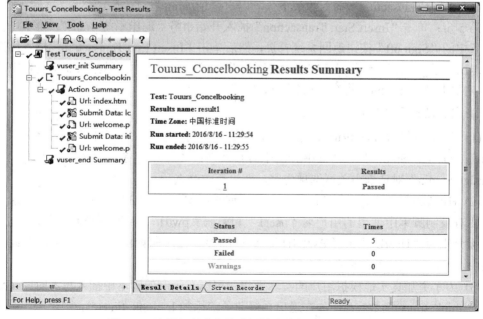

图 7-29　取消订单业务脚本回放成功的测试结果界面

5. 退出系统业务脚本开发

1) 退出系统订单业务脚本

第 1 步：启动 VuGen，选择"File"文档菜单下的"New Script and Solution"新建脚本和解决方案，即可打开"Create a New Script"新建脚本对话框，如图 6-16 所示。在该对话框中，选择"Web-HTTP/HTML"协议，输入脚本名称"Tours_SignOff"，选择录制脚本的存储路径，单击"Create"创建按钮，VuGen 将创建一个空白 Vuser 脚本并显示 VuGen 将编辑的脚本。

第 2 步：单击 VuGen 工具栏上的录制按钮，打开 Start Recording 对话框。在"Record into action"中选择 Action，在"Record"中选择 Web Browser，在"Application"中选择 Microsoft Internet Explore，在"URL address"中输入 HP Web Tours Application 系统的 URL 地址，其他信息可以选择默认值。"Start Recording"对话框如图 6-18 所示。

第 3 步：单击 Start Recording 对话框底部的"Recording Options"，打开 Recording Option 对话框，如图 6-19 所示。在该对话框中，选择"General→Recording"，在打开的选项卡中选中"HTML-based script"；选择"HTTP Properties→Advanced"，在打开的选项卡中选中"Support charset→UTF-8"编码方式；选择"Correlations→Configuration"，在打开的选项卡中选中"API used for correlations"并选择"web_reg_sag_save_param_ex"函数用于实现关联，Configuration 选项卡的设置如图 7-16 所示。

Recording Option 对话框参数设置完成后，单击"OK"按钮返回到 Start Recording 对话框，再单击"Start Recording"按钮打开 HP Web Tours Application 系统首页，此时脚本录制工作正式开始。HP Web Tours Application 系统首页如图 6-92 所示。

第 4 步：在 HP Web Tours Application 系统首页，输入用户名"user1"及密码"pwd1"，并插入开始事务"用户登录_trans"，然后单击"Login"按钮进入订票系统主页面，最后单击"Insert End Transaction"插入结束事务"用户登录_trans"。

第 5 步：单击"Insert Start Transaction"插入开始事务"退出系统_trans"，再单击左侧导航条中的"Sign off"按钮返回系统首页，然后单击"Insert End Transaction"插入结束事务"退出系统_trans"。至此，已完成退出系统业务脚本录制，单击悬浮录制工具栏中的停止录制按钮，LoadRunner 将会自动生成脚本。

2) 完善退出系统业务脚本

(1) 脚本生成后，LoadRunner 会自动扫描脚本中可能存在关联的地方，并将关联信息显示在"Design Studio"对话框中。由于客户注册脚本中不存在需要关联的地方，因此"Design Studio"对话框中关联选项为空，即没有关联选项。

(2) HP Web Tours Application 系统用户登录业务要求实现 30 个不同的用户登录，因此需要对录制脚本中使用的用户名"user1"和密码"pwd1"中的 1 分别进行参数化，参数名称分别为"UserID"和"PWDID"。详细的参数化步骤前面已多次介绍，在此不再累述。

(3) 为了更加真实地模拟用户的实际操作，可以在录制的脚本中插入思考时间，通过使用 lr_think_time()函数实现。如在退出系统业务前添加 lr_think_time(5)，则表示当脚本执行到思考时间函数时，将会等待 5 秒。LoadRunner 默认回放时忽略思考时间，可以通过

"Run-Time Settings"运行时设置对话框，将思考时间选项更改为录制时记录的时间，即选择"Run-Time Settings→General→Think Time"选项卡，然后选择"Replay think time→As recorded"选项。

(4) 为了增加脚本的可维护性，可在录制的脚本中添加必要的注释，添加注释的方法详见 6.3.2 节。

(5) 根据测试需要，可以对代码结构进行调整，将录制脚本中无用的代码去掉，使脚本更简洁、高效。HP Web Tours Application 系统退出系统业务脚本如下：

```
//脚本业务：HP Web Tours Application 系统退出系统业务
//脚本说明：定义了事务，对用户名和密码进行了参数化
//脚本开发者：XXX
//日期：2016.8.2
Action()
{
    web_url("index.htm",
        "URL=http://127.0.0.1:1080/WebTours/index.htm",
        "Resource=0",
        "RecContentType=text/html",
        "Referer=",
        "Snapshot=t4.inf",
        "Mode=HTML",
        LAST);
    lr_think_time(5);
    lr_start_transaction("用户登录_trans");          //用户登录事务开始
    web_submit_data("login.pl",
        "Action=http://127.0.0.1:1080/cgi-bin/login.pl",
        "Method=POST",
        "RecContentType=text/html",
        "Referer=http://127.0.0.1:1080/cgi-bin/nav.pl?in=home",
        "Snapshot=t6.inf",
        "Mode=HTML",
        ITEMDATA,
        "Name=userSession", "Value=119183.67582017zVDAfVApDcfDzHiDpAzVQf", ENDITEM,
        "Name=username", "Value=user{UserID}", ENDITEM,
        "Name=password", "Value=pwd{PWDID}", ENDITEM,
        "Name=JSFormSubmit", "Value=off", ENDITEM,
        "Name=login.x", "Value=30", ENDITEM,
        "Name=login.y", "Value=6", ENDITEM,
        LAST);
```

```
lr_end_transaction("客用户登录_trans",LR_AUTO);        //用户登录事务结束
lr_think_time(5);
lr_start_transaction("退出系统_trans");              //退出系统事务开始
web_url("welcome.pl",
    "URL=http://127.0.0.1:1080/cgi-bin/welcome.pl?signOff=1",
    "Resource=0",
    "RecContentType=text/html",
    "Referer=http://127.0.0.1:1080/cgi-bin/nav.pl?page=menu&in=home",
    "Snapshot=t9.inf",
    "Mode=HTML",
    LAST);
lr_end_transaction("退出系统_trans",LR_AUTO);         //退出系统事务结束
return 0;
}
```

3) 回放退出系统机票业务脚本

通过回放退出系统机票业务脚本，可以检查开发的脚本代码是否符合设计要求。回放结束后，可以看到自动生成的"Tours_SignOff:Replay Summary"回放摘要文件，如图 7-30 所示。

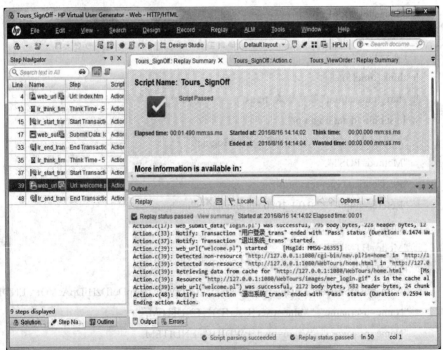

图 7-30 退出系统业务回放摘要

在回放摘要文件中点击"The Test Result"和"The Replay Log"可分别查看详细的测试结果和测试日志。退出系统业务回放测试结果如图 7-31 所示。

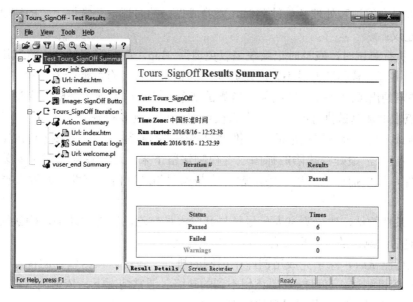

图 7-31　退出系统业务脚本回放成功的测试结果界面

7.4　测试执行与结果分析

依据软件测试的流程，当测试计划、测试用例和测试脚本都设计完成之后，测试人员就要开始执行测试了。在执行测试之前，通常要做好如下准备工作：

(1) 测试环境的准备。构建测试运行的平台和安装需要的软硬件系统。测试环境要尽可能地与用户真实的使用环境相同或类似，有时候甚至需要测试人员到真实的使用环境中执行测试。在本案例中，只需按前面的要求安装相应的软件即可。

(2) 人员的安排。测试执行工作的顺利完成不仅需要测试人员，还需要系统维护人员和开发人员等其他部门工作人员的支持。因此，在执行测试之前，需要做好人员安排的工作，以便能够给予测试工作最大的支持。

以上准备工作做好之后，测试人员就可以依据测试用例在被测系统上执行测试。执行测试用例的时候，要讲究一些策略和技巧，一般需要考虑以下几个方面：

(1) 优先执行界面测试和功能测试，然后再执行性能测试。这是因为性能测试的一个前提条件是被测软件相关业务的功能是正确的。

(2) 优先执行系统中支持其他模块运行的基本功能。

(3) 根据系统各模块之间的逻辑关系，确定优先测试的模块。

(4) 采用增量模式开发出来的软件系统，应该优先测试新集成进来的子系统，然后再测试原有的系统。

(5) 优先执行功能的正确性测试，然后再执行容错性测试。通常情况下，如果功能的正确性都验证不通过，就没有必要验证功能的容错性了。例如：登录功能，合法用户登录系统功能测试通过后，才有必要测试非法用户登录，如果合法用户都无法登录系统，那么测试非法用户登录就没有意义了。

测试人员在发现和处理软件缺陷时，要养成良好的习惯，并掌握一定的测试技巧，有以下几点建议：

(1) 在执行测试时，应及时记录缺陷以免遗漏 Bug。在实际测试中，测试用例的数量有可能成千上万，若测试人员不及时做好缺陷的记录工作，有可能会遗忘掉。

(2) 缺陷的出现通常有集群现象，当测试某个功能点时发现了缺陷，应该在该功能及相关功能点上增加测试执行的力度，那么很可能会发现更多的缺陷。

(3) 测试人员应该根据缺陷的特征推测缺陷产生的原因，最好能够定位缺陷的位置。如果推测不出来，最好将缺陷的抓图或者视频保留下来。通常在测试机上安装抓图软件和录屏软件，以便捕捉软件出现的问题，这些抓图和录屏信息有助于开发人员理解缺陷的表象。

(4) 有条件的话，建议测试人员尽早与开发人员交流已发现的缺陷，确认缺陷产生的原因，这对后续测试的执行也具有一定的指导意义。

(5) 执行测试时，除了完成用例库中用例的执行，还可以依据软件的特点和测试人员的经验进行随机测试，有可能发现意想不到的缺陷。通常情况下，依据同样的测试用例，有经验的测试人员可能会发现更多的软件缺陷。

7.4.1　功能测试执行与结果分析

通常情况下，自动化测试的执行效率和准确性都比较高，测试人员可以先执行自动化测试用例，检查被测系统的基本功能和核心功能是否正确，然后再对其他功能执行手工测试。下面按照测试用例设计的先后顺序执行测试用例。

1. 登录业务测试用例的执行和测试结果分析

登录业务脚本运行结束后，测试结果如图 7-32 所示。

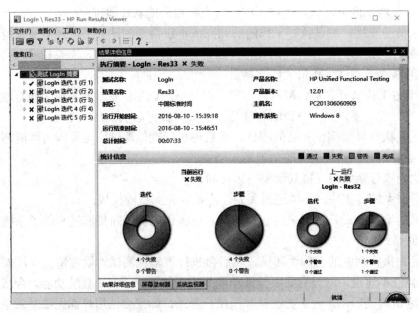

图 7-32　登录业务脚本运行结果

从图 7-32 可以看出，针对登录业务一共进行了 5 组数据的测试，即脚本共迭代执行了 5 次，符合预期要求。其中，第 1 次迭代通过，后 4 次迭代失败，因为后 4 组测试数据是非法数据，在脚本中利用 Reporter.ReportEvent 方法输出失败状态，从而使整个迭代也是失败状态。这种失败状态是预期的失败，不是指脚本运行失败或者发生检查点没找到等错误。因此，5 次迭代最终的状态都符合预期。

1) 第 1 次迭代运行结果的详细信息

第 1 次迭代运行是利用合法用户信息(用户名为 mercury，密码为 mercury)测试登录功能的正确性。展开第 1 次迭代运行结果的节点，其详细信息如图 7-33 所示。

图 7-33 第 1 次迭代运行结果的详细信息

(1) 利用 SystemUtil 对象的方法成功地在 IE 浏览器中打开飞机订票系统的登录首页，如图 7-34 所示。

步骤名称:SystemUtil

步骤 通过

对象	详细信息	结果	时间
SystemUtil	SystemUtil	通过	2016-08-10 - 15:39:22

图 7-34 利用 SystemUtil 对象打开系统登录首页

(2) 将用户名设置为"mercury"，如图 7-35 所示；将密码设置为"mercury"，如图 7-36 所示，符合预期要求。

步骤名称:userName.Set

步骤 完成

对象	详细信息	结果	时间
userName.Set	"mercury"	完成	2016-08-10 - 15:39:45

图 7-35 第 1 次迭代测试结果中的用户名设置

步骤名称:password.Set

步骤 完成

对象	详细信息	结果	时间
password.Set	"mercury"	完成	2016-08-10 - 15:41:08

图 7-36　第 1 次迭代测试结果中的密码设置

(3) 判定"Welcome back to Mercury"页面对象不存在，如图 7-37 所示，符合预期要求。

步骤名称:Welcome back to Mercury.Exist

步骤 完成

对象	详细信息	结果	时间
Welcome back to Mercury.Exist	"Object does not exist"	完成	2016-08-10 - 15:43:03

图 7-37　第 1 次迭代判定"Welcome back to Mercury"页面对象不存在

(4) 判定标准检查点通过，如图 7-38 所示。

标准检查点 "Use our Flight Finder to search for the lowest fare on participating airlines. Once you've booked your flight, don't forget to visit the Mercury Tours Hotel Finder to reserve lodging in your destination city.": 通过

日期和时间: 2016-08-10 - 15:43:06

详细信息

Use our Flight Finder to search for the lowest fare on participating airlines. Once you've booked your flight, don't forget to visit the Mercury Tours Hotel Finder to reserve lodging in your destination city. 结果

属性名	属性值
innertext	Use our Flight Finder to search for the lowest fare on participating airlines. Once you've booked your flight, don't forget to visit the Mercury Tours Hotel Finder to reserve lodging in your destination city.

图 7-38　标准检查点通过

(5) 利用 Reporter.ReportEvent 方法输出成功状态及登录成功的信息，如图 7-39 所示。

步骤名称:登录验证

步骤 通过

对象	详细信息	结果	时间
登录验证	登录成功	通过	2016-08-10 - 15:43:09

图 7-39　输出成功状态及登录成功的信息

(6) 关闭浏览器，如图 7-40 所示，符合预期要求。

步骤名称:Welcome: Mercury Tours.关闭所有选项卡

步骤 完成

对象	详细信息	结果	时间
Welcome: Mercury Tours.关闭所有选项卡		完成	2016-08-10 - 15:43:12

图 7-40　关闭浏览器

分析数据可知,脚本第 1 次迭代运行符合预期,即合法用户可以登录到飞机订票系统的登录首页,测试通过。

2) 第 2 次迭代运行结果的详细信息

第 2 次迭代运行是利用非法用户信息(用户名和密码均为空)测试登录功能的容错性。展开第 2 次迭代运行结果的节点,其详细信息如图 7-41 所示。

```
▲ ✗ 🎲 LogIn 迭代 2 (行 2)
   ▲ ✗ 🐾 LogIn 摘要
      ▲ ✔ ▦ SystemUtil
         ✔ ▦ 运行 "iexplore",1
      ▲ 🔎 Welcome: Mercury Tours
         ▲ 🗋 Welcome: Mercury Tours
            📎 userName.Set
            📎 password.Set
            🖼 Sign-In.Click
         ▲ 🗋 Sign-on: Mercury Tours
            ⬤ Welcome back to Mercury.Exist
      ✗ 🔳 登录失败
      ▲ 🔎 Welcome: Mercury Tours
         🔎 Welcome: Mercury Tours.关闭所有选项卡
```

图 7-41　第 2 次迭代测试结果的详细信息

(1) 将用户名和密码均设置为空,分别如图 7-42 和图 7-43 所示,符合预期要求。

步骤名称:userName.Set

步骤 完成

对象	详细信息	结果	时间
userName.Set	" "	完成	2016-08-10 - 15:43:19

图 7-42　第 2 次迭代测试结果中的用户名设置

步骤名称:password.Set

步骤 完成

对象	详细信息	结果	时间
password.Set	" "	完成	2016-08-10 - 15:43:22

图 7-43　第 2 次迭代测试结果中的密码设置

(2) 判定"Welcome back to Mercury"页面对象存在,如图 7-44 所示,符合预期要求。

步骤名称:Welcome back to Mercury.Exist

步骤 完成

对象	详细信息	结果	时间
Welcome back to Mercury.Exist	"Object exists"	完成	2016-08-10 - 15:43:52

图 7-44　第 2 次迭代判定"Welcome back to Mercury"页面对象存在

(3) 利用 Reporter.ReportEvent 方法输出失败状态以及相应的错误提示信息，如图 7-45 所示。

步骤名称:登录失败

步骤 失败

对象	详细信息	结果	时间
登录失败	错误提示信息为：Welcome back to Mercury Tours! Enter your user information to access the member-only areas of this site. If you don't have a log-in, please fill out the registration form.	失败	2016-08-10 - 15:43:58

图 7-45　第 2 次迭代输出失败状态以及错误提示信息

分析数据可知，当用户名和密码为空时，登录系统失败并输出相应的提示信息，基本符合预期要求。但是建议错误提示信息应该更明确一些，比如为"用户名或密码不能为空"。

3) 后 3 次迭代运行

第 3 次迭代运行测试的是只有用户名为空时，登录功能的容错性；第 4 次迭代运行测试的是只有密码为空时，登录功能的容错性；第 5 次迭代运行测试的是用户名和密码不为空但是不正确的情况下，登录功能的容错性。通过对这 3 次测试运行结果的详细分析发现，这 3 次迭代运行都登录失败，并且都输出相应的提示信息，但是每次输出的提示信息都和第 2 次迭代运行输出的提示信息完全一样。

综上，用户登录功能基本符合预期要求，不足之处是登录错误的提示信息不够准确，可以提供相应的软件缺陷报告。

2. 退出业务测试用例的执行和测试结果分析

退出业务脚本用于测试系统退出功能的正确性。脚本运行结束后，测试结果如图 7-46 所示。

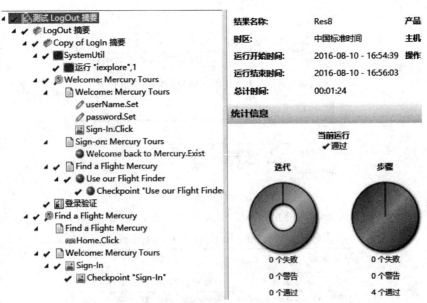

图 7-46　退出业务脚本运行结果

从图 7-46 中可以看出，脚本运行的所有步骤都通过了，没有错误提示。因为退出操作的运行结果比较简单，下面依据测试结果列表中的步骤，简单分析退出业务脚本的运行过程。

(1) 调用登录业务脚本，成功完成飞机订票系统的登录操作。

(2) 单击"Home"对象，退出飞机订票系统的登录界面。

(3) 启用位图检查点，检查系统是否成功返回到登录页面，如图 7-46 所示检查点检查成功。

总的来说，退出业务脚本运行的结果符合测试用例的预期要求，测试通过。

3. 注册业务测试用例的执行和测试结果分析

注册业务脚本运行结束后，测试结果如图 7-47 所示。

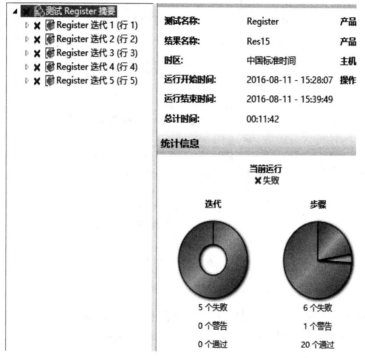

图 7-47   注册业务脚本运行结果

从图 7-47 中可以看出，针对注册业务一共进行了 5 组数据的测试，即脚本共迭代执行了 5 次，且这 5 次迭代都是失败的，这与预期要求不相符，下面就详细地分析一下测试结果。

1) 第 1 次迭代运行结果的详细信息

第 1 次迭代运行是利用合法用户注册信息(用户名为 zhang，密码为 123456，确认密码为 123456)测试注册功能的正确性。展开第 1 次迭代运行结果的节点，其详细信息如图 7-48 所示。

从图 7-48 中可以看出，用户注册成功，但是用注册的信息进行系统登录是失败的，这与预期要求不相符，测试不通过。

图 7-48　注册功能第 1 次迭代运行结果的详细信息

2) 第 2 次迭代运行结果的详细信息

第 2 次迭代运行是利用非法用户注册信息(用户名、密码和确认密码均为空)测试注册功能的容错性。展开第 2 次迭代运行结果的节点，其详细信息如图 7-49 所示。

图 7-49　注册功能第 2 次迭代测试结果的详细信息

从图 7-49 中可以看出，非法用户注册信息仍然显示用户注册成功，但是用注册的信息进行系统登录是失败的，这与预期要求不相符，测试不通过。

3) 后 3 次迭代运行

第 3 次迭代测试的是用户名为空且密码和确认密码不为空时，用户注册功能的容错性；第 4 次迭代测试的是用户名不为空且密码和确认密码为空时，用户注册功能的容错性；第 5 次迭代测试的是用户名和密码不为空但确认密码为空时，用户注册功能的容错性。通过对这 3 次测试运行结果的详细分析发现，后 3 次迭代运行与第 2 次迭代运行的结果是相同的，即这些非法的用户注册信息都能够注册成功，但是使用新注册的信息又不能正确地登录到系统，这与预期要求不相符，测试不通过。

综上，用户注册功能完全不符合预期要求，用户注册功能存在严重的缺陷，应该提交相应的缺陷报告。

4. 机票预订业务测试用例的执行和测试结果分析

机票预订业务测试用例被设计成手工测试用例，执行相应的 4 个测试用例后发现，在执行第 1 个测试用例也就是正确性的测试用例时，执行的结果和预期结果是一致的。但是，当执行后 3 个容错性测试用例时，无论出现何种错误都能完成机票的预订工作，且没有输出任何的错误提示信息，这与预期的结果不一致，所以测试不通过，应该提交相应的缺陷报告。

在执行飞机订票系统的功能测试用例时，如果测试用例的实际执行结果和预期结果不一致，则说明该测试用例执行不通过，也就意味着用例所对应的功能项存在着缺陷，因此测试人员应该提交相应的缺陷报告。

(1) 当执行飞机订票系统的用户注册自动化测试用例时，其中第 1 组数据是合法的用户注册信息，虽然利用该组信息可以成功完成注册，但是使用新注册的用户信息并不能成功地登录系统，实际的执行结果与预期结果不一致，因此测试不通过。相应的软件缺陷报告单如表 7-20 所示。

表 7-20 用户注册功能软件缺陷报告 1

缺陷标识：BUG-FLIGHT-REGISTER-01		
软件名称：飞机订票系统	模块名：用户注册	版本号：V1.1
严重程度：严重	优先级：高	测试种类：功能测试
测试人员：	测试日期：2016-8-11	
硬件平台：普通个人 PC	操作系统：Windows 7	
缺陷描述：利用用户注册功能注册的新用户不能成功登录系统		
详细描述： ① 用户打开飞机订票系统首页地址。 ② 单击"REGISTER"按钮打开用户注册页面。 ③ 在用户注册页面的 User Information 部分的 User Name 文本框中输入"zhang"，在 Password 文本框中输入"123456"，在 Confirm Password 文本框中输入"123456"，单击"SUBMIT"按钮弹出注册成功的通知页面。 ④ 关闭所有已打开的页面。 ⑤ 重新打开飞机订票系统首页地址。 ⑥ 使用新注册的用户名和密码登录系统。 预期结果：成功登录系统 实际结果：不能成功登录系统。		
附件：		
处理结果及开发人员意见：		

(2) 当执行飞机订票系统的用户注册自动化测试用例时，后 4 组数据虽然是非法的用户注册信息，但是仍然可以成功地完成注册，且实际的执行结果和预期结果也不一致，因此测试不通过。因为后 4 次测试执行情况基本一致，因此需要提交一份缺陷报告。相应的

软件缺陷报告单如表 7-21 所示。

表 7-21   用户注册功能软件缺陷报告 2

缺陷标识：BUG-FLIGHT-REGISTER-02		
软件名称：飞机订票系统	模块名：用户注册	版本号：V1.1
严重程度：严重	优先级：高	测试种类：功能测试
测试人员：	测试日期：2016-8-11	
硬件平台：普通个人 PC	操作系统：Windows 7	
缺陷描述：非法的用户注册信息仍可以成功完成注册		
详细描述： 　① 用户打开飞机订票系统首页地址。 　② 单击 "REGISTER" 按钮打开用户注册页面。 　③ 在用户注册页面的 User Information 部分的 User Name、Password 和 Confirm Password 三个必填信息文本框中输入以下信息之一。 　• User Name：空；Password：空；Confirm Password：空。 　• User Name：空；Password：123456；Confirm Password：123456。 　• User Name：mercury；Password：空；Confirm Password：空。 　• User Name：wang；Password：111111；Confirm Password：空。 　④ 单击 "SUBMIT" 按钮。 预期结果：不能成功完成注册，且应该输出相应的错误提示信息。 实际结果：弹出注册成功的通知页面，但是新注册的用户信息不能成功登录系统。		
附件：		
处理结果及开发人员意见：		

(3) 当执行飞机订票系统的用户登录功能的自动化测试用例时，利用后 4 组非法用户信息登录系统时，虽然不能成功登录到系统，但不管非法用户信息如何，输出的所有的出错提示信息都是一样，这与预期结果不一致，因此需要提交相应的缺陷报告。相应的软件缺陷报告单如表 7-22 所示。

表 7-22   用户登录功能软件缺陷报告

缺陷标识：BUG-FLIGHT-LOGIN-01		
软件名称：飞机订票系统	模块名：用户登录	版本号：V1.1
严重程度：建议	优先级：低	测试种类：功能测试
测试人员：	测试日期：2016-8-11	
硬件平台：普通个人 PC	操作系统：Windows 7	
缺陷描述：非法用户信息不能登录系统的错误提示信息不准确		

详细描述:
① 用户打开飞机订票系统首页地址。
② 在飞机订票系统首页的 Find A Flight 部分的 User Name 和 Password 文本框中输入以下信息之一:
· User Name：空；Password：空。
· User Name：空；Password：mercury。
· User Name：mercury；Password：空。
· User Name：zhang；Password：111111。
③ 单击 "Sign-In" 按钮。
预期结果：不能成功登录到系统，且应该根据用户信息提交的情况给出相应的错误提示信息，建议前 3 种情况输出的错误提示信息为 "用户名或密码不能为空"，最后一种情况输出的错误提示信息为 "用户名和密码错误"。
实际结果：不能成功登录到系统，但是所有情况输出的提示信息均一样。

附件:

处理结果及开发人员意见:

(4) 当执行飞机订票系统的机票预订功能的手工测试用例时，后 3 个用于验证机票预订功能的容错性测试中的 3 个测试用例在执行时执行结果与预期结果不一致，因此需要提交相应的缺陷报告。相应的软件缺陷报告单如表 7-23、表 7-24 和表 7-25 所示。

表 7-23　机票预订功能软件缺陷报告 1

缺陷标识：BUG-FLIGHT- FINDER -01		追溯用例标识：FLIGHT-FINDER-02	
软件名称：飞机订票系统	模块名：机票预订		版本号：V1.1
严重程度：严重	优先级：高		测试种类：功能测试
测试人员：		测试日期：2016-8-13	
硬件平台：普通个人 PC		操作系统：Windows 7	
缺陷描述：乘客预订机票时选择的出发时间早于当前日期，没有输出相应的错误提示信息			
详细描述: ① 用户打开飞机订票系统首页地址。 ② 成功登录到系统。 ③ 在 "FLIGHT FINDER" 页面中输入如下的航班信息：Type:Round Trip；Passengers:1；Departing From:New York；On:August 10。(当前日期：2016-08-13) 预期结果：输出相关的错误提示信息，并且不能进行后续操作。 实际结果：没有输出相关的错误提示信息，并且仍然能够进行后续的机票预订操作。			
附件:			
处理结果及开发人员意见:			

表 7-24　机票预订功能软件缺陷报告 2

缺陷标识：BUG-FLIGHT- FINDER -02		追溯用例标识：FLIGHT-FINDER-03
软件名称：飞机订票系统	模块名：机票预订	版本号：V1.1
严重程度：严重	优先级：高	测试种类：功能测试
测试人员：		测试日期：2016-8-13
硬件平台：普通个人 PC		操作系统：Windows 7
缺陷描述：乘客预订机票时选择的返回时间早于出发时间，没有输出相应的错误提示信息		
详细描述： ① 用户打开飞机订票系统首页地址。 ② 成功登录到系统。 ③ 在"FLIGHT FINDER"页面中输入如下的航班信息：Type:Round Trip；Passengers:1；Departing From:New York；On:August 14；Arriving In:Paris；Returning: August 10。(当前日期：2016-08-13) 　预期结果：输出相关的错误提示信息，并且不能进行后续操作。 　实际结果：没有输出相关的错误提示信息，并且仍然能够进行后续的机票预订操作。		
附件：		
处理结果及开发人员意见：		

表 7-25　机票预订功能软件缺陷报告 3

缺陷标识：BUG-FLIGHT- FINDER -03		追溯用例标识：FLIGHT-FINDER-04
软件名称：飞机订票系统	模块名：机票预订	版本号：V1.1
严重程度：严重	优先级：高	测试种类：功能测试
测试人员：		测试日期：2016-8-13
硬件平台：普通个人 PC		操作系统：Windows7
缺陷描述：乘客预订机票时选择的出发地和目的地相同，没有输出相应的错误提示信息		
详细描述： ① 用户打开飞机订票系统首页地址。 ② 成功登录到系统。 ③ 在"FLIGHT FINDER"页面中输入如下的航班信息：Type:Round Trip；Passengers:1；Departing From:New York；On:August 14；Arriving In: New York；Returning: August 25。(当前日期：2016-08-13) 　预期结果：输出相关的错误提示信息，并且不能进行后续操作。 　实际结果：没有输出相关的错误提示信息，并且仍然能够进行后续的机票预订操作。		
附件：		
处理结果及开发人员意见：		

功能测试所有工作结束后，测试人员需要根据测试用例的执行情况评估和报告测试结果，并编写测试报告文档。与其他测试文档一样，不同的公司可能会采用不同的功能测试报告模板。测试人员只需要根据所选择的模板进行功能测试报告的编写即可。

一般情况下，测试报告应包括：测试情况的总体介绍、测试目标、测试先决条件、测试范围、本次测试用例的执行情况(包括用例执行数目、用例状态、执行百分比、通过率等)、本次测试缺陷数、缺陷的严重等级、缺陷状态等。

7.4.2 性能测试的执行

脚本开发完成后，就可以将脚本加载到 Controller 控制器中，并按照设计的测试用例配置测试场景。在本案例中，用户注册业务脚本单独加载到一个场景中运行，混合业务测试的预订机票、查看订单、取消订单、退出系统等业务组合放在一个场景中运行。因此，本案例中需要设计两个测试场景，分别是用户注册业务的并发测试和多业务组合的混合业务测试。

1. 用户注册业务场景

(1) 建立用户注册业务脚本测试场景。

将用户注册业务脚本"Tours_SignUp"加载到 Controller 场景中，场景类型采用"Manual Scenario"手工场景方式，如图 7-50 所示。

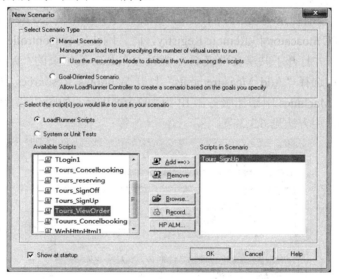

图 7-50 用户注册业务新建场景类型设置对话框

(2) 添加 Load Generators。

在 Controller 的 Design 选项页的"Scenario Group"窗口中，将 Load Generators 的 IP 地址设置为 192.168.0.84，其详细设置方法见 6.3.2 节。

(3) 设置 Vuser 的调度策略。

按照 7.2.2 节中的场景设计方案对用户注册业务进行并发测试，需要在测试过程中逐步加压、持续运行和逐步退出。因此，Vuser 总量为 30 个。场景启动时，首先启动 5 个 Vuser，且每 10 秒再加载 5 个 Vuser；所有 Vuser 加载完成后，场景持续运行 5 分钟；场景结束时,每 10 秒释放 5 个 Vuser。可以在 Controller 的"Global Schedule"窗口中设置 Vuser 的调度策略,如图 7-51 所示。

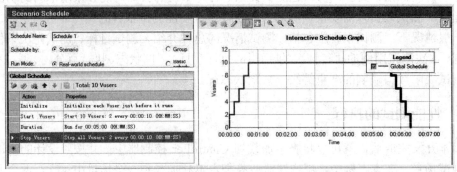

图 7-51 用户注册业务的 Vuser 调度策略

(4) 设置集合点策略。

由于用户注册业务的脚本中设置了集合点,因此还需要在 Controller 中设置集合点策略。通过选择"Scenario→Rendezvous",弹出"Rendezvous Information"对话框,如图 6-51 所示。在该对话框中单击"Policy"策略按钮,打开集合点策略设置对话框,如图 6-52 所示,然后设置用户注册性能测试的集合点策略为第 2 个选项,即当所有运行的 Vuser 量的 100%到达集合点后一起释放。

(5) 添加资源计数器。

首先,应确保被监视系统已经开启以下 3 个服务: Remote Procedure Call(RPC)、Remote Procedure Call(RPC)Loacator 和 Remote Registry,而且确认安装 Controller 的机器可以连接到被监视的机器,并打开了共享文件夹 C$。然后,在 Run 选项页的"Windows Resources"图中点击鼠标右键选择"Add Measurements"打开 Windows Resources 窗口,在该窗口的 Monitored Server Machines 中添加服务器 IP 为 192.168.0.84,如图 7-52 所示。Windows 资源计数器的详细使用方法见 6.3.2 节。

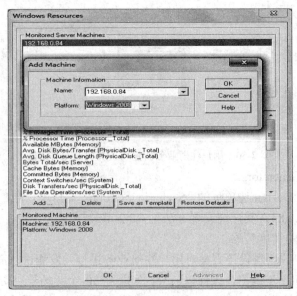

图 7-52 Windows 资源计数器

（6）执行与监控用户注册业务场景。

测试场景执行策略设置完成后，单击 Run 选项页窗口中的"Start Scenario"按钮开始运行场景。测试人员可以在场景运行过程中监控所有 Vuser 的运行状态，如图 7-53 所示。

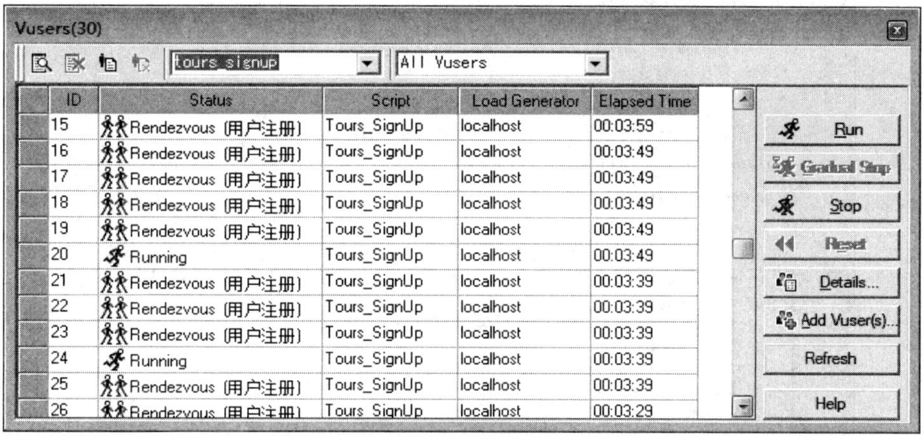

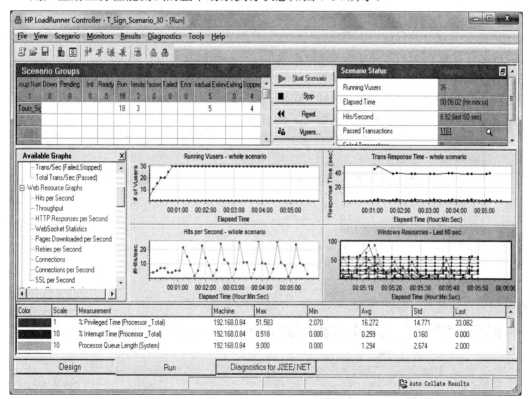

图 7-53　监控所有 Vuser 的运行状态

用户注册业务性能测试的整个场景执行状态如图 7-54 所示。

图 7-54　用户注册业务性能测试场景执行状态界面

2. 系统混合业务场景

（1）建立混合业务脚本测试场景。

将预订机票、查看订单、取消订单、退出系统的业务脚本分别加载到 Controller 场景中，场景类型采用"Manual Scenario"手工场景方式，如图 7-55 所示。

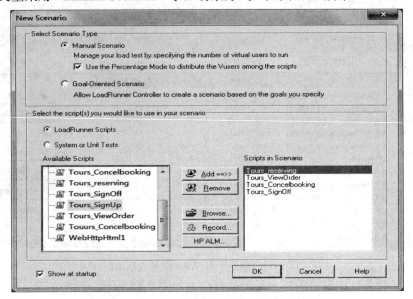

图 7-55　混合业务新建场景类型设置对话框

根据混合业务的测试用例要求，Vuser 总并发数为 30 个，其中预订机票 Vuser 数 20 个，占总并发数 65%；查看订单 Vuser 数 6 个，占总并发数 20%；取消订单 Vuser 数 3 个，占总并发数 10%；退出系统 Vuser 数 1 个，占总并发数 5%。在设置并发 Vuser 数比例时，需要将场景转换为百分比模式，选择"Scenario→Convert Scenario to the Percentage Mode"。设置各业务脚本的 Vuser 所占比例如图 7-56 所示。

Scenario Scripts

	Script Name	Script Path	%	Load Generators
☑	tours_reserving	G:\LR\Tours_reserving	65 %	192.168.0.84
☑	tours_vieworder	G:\LR\Tours_ViewOrder	20 %	192.168.0.84
☑	tours_concelbooking	G:\LR\Tours_Concelbooking	10 %	192.168.0.84
☑	tours_signoff	G:\LR\Tours_SignOff	5 %	192.168.0.84

图 7-56　设置混合业务中各脚本的 Vuser 比例

设置完成后，如果想查看设置的各脚本 Vuser 数量是否与测试用例中的相符，可以再切换到用户组模式，如图 7-57 所示。

Scenario Groups

	Group Name	Script Path	Quantity	Load Gener
☑	tours_reserving	G:\LR\Tours_reserving	20	192.168.0.84
☑	tours_vieworder	G:\LR\Tours_ViewOrder	6	192.168.0.84
☑	tours_concelbooc	G:\LR\Tours_Concelbooking	3	192.168.0.84
☑	tours_signoff	G:\LR\Tours_SignOff	1	192.168.0.84

图 7-57　用户组模式下各脚本的 Vuser 数量

(2) 添加 Load Generators。

在 Controller 的 Design 选项页的 "Scenario Group" 窗口中，将 Load Generators 的 IP 地址设置为 192.168.0.84，其详细设置方法见 6.3.2 节。

(3) 设置 Vuser 的调度策略。

按照 7.2.2 节中的场景设计方案，对混合业务性能测试设置的调度策略为：场景 Vuser 总数为 30，每 10 秒加载 5 个 Vuser；所有 Vuser 加载完成后，场景持续运行 5 分钟；场景 运行结束后，每 10 秒释放 2 个 Vuser。可以在 Controller 的 "Global Schedule" 窗口中设置 Vuser 调度策略，如图 7-58 所示。

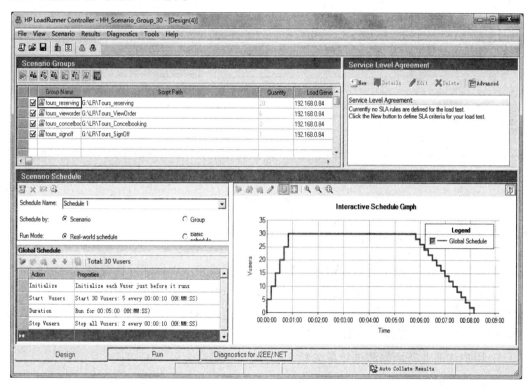

图 7-58　混合业务 Vuser 调度策略

(4) 添加资源计数器。

首先，应确保被监视系统已经开启以下 3 个服务：Remote Procedure Call(RPC)、Remote Procedure Call(RPC)Loacator 和 Remote Registry，而且确认安装 Controller 的机器可以连接 到被监视的机器，并打开了共享文件夹 C$。然后，在 Run 选项页的 "Windows Resources" 图中点击鼠标右键选择 "Add Measurements"，打开 Windows Resources 窗口，在 Monitored Server Machines 中添加服务器 IP 为 192.168.0.84，如图 7-52 所示。Windows 资源计数器的 详细使用方法见 6.3.2 节。

(5) 执行和监管混合业务场景。

测试场景执行策略设置完成后，单击 Run 选项页窗口中的 "Start Scenario" 按钮开始 运行场景，测试人员可以在场景运行过程中监控所有 Vuser 的运行情况，具体方法前面已 多次介绍，在此不再赘述。用户注册业务性能测试的整个场景执行状态如图 7-59 所示。

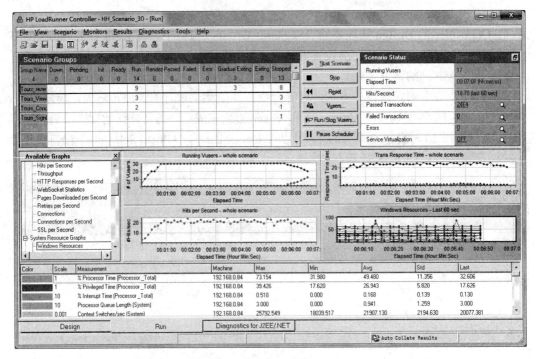

图 7-59   混合业务性能测试场景执行状态界面

7.4.3   性能测试结果分析

测试场景执行结束后，测试人员就可以收集测试结果，以详细分析被测试应用系统可能存在的瓶颈，并给出合理的系统性能优化建议。LoadRunner 中的 Analysis 会自动收集 HP Web Tours Application 系统性能测试的场景执行结果数据。下面就用户注册业务场景和多业务混合测试场景的执行结果进行详细分析。

1. 用户注册业务场景测试结果分析

在 Controller 菜单栏中选择"Result→Analyze Results"，LoadRunner 会自动收集用户注册业务场景测试结果，并将结果显示在 Analysis 分析器界面中，如图 7-60 所示。

(1) 分析测试结果摘要。

默认情况下，打开 Analyze Results 场景测试分析结果，摘要报告会显示在图 7-60 中的左侧窗口，而且还有运行 Vuser、每秒点击数、每秒事务数、平均事务响应时间等图信息。从摘要报告中可以看出，本次场景运行总时间为 6 分 49 秒，且在"Statistics Summary"统计摘要中，最大并发 Vuser 数为 30，与设计的测试场景方案一致。

从"Transaction Summary"事务摘要部分可以看到，所有事务都成功通过测试，即用户注册业务中各事务成功通过率达到 100%。与此同时，各事务平均响应时间都小于 4 秒，达到了测试用例中设计的性能测试要求。

在摘要报告底部的"HTTP Responses Summary"中的 HTTP 响应摘要部分，LoadRunner 共模拟发出了 3872 次请求，与统计信息摘要中的"Total Hits"总点击数一致。此外，HTTP Responses 全部是是 HTTP 200，这表示请求全部被正确响应。

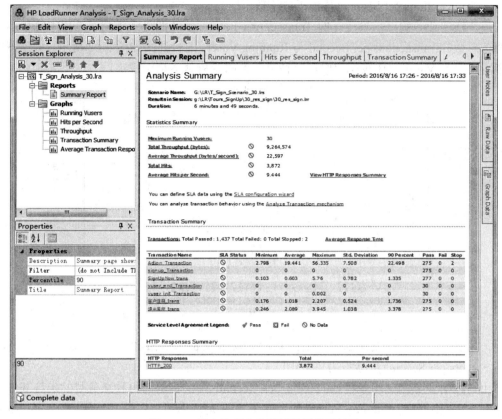

图 7-60　用户注册业务测试场景执行结果

(2) 分析用户数、事务数、点击数、吞吐量和响应时间等数据。

· Running Vusers(运行 Vusers)图

用户注册业务测试场景运行的 Running Vusers 图显示了测试过程中 Vuser 的运行趋势，如图 7-61 所示。从该图中可以看出，Vuser 的启动加载方式、持续运行时间和结束释放方式均与测试场景中设置的调度策略相匹配，表明该数据图趋势正常。

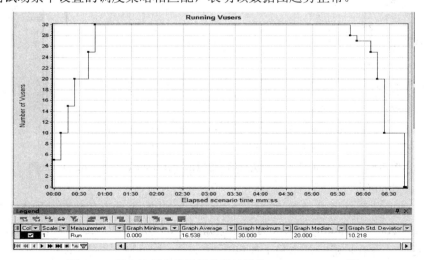

图 7-61　用户注册业务场景执行结果的 Running Vusers 图

- Transactions per Second(每秒事务总数)图

用户注册业务测试场景运行的 Transactions per Second 图显示了测试过程中每秒运行的事务总数。Transactions per Second 与 Running Vusers 的合并图如图 7-62 所示。从该图中可以看出，当 Vuser 数比较稳定时，每秒事务数的走势基本趋于稳定。

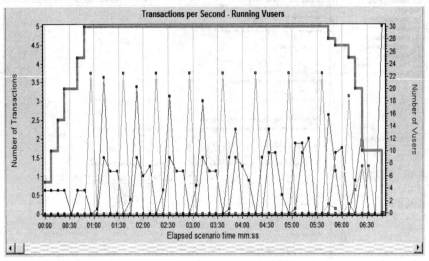

图 7-62　用户注册业务场景执行结果的 Transactions per Second - Running Vusers 图

- Hits per Second(每秒点击总数)图

用户注册业务测试场景运行的 Hits per Second 图的走势与每秒事务数的走势基本相同。Hits per Second 与 Running Vusers 的合并图如图 7-63 所示。从该图中可以看出，当 Vuser 数比较稳定时，每秒点击数的走势基本趋于稳定。

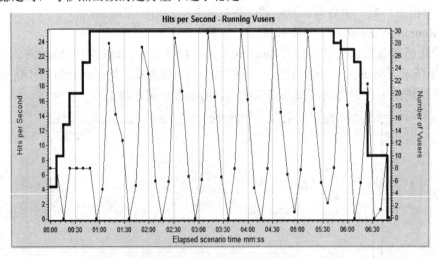

图 7-63　用户注册业务场景执行结果的 Hits per Second - Running Vusers 图

- Thoughput(吞吐量)图

用户注册业务测试场景运行的 Thoughput 图的走势与每秒事务数和每秒点击数的走势相似。Thoughput 与 Running Vusers 的合并图如图 7-64 所示。从该图中可以看出，当 Vuser 数比较稳定时，吞吐量走势基本趋于稳定。

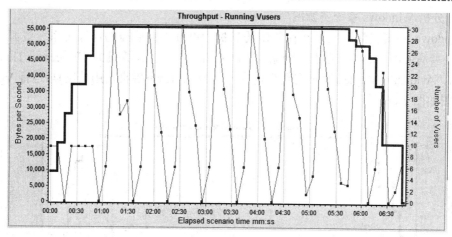

图 7-64 用户注册业务场景执行结果的 Thoughput - Running Vusers 图

- Average Transaction Response Time(平均事务响应时间)图

用户注册业务测试场景运行的 Average Transaction Response Time 图显示了该业务中每个事务的响应时间。该图中的事务响应时间与摘要报告中的事务响应时间值稍有不同,这主要是由采样时间不同造成的,但不影响结果的分析和判断。Average Transaction Response Time 与 Running Vusers 的合并图如图 7-65 所示。从该图中可以看出,当 Vuser 数比较稳定时,Average Transaction Response Time 走势基本趋于稳定。但是当 Vuser 增加到最大值时,由于执行并发操作,使 Action 事务的响应时间较长;当 Vuser 数趋于稳定时,各事务的响应时间趋于稳定。用户注册事务的响应时间小于 4 秒,符合预期要求;退出事务在场景结束时,响应时间最大值达到 3.368 秒,稍微偏高。

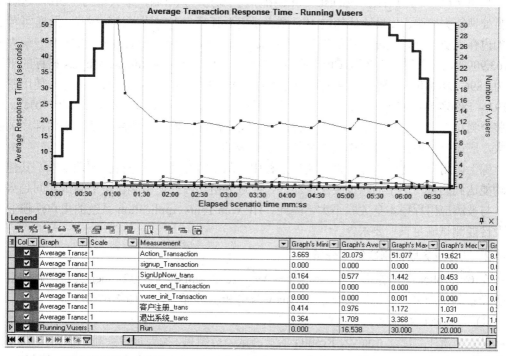

图 7-65 用户注册业务场景执行结果的 Average Transaction Response Time - Running Vusers 图

(3) 分析 Windows 系统资源图。

Windows 系统资源图显示了在测试场景执行过程中被监控的计算机系统资源的使用情况，主要有 CPU、内存、磁盘、网络等资源指标。被监控计算机的%Processor Time(CPU 利用率)、Available Mbytes(可使用物理内存)、%Disk Time(磁盘使用情况)与运行 Vuser 数的合并图如图 7-66 所示。

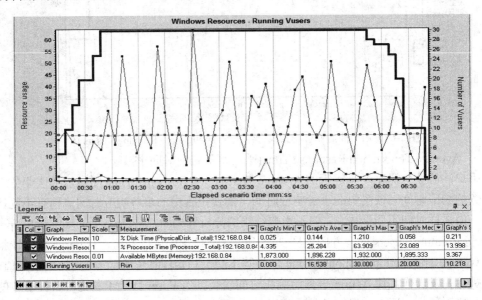

图 7-66　用户注册业务场景执行结果的 Windows Resources - Running Vusers 图

从图 7-66 中可以看出，%Disk Time 指标的平均值为 0.144，最大值为 1.210，这表示磁盘处理能力较强。如果该值超过 10，则表示需要耗费太多时间来访问磁盘，此时可考虑增加内存或更换处理速度更快的磁盘。%Processor Time 指标的平均值为 25.284%，最大值为 63.909%，低于预期值 75%(CPU 利用率要求不高于 75%)。Available Mbytes 指标的平均值为 1896.228 MB，而被测计算机的物理内存为 8 GB，即 8192 MB，因此内存的使用率为 (8192 – 1896.228) / 8192 = 76.85%，略高于预期值 70% (内存使用率要求不高于 70%)。但在整个测试期间，内存使用率趋势平稳，可以反映出内存使用率偏高与被测应用程序关联不大，应该是由被测计算机中其他系统影响造成的。

综上，用户注册业务并发性能测试过程中，除了内存使用率不符合预期要求，其他指标均能达到测试用例中的预期要求。此外，经过分析，内存使用率在整个测试期间趋势平稳，与被测应用程序本身关联不大。因此，HP Web Tours Application 系统的用户注册业务并发性能测试满足预期要求。

2. 混合业务场景测试结果分析

在 Controller 菜单栏中选择 "Result→Analyze Results"，LoadRunner 会自动收集混合业务场景测试结果，并将结果显示在 Analysis 分析器界面中，如图 7-67 所示。

(1) 分析测试结果摘要。

默认情况下，打开 Analyze Results 场景测试分析结果，摘要报告会显示在图 7-67 中的左侧窗口，而且还有运行 Vuser、每秒点击数、每秒事务数、平均事务响应时间等图信息。

从摘要报告中可以看出，本次场景运行总时间为 8 分 23 秒，且在"Statistics Summary"统计摘要中，最大运行 Vuser 数为 30，与设计的测试场景方案一致。

从混合业务测试结果摘要报告的"Transaction Summary"事务摘要部分可以看到，所有事务都成功通过测试，即预订机票、查看订单、取消订单和退出系统等业务中各事务成功通过率达到 100%。与此同时，各事务平均响应时间都小于 4 秒，均达到了混合业务测试用例中设计的性能测试要求。

在摘要报告底部的"HTTP Responses Summary"中的 HTTP 响应摘要部分，LoadRunner 共模拟发出了 8671 次请求，与统计信息摘要中的"Total Hits"总点击数一致。此时，HTTP Responses 全部是是 HTTP 200，这表示请求全部被正确响应。

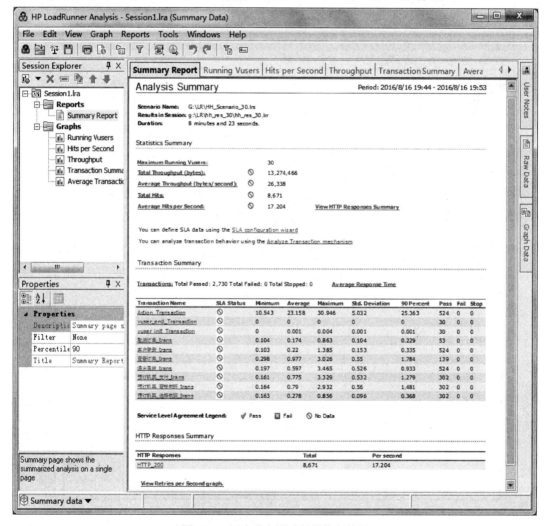

图 7-67　混合业务测试场景执行结果

(2) 分析用户数、事务数、点击数、吞吐量和响应时间等数据。

• Running Vusers(运行 Vusers)图

混合业务测试场景运行的 Running Vusers 图显示了测试过程中 Vuser 的运行趋势，如图 7-68 所示。从该图中可以看出，Vuser 的启动加载方式、持续运行时间和结束释放方式均与测试场景中设置的调度策略相匹配,这表明该数据图趋势正常。

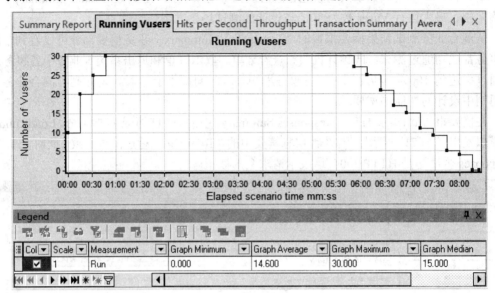

图 7-68　混合业务场景执行结果的 Running Vusers 图

- Transactions per Second(每秒事务总数)图

混合业务测试场景运行的 Transactions per Second 图显示了测试过程中每秒运行的事务总数。Transactions per Second 与 Running Vusers 的合并图如图 7-69 所示。从该图中可以看出,当 Vuser 数比较稳定时,每秒事务数的走势基本趋于稳定。

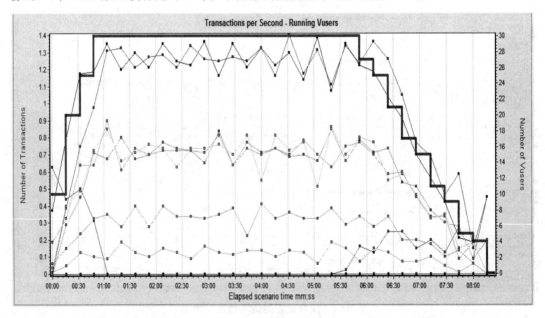

图 7-69　混合业务场景执行结果的 Transactions per Second - Running Vusers 图

- Hits per Second(每秒点击总数)图

混合业务测试场景运行的 Hits per Second 图的走势与每秒事务数的走势基本相同。Hits per Second 与 Running Vusers 的合并图如图 7-70 所示。从该图中可以看出,当 Vuser 数比较稳定时，每秒点击数的走势基本趋于稳定。

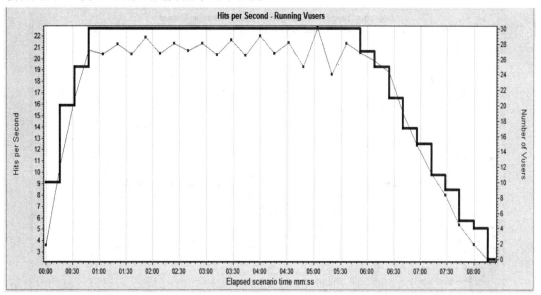

图 7-70 混合业务场景执行结果的 Hits per Second - Running Vusers 图

• Thoughput(吞吐量)图

混合业务测试场景运行的 Thoughput 图的走势与每秒事务数和每秒点击数的走势相似。Thoughput 与 Running Vusers 的合并图如图 7-71 所示。从该图中可以看出，当 Vuser 数比较稳定时，吞吐量的走势基本趋于稳定。

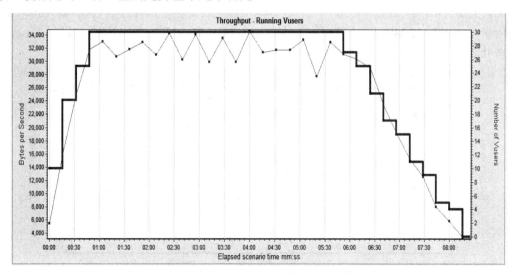

图 7-71 混合业务场景执行结果的 Thoughput - Running Vusers 图

• Average Transaction Response Time(平均事务响应时间)图

混合业务测试场景运行的 Average Transaction Response Time 图显示了该业务中每个事务的响应时间。该图中的事务响应时间与摘要报告中的事务响应时间值稍有不同，这主要是由采样时间不同造成的，但不影响结果的分析和判断。Average Transaction Response Time 与 Running Vusers 的合并图如图 7-72 所示。从该图中可以看出，当 Vuser 数比较稳定时，

Average Transaction Response Time 的走势基本趋于稳定。

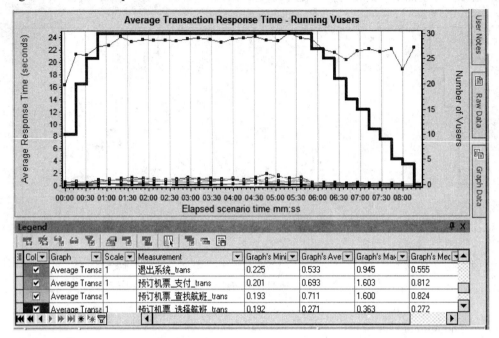

图 7-72　混合业务场景执行结果的 Average Transaction Response Time - Running Vusers 图

(3) 分析 Windows 系统资源图。

Windows 系统资源图显示了在测试场景执行过程中被监控的计算机系统资源的使用情况，主要有 CPU、内存、磁盘、网络等资源指标。被监控计算机的%Processor Time(CPU 利用率)、Available Mbytes(可使用物理内存)、%Disk Time(磁盘使用情况)与运行 Vuser 数的合并图如图 7-73 所示。

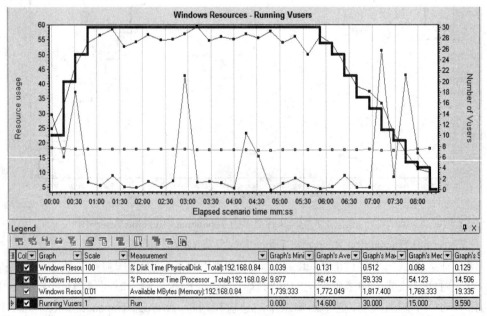

图 7-73　混合业务场景执行结果的 Windows Resources - Running Vusers 图

从图 7-73 中可以看出，%Disk Time 指标的平均值为 0.131，最大值为 0.512，这表示磁盘处理能力很强。如果该值超过 10，则表示需要耗费太多时间来访问磁盘，可考虑增加内存或更换处理速度更快的磁盘。%Processor Time 指标的平均值为 46.412%，最大值为 59.339%，低于预期值 75%(CPU 利用率要求不高于 75%)。Available Mbytes 指标的平均值为 1772.049 MB，而被测计算机的物理内存为 8 GB，即 8192 MB，因此内存的使用率为 (8192 − 1772.049) / 8192 = 78.37%，略高于预期值 70%(内存使用率要求不高于 70%)。但在整个测试期间，内存使用率趋势平稳，可以反映出内存使用率偏高与被测应用程序关联不大，应该是由被测计算机中其他系统影响造成的，这与用户注册业务情况相同，更进一步说明了内存使用率偏高与被测应用程序没有相关性。

综上，混合业务性能测试过程中，除了内存使用率不符合预期要求，其他指标均能达到测试用例中的预期要求。此外，经过分析，内存使用率在整个测试期间趋势平稳，与被测应用程序本身关联不大。因此，HP Web Tours Application 系统的混合业务并发性能测试满足预期要求。

3. 编制测试报告与评审

性能测试所有工作结束后，应该根据测试执行结果及对结果的分析编制性能测试报告。LoadRunner 的 Analysis 可以根据测试结果自动生成各种类型的性能测试报告，测试人员可以根据需要适当对报告内容进行修改和完善。性能测试报告编写完成后，还需要组织评审小组对测试报告进行评审，以发现测试报告中的问题并及时进行修正。性能测试报告的编制与评审见第 6 章，在此不再赘述。

本 章 小 结

本章对基于 B/S 架构的飞机订票系统按照流程分别进行了功能测试和性能测试，被测系统是功能测试工具 HP UFT 和性能测试工具 HP LoadRunner 自带软件，实现起来比较简单。

本章详细介绍了对被测软件进行功能测试和性能测试的具体执行过程。首先对被测软件进行了简单的介绍，接下来详细介绍了功能测试和性能测试计划的编制，而后针对被测软件分别设计了相应的功能测试用例和性能测试用例，并且分别介绍了测试的执行步骤，最后对测试结果进行了分析并根据需求提交测试缺陷报告。

通过这一章的内容的讲解，将前面章节所学的内容有机地应用到实际的测试工作中，也为实际工作中对其他软件进行实际测试打下了基础。

参 考 文 献

[1] 牟艳. 计算机软件技术基础[M]. 北京：机械工业出版社，2007.
[2] 蔡建平. 软件测试方法与技术[M]. 北京：清华大学出版社，2014.
[3] 周百顺，张伟，陈良辰. 应用软件测试实践[M]. 北京：清华大学出版社，2014.
[4] 于学军，罗毅，杨莹莹. 软件功能测试及工具应用[M]. 北京：清华大学出版社，2014.